Wie viele Hunde?!

Managen Sie Ihren Mehrhunde-Haushalt mit positiven Trainingsmethoden

Debby McMullen

Birgit Laser Verlag

Aus dem Amerikanischen übersetzt von Birgit Laser.

Titel der Originalausgabe: „How Many Dogs?! Using Positive Reinforcement Training to Manage a Multiple Dog Household", Tanacacia Press, Slatington, PA, USA, ISBN 978-0-9766414-2-1

Gestaltung:	Birgit Laser
Cover:	Stacey Ziegler, Pete Smoyer, Debby McMullen, Birgit Laser
Fotos:	siehe Fotoverzeichnis
E-Mail:	verlag@laserdogs.de
Web:	www.laserdogs.de & www.lasercats.de
Druck:	Digitaldruck Tebben, Biessenhofen

Birgit Laser Verlag

ISBN 978-3-9809810-5-7

Dieses Buch ist vor allem den Hunden gewidmet,
die mir geholfen haben, es zu schreiben.
Meine Mannschaft zu der Zeit:
Merlin, Kera, Siri und Trent.

Und den vielen Hunden, die in Pflegestellen
und Tierheimen noch immer auf ein Zuhause warten.
Adoptieren Sie einen Hund und retten Sie ein Leben.
Sie werden weitaus mehr lernen als Sie
es sich jemals hätten träumen lassen.

Inhalt

Vorwort für die deutsche Ausgabe

Es ist oft überraschend, wie sehr man seine Einstellung zu bestimmten Dingen in nur wenigen Jahren ändern kann. Die Dinge ändern sich, man entwickelt sich weiter und Menschen bilden sich weiter. Das ist es, was hier passiert ist: Fortschritt. Seit dem Schreiben dieses Buches habe ich dazugelernt. Ich hoffe, das gilt für uns alle. Ich habe meine Techniken zur Verhaltensmodifikation feiner abgestimmt, so dass Hunde noch schneller lernen können. Das Lernen verursacht jetzt sogar noch weniger Stress. „Positiv" hat sich weiterentwickelt zu „ohne Zwang". Was in normaler Hundehaltersprache bedeutet, dass der Schwerpunkt mehr auf dem Einfangen des gewünschten Verhaltens (Capturing) liegt als darauf, es durch Locken zu bekommen.

Ob ich die Originalversion meines Buches noch immer empfehlen würde? Natürlich. Es ist immer noch absolut relevant. Es ist immer noch positives Training. Aber die Aktualisierungen in dieser Version sind stärker im Einklang mit dem, was ich momentan in der Arbeit mit meinen eigenen Kunden tue. Hunden zu helfen, in einem Mehrhundehaushalt bessere Entscheidungen zu treffen, geht viel schneller, wenn man ihnen erlaubt, mehr zu denken. Die aktualisierten Fassungen einiger meiner Schritt-für-Schritt-Anleitungen werden Ihnen helfen, dies zu fördern. Und die aktualisierte Erklärung zu „wohlwollender Teamführung" passt besser zur modernen Welt. Be the change – Seien Sie die Veränderung (statt zu warten, dass sich von allein etwas ändert).

Zusätzlich zu aktualisierten Trainingsinformationen möchte ich einige Meinungen, die ich in der Originalversion geäußert habe, klarstellen. Im Abschnitt über das Gehen an der Leine erwähne ich, dass es das Ziel ist, dass Sie Ihre Hunde an normalen oder Martingale-Typ-Halsbändern führen können und Management-Ausrüstung nur benutzen, bis das Leinentraining abgeschlossen ist. Ich möchte ausdrücklich betonen, dass es absolut tabu sein sollte, einen Hund, der auch nur im geringsten an der Leine zieht, an einem wie auch immer gearteten Halsband zu führen. Der dadurch verursachte Druck auf den Hals ist nicht nur gefährlich für den Hund, sondern auch für den emotionalen Lernprozess. Tun Sie es einfach nicht. Anstelle von Halsbändern eignen sich normale Brustgeschirre, bei denen die Leine auf dem Rücken eingehakt wird, genauso gut, wenn das Training einmal abgeschlossen ist. In Amerika werden diese Geschirre normalerweise nicht für den anfänglichen Lernprozess empfohlen, weil Amerikaner traurigerweise Freunde von Sofortlösungen sind. Ein Geschirr mit hinten eingehakter Leine ermöglicht es dem Hund besser, zu ziehen, wenn er will. Ein Front Clip Harness (Geschirr mit vor der Brust eingehakter Leine) gibt den meisten Hundehaltern genügend Bequemlichkeit beim Spaziergang, um sie zu motivieren, den emotionalen Teil der Verhaltensmodifikation umzusetzen.

Nun noch ein Wort zu den in der ursprünglichen Fassung erwähnten Management-Werkzeugen: Kurz bevor das Buch in den Druck gegangen ist, habe ich aufgehört, Gentle Leader oder irgendeine Form von Kopfhalftern zu verwenden. Zurzeit empfehle ich ausschließlich entweder das Locatis Front Clip Harness oder das Freedom Harness (beides Geschirre, bei denen die Leine vor der Brust des Hundes eingehakt wird). Welches von beiden ich bevorzuge, hängt vom Gebäude des jeweiligen Hundes ab. Das Freedom Harness ist langfristig körperschonender; besonders, wenn der Hund noch in der Entwicklung ist. Das Locatis gibt kleinen Haltern großer Hunde mehr Kontrolle.

Achtung: Unabhängig von der Marke sollte ein normales Front Clip Harness **niemals** verwendet werden, wenn man mit dem Hund läuft, z. B. beim Joggen oder bei jeder Art von Hundesport. Beim Laufen werden die Gelenke einer ganz anderen Reibung ausgesetzt als beim Gehen.

Jetzt wo die Formalitäten erledigt sind, lassen Sie uns loslegen. Viel Spaß!

Debby McMullen

Kapitel 1

Teamchef werden!

Leben mit mehreren Hunden – die Grundlagen

Leben Sie gern im Chaos (oder tolerieren es wenigstens)? Haben Sie mehr Leinen und Halsbänder als Unterwäsche? Haben Sie den Tierarzt, Hundefrisör und Zooladen in der Telefon-Kurzwahlliste? Wählen Sie Ihre Kleidung danach aus, was Sie am jeweiligen Tag mit den Hunden unternehmen wollen? Dann ist dies Ihr Buch! Man muss schon ein besonderer Typ Mensch sein, um die Zwei-Hunde-Grenze zu überschreiten, und noch abenteuerlustiger, wenn es noch mehr sein sollen. Aber es ist möglich, und zwar nicht nur erfolgreich, sondern glücklich, und Sie möchten nie wieder zurück. Ihr Leben wird eingeschränkter sein, aber es wird auch mehr Belohnungen bereithalten. Diese kommen in Form von schlabberigen Küssen und wedelnden Schwänzen, aber Belohnungen sind es trotzdem.

Sie brauchen kein großes Haus, um mehrere Hunde zu halten; aber ich würde lügen, wenn ich sagte, es hilft nicht. Sicher eingezäunte Gärten sind ihr Geld in Gold wert, aber auch hier gilt: Alles was Sie wirklich brauchen ist Energie und Entschlossenheit. Sind Sie also bereit, sich mit allen vier Pfoten in das Abenteuer zu stürzen? Lassen Sie uns in die Welt der Mehrhundehaltung eintauchen und sehen, was auf Sie zukommen könnte. Entweder haben Sie schon mehrere Hunde oder Sie denken darüber nach, diese Welt zu betreten. Wie Ihre jetzige Situation auch aussieht; hier sind Sie richtig.

Falls Sie bereits mehrere Hunde halten: Herrscht bei Ihnen eher Ruhe oder eher Chaos, wenn Sie alle zusammen einfach zuhause sind? Ist es eine Kombination aus beidem, und Sie wünschten, es gäbe mehr Ruhe als Chaos? Rangeln Ihre Hunde und spielen rau miteinander, und Sie wünschten, sie würden das lieber draußen tun? Dies wäre natürlich ein guter Zeitpunkt, um mit Training zu beginnen, aber Sie sollten auch ein paar neue Verhaltensweisen in den Alltag Ihrer Hunde einbauen. Genau wie gute Eltern ihren Kindern die richtige Richtung weisen, sollten auch Sie exakt diese Rolle einnehmen. Statt sich jedoch als Elternteil Ihres Hundes zu betrachten, möchte ich Sie mit dem Konzept des „wohlwollenden Teamchefs" bekannt machen.

Wohlwollende Teamführung etablieren

Im Zusammenleben mit mehreren Hunden – oder, wenn wir schon dabei sind, sogar mit einem einzigen Hund – denken Sie daran, „die Quelle aller guten Dinge" zu sein. Etablieren Sie sich Ihren Hunden gegenüber in dieser Rolle, und Sie werden sich die Rolle des Orientierungsgebers sichern. Wenn Sie sich als wohlwollender Teamchef beweisen, werden Sie feststellen, dass alles reibungsloser abläuft. Ein wohlwollender Teamchef ist wie ein Elternteil, dessen Kinder nie erwachsen werden. Sie legen Richtlinien fest, setzen Grenzen und bringen Ihrer Mannschaft bei, dass gutes Verhalten reichlich belohnt wird. Gute Teamführung hat nichts mit Korrigieren oder Bestrafen von schlechtem Verhalten zu tun. Wenn Ihre Mannschaft denkt, dass alle guten Dinge von Ihnen kommen, orientiert sie sich an Ihnen. Die Hunde sind weniger beunruhigt über – möglicherweise furchteinflößende – Dinge draußen in der Welt. Sie vertrauen darauf, dass Sie für ihre Sicherheit sorgen. Sie vertrauen darauf, dass Sie für Nahrung, Wärme und Unterbringung sorgen. All das entspringt aus diesem Konzept.

Man kann es mit der Teamführung auch übertreiben und allzu streng werden. Ich bin keine Befürworterin eines strikten "Nichts-im-Leben-ist-geschenkt-Programms". Ein solches führt zu einem Übermaß an Kontrolle. Totale Kontrolle als Konzept macht keinen Spaß. Es ist nicht nötig, mit eiserner Hand zu regieren. Das Leben mit

Wenn Sie Ihren Hunden lieber zuerst die Übungen beibringen möchten und dann erst über den Einsatz in der Praxis nachlesen, springen Sie direkt zum letzten Kapitel (Nützliche Übungen für jeden Tag). Wir alle lernen unterschiedlich, also tun Sie, was für Sie am besten funktioniert!

Ihrem Hund sollte nicht wie ein Bootcamp sein. Eine Patt-Situation kann Vertrauensbruch und unnötige Spannungen zur Folge haben. Ich möchte Ihnen zeigen, wie Sie ein liebevoller Teamchef sein können. In diesem Buch geht es immer darum, das Verhalten, das Ihnen gefällt, zu belohnen und das Verhalten, das Ihnen nicht gefällt, umzulenken. Indem Sie Ihren Hunden beibringen, höflich um etwas zu bitten, was sie haben möchten, lehren Sie sie, dass sie den Ausgang einer Situation beeinflussen können. Dadurch wird eine Partnerschaft zwischen Ihnen und Ihren Hunden hergestellt. Dieses Konzept wird ausführlicher im Kapitel *Nützliche Übungen für jeden Tag* erklärt, im Abschnitt über *Capturing*. Es ist eine Win-Win-Situation, die dafür sorgt, dass ein Hund gern gefallen möchte.

Gehen Sie nicht in die Falle, über Alphahunde und Betahunde nachzudenken. Werfen Sie diese Worte über Bord. Werfen Sie den ganzen Dominanz-Gedanken über Bord.

Es ist nicht Ihre Aufgabe, Ihre Hunde zu dominieren, noch, sie einander dominieren zu lassen. Es geht einzig um Wohlwollen. Sie sind der wohlwollende Teamchef. Sie sind derjenige mit den opponierbaren Daumen. Sie haben die Verantwortung, wie ein liebevolles Elternteil. Diese Tatsache macht Sie jedoch nicht zum Alphahund. Sie sind der Mensch. Ihre Hunde wissen, dass Sie einer anderen Art angehören als sie selbst, und akzeptieren dieses Merkmal vollkommen. Sie müssen nicht mit ihnen kommunizieren, wie es ein Alphawolf vermeintlich mit seinen Untergebenen tut; dies ist eine weit verbreitete, jedoch fehlerhafte Auffassung von der Beziehung, die ein Alphawolf mit seinen Untergebenen hat. Werfen Sie diese Vorstellung direkt aus dem Fenster. Blicken Sie niemals zurück!

Wohlwollende Teamführung bedeutet, dass Sie sich in die Position bringen, in der man sich an Ihnen orientiert. Es geht darum, angemessene Grenzen und Richtlinien aufzustellen, so dass Ihre Hunde wissen, was von ihnen erwartet wird. Es geht um Vertrauen, dass Sie die Dinge regeln werden.

In Wahrheit ist der Alphawolf in der Natur ein wohlwollender Teamchef, der niemals Gewalt für die Kommunikation einsetzen muss.

Er teilt seine Ressourcen und weiß, dass alle zusammenarbeiten. Wahre Teamchefs schubsen und drängeln nicht. Es ist nicht nötig, irgendjemanden zu irgendetwas zu zwingen.

Teamchefs verdienen sich den Respekt durch gute Führung. Teamchefs haben Präsenz und Selbstvertrauen. Wie die rangniederen Wölfe brauchen Ihre Hunde Ihre wohlwollende Führung. Sie müssen und wollen sich an Ihnen orientieren, wenn es um Richtung und Grenzen geht. Sie wollen Ihre Entscheidungen respektieren. Hunde MÖGEN Grenzen, und die meisten werden ganz leicht die Grenzen respektieren, die Sie ihnen setzen, wenn Sie diese effektiv anwenden und konsequent durchsetzen.

Und durchsetzen sollten Sie sie, aber mit Güte und Respekt. Sie sollen nicht mit eiserner Faust regieren. Oder mit Leinenrucken! Ihre Teamführung wird am meisten respektiert werden, wenn sich Ihre Hunde gern an Ihnen orientieren. Sie können es für Ihre Hunde zur besten Erfahrung überhaupt machen, sich nach Ihren Wünschen zu richten. Sie sprechen Menschensprache; Ihre Hunde dagegen Hundesprache. Um einen Mehrhundehaushalt reibungslos zu führen, ist es Ihre Aufgabe zu lernen, wie Sie effektiv mit ihnen kommunizieren. Überlassen Sie es nicht den Hunden, „die Dinge unter sich auszumachen". Das könnte verhängnisvoll sein! Herumfliegende Fellbüschel, beschädigte Möbel — oh, die Möglichkeiten sind unendlich.

Muss man immer einschreiten? Natürlich nicht! Aber Sie müssen immer ein Auge darauf haben, was in einem Mehrhundehaushalt vor sich geht, egal ob lang etabliert oder ganz neu zusammengestellt. Vielleicht müssen Sie einschreiten und unangemessenes Verhalten umlenken. Mit einer eingespielten Mannschaft wird das Leben leichter, weil alltägliche Abläufe zur zweiten Natur werden. Ihre Augen und Ihr Instinkt werden Ihnen fast immer sagen, wenn Sie besonders aufpassen müssen.

Wenn Sie stets die Grundbedürfnisse Ihrer Hunde erfüllen, lernen diese, Vertrauen in Sie als Hauptlieferant aller guten Dinge zu setzen – der Schlüssel zu erfolgreicher wohlwollender Teamführung. Hunde mögen einen verlässlichen Basis-Tagesablauf. Dieser hilft, den Grundstein für mehr Ruhe und Gelassenheit zu legen.

Wenn Sie allerdings eine Gruppe neu zusammenstellen, müssen Sie diese rund um die Uhr beobachten; besonders, wenn Sie auch im Tierschutz tätig sind und regelmäßig verschiedene Hunde mit nach Hause bringen. Es gibt Tierschützer, die Pflegehunde nie mit den eigenen Hunden zusammenbringen. Ich persönlich tue das, weil ich finde, es trägt nicht nur dazu bei, meine Hunde besser zu sozialisieren, sondern es hilft auch den Pflegehunden, die nötigen Manieren für das Leben in einem energiegeladenen Haushalt mit vielen Persönlichkeiten zu lernen. Dies ist eine Win-Win-Situation in meinem Buch.

Wie meinen Hunden diese Wahl gefällt? Hier kommt das Vertrauen zum Tragen. Vertrauen in Sie und Ihre wohlwollende Führung ist der Schlüssel zum Management eines Mehrhundehaushalts. Als ich anfing, dieses Buch zu schreiben, war ich gerade Pflegestelle für fünf Welpen, die ich im Alter von zehn Wochen aufgenommen hatte. Meine Hunde waren zuerst nicht wahnsinnig glücklich über diese Entwicklung, aber sie nehmen diese Dinge wie sie kommen. Sie vertrauen darauf, dass ich dafür sorge, dass ihre Bedürfnisse weiterhin erfüllt werden und dass ich sie, wenn nötig, vor Belästigungen durch die Welpen schütze. Ich vertraue Ihnen, dass sie keinem Pflegehund wehtun, empfindliche Welpen eingeschlossen.

Wir haben in diesem Haus mehrere Würfe aufgezogen. Da mein Hund Siri von einem dieser Würfe stammte, fand ich, dies sei eine Sache, der ich zustimmen könnte. Wenn Sie also Hunde in Pflege nehmen und einen Mehrhundehaushalt haben, ist es wichtig, dass Sie versuchen, Ihre Arbeitsbelastung und Ihren Energielevel einzuschätzen. Denken Sie auch daran, dass Ihre Fähigkeit zum Führen eines Mehrhundehaushalts in unterschiedlichen Lebensphasen variieren kann.

Kennen Sie Ihre Grenzen:

Bleiben Sie bei der Anzahl Hunde, für die Sie bequem sorgen können, in allen Aspekten der Wortbedeutung. Wenn Sie an Ihre Grenzen gehen, ist Stress, sowohl bei Ihnen als bei Ihren Hunden, beinahe vorprogrammiert.

Ich habe gelernt, dass man den Mund auch zu voll nehmen kann. Zwar fehlte es meinen Hunden in dieser Phase an fast nichts, aber eben nur fast. Sie bekamen weniger persönliche

Zuwendung. Denken Sie daran, dass Ihre eigene Mannschaft immer an erster Stelle stehen sollte. Wenn die Haltung zu vieler Hunde zu viel Stress in Ihrem Leben verursacht, dann beschädigen Sie die vertrauensvolle Beziehung zu Ihren Hunden, die Sie sich so hart erarbeitet haben. Sicherlich kann Vertrauen wieder hergestellt werden, aber die beste Option ist es, den Vertrauensbruch von vornherein zu vermeiden. Es ist eine wichtige Überlegung, die Anzahl der Hunde, mit denen Sie zusammenleben, so zu wählen, dass Sie sich bequem gut um alle kümmern können.

Natürlich werden viele von Ihnen, wie ich, durch Erfahrung lernen, wie viele zu viele sind. Sollten Sie einmal an diesen Punkt kommen, lernen Sie daraus. Das Vertrauen zwischen Ihnen und Ihren Hunden ist sehr wichtig! Ein weiterer wichtiger Faktor, den Sie berücksichtigen sollten ist, wie Sie mit Stress umgehen. Wenn Sie Ihre Grenzen oft überschreiten, können Sie zu gestresst werden, um ein gutes Frauchen oder Herrchen zu sein. Versuchen Sie, Ihre Grenzen nicht durch zu viele Hunde zu überschreiten. Denken Sie daran, dass Sie nicht der einzige Mensch sind, der Hunde lieben und für sie sorgen kann, also müssen Sie sie nicht alle haben. Bleiben Sie bei der Anzahl, mit der Sie sich wohl-fühlen.

Wie entwickelt man denn nun dieses so wichtige Vertrauen? Die Antwort ist kompliziert. Vertrauen ist beziehungsabhängig. Vertrauen in Ihre Führung bedeutet, dass Ihre Hunde gelernt haben, dass Sie sie vor Schaden bewahren können und werden und sich um jegliche Bedrohungen kümmern. Vertrauen bedeutet, dass Sie sich um ihre grundlegenden Bedürfnisse kümmern, z. B. Nahrung, Wasser, Bewegung, Behaglichkeit, Toiletten-Angelegenheiten usw. Vertrauen bedeutet, dass die Hunde einen Tagesablauf haben, der meistens zuverlässig eingehalten wird, besonders was die erwähnten Grundbedürfnisse betrifft. Und wenn der Zeitplan ein bisschen hängt, werden Ihre Hunde durch dieses Vertrauen damit zurechtkommen.

Für mich ist Vertrauen erweiterte Liebe. Vertrauen ist die ultimative Form von Liebe. Durch das Entwickeln der Beziehung zu Ihren Hunden entwickeln Sie Vertrauen. Kommunizieren Sie mit Ihren Hunden oder reden Sie auf sie ein? Wenn Sie wirklich mit ihnen kommunizieren, dann wissen Sie, wie sich Vertrauen anfühlt. Ihre Hunde sehen Sie mit Vertrauen an. Sie kommen oft zu Ihnen, um sich kurz zu melden und zu sehen, ob alles in Ordnung ist. Sie bleiben gern mit Ihnen in Verbindung. Man kann es sehen. Lassen Sie uns darüber reden, wie man wohlwollende Teamführung und Vertrauen aufbaut. Dies zu tun wird Ihnen dabei helfen, Chaos in Ruhe zu verwandeln. Wohlwollende Teamführung wird Ihnen auch dabei helfen, Ihren Hunden beizubringen, was von ihnen erwartet wird. Es wird Ihnen helfen, Grenzen zu setzen und eine Routine einzuführen. Meine Herangehensweise basiert auf Training mit positiver Verstärkung und dem Verzicht auf körperliche Einwirkungen. Sie werden in diesem Buch keine Trainingsmethoden finden, die auf Zwang beruhen. Da dieses Buch nicht als Schritt-für-Schritt-Hundetrainingsanleitung gedacht ist, werde ich hier keine komplizierten Erläuterungen zu positivem Training liefern. Wenn Sie noch keine Grundkenntnisse in dieser Trainingsmethode haben, setze ich voraus, dass Sie mehr über das Thema lesen, wenn meine Erklärungen nicht ausreichen.

Positives (Belohnungs-) Training ist die wissenschaftlich fundierte Methode, nach der ein Tier trainiert wird, indem man das erwünschte Verhalten belohnt und das unerwünschte Verhalten ignoriert oder umlenkt.

Im Kapitel *Nützliche Übungen für jeden Tag* finden Sie Grundlagen zu Positivem Training sowie Schritt-für-Schritt-Anleitungen zu verschiedenen Übungen. Dennoch: Je mehr Sie zu diesem Thema lesen können, desto besser werden Sie verstehen, was ich in diesem Buch behandle. Sowohl über die Grundlagen als auch zu spezielleren Themen gibt es hervorragende Bücher, die im Quellenverzeichnis aufgeführt sind. Ich empfehle Ihnen dringend, sich das Wissen daraus anzueignen.

Sie werden lernen müssen, ein Markerwort oder einen Clicker – oder besser beides – anzuwenden. Einer der wichtigsten Begriffe in dieser Art des Trainings ist „Capturing“* (Einfangen von Verhalten). Sie werden lernen müssen, Ihre Hunde sehr gut zu beobachten und erwünschtes Verhalten sowohl der Gruppe als auch der einzelnen Hunde einzufangen. Mit der Zeit wird Ihnen dies zur zweiten Natur werden.

* siehe S.186

So oft wie möglich werden Sie schlechtes Verhalten, sofern es nicht gefährlich ist, ignorieren und stattdessen den „Übeltäter" zu einem Verhalten umlenken, das Ihnen lieber ist. Mit der Zeit wird positives Training einfacher und intuitiver werden.

Ein guter Anfang, Ihre Rolle als wohlwollender Teamchef einzunehmen, ist es, für jede wichtige Ressource, die Sie Ihren Hunden geben, ein „Sitz" zu verlangen. Tun Sie dies – zumindest am Anfang – ohne jegliche Ausnahme, und Sie werden die erste Basis für das reibungslose Führen eines Mehrhundehaushalts geschaffen haben. Ein „Sitz" zu verlangen hilft Ihnen, eine Art „Grund-Muster" für Manieren einzuführen, und der Hund bekommt damit ein Verhalten, das er Ihnen im Zweifelsfall anbieten kann. Wenn Sie viele Male in Ihrem normalen Tagesablauf ein „Sitz" einfordern oder erwarten, wird Ihr Hund wissen, dass Sie das glücklich macht. „Win-Win" für alle Beteiligten.

Gutes Benehmen Ihres Hundes gegen Ressourcen von Ihnen einzutauschen gibt Ihrem Hund etwas zu tun. Außerdem bekommt er dadurch die Möglichkeit, Einfluss auf das Ergebnis des Verhaltens zu nehmen, das er sich zu zeigen entscheidet. Das Wissen darum, welches Verhalten von ihm erwartet wird, macht einen Hund zufriedener und selbstsicherer.

Noch ein paar Worte zum Einfordern eines „Sitz": Auch hier wieder gilt: Es ist wichtig, die Grundlagen positiver Verstärkung und insbesondere des Capturings (Einfangen) zu kennen. Das Wort „Sitz" immer nur zu wiederholen wird kein gutes Muster schaffen. Sie werden dadurch nur wie eine kaputte Schallplatte klingen. Lernen Sie, wie man gutes Verhalten einfängt; egal, ob dieses Verhalten ein „Sitz" ist oder ein anderes Verhalten, das Sie fördern möchten. Außerdem müssen Sie lernen, wie Sie Angebote, die Ihre Hunde machen, angemessen honorieren. Denken Sie daran, dass im allgemeinen niemand umsonst arbeitet; zeigen Sie Ihren Hunden, dass Sie ihre Bemühungen zu schätzen wissen.

Ein weiterer wichtiger Begriff, den Sie für Ihr Training lernen sollten, ist Locken. Mit diesen Begriffen vertraut zu sein wird Ihnen sehr helfen. Lernen Sie den Unterschied zwischen Lockmittel, Bestechung und Belohnung. Im Kapitel *Nützliche Übungen für jeden Tag* finden Sie ausführlichere Erklärungen über Capturing, Belohnungen und Lockmittel.

*Ein **Lockmittel** ist ein sichtbares Leckerchen, das Sie benutzen, um Ihren Hund dazu zu bringen, ein Verhalten zu zeigen, das er gerade lernt. Eine Belohnung ist ein Leckerchen (oder andere geschätzte Sache), die Sie Ihrem Hund geben, nachdem er das besagte Verhalten gezeigt hat.*

*Eine **Bestechung** ist ein Lockmittel und/oder eine Belohnung, das/die unsachgemäß eingesetzt wird.*

Als ich mit dem Schreiben dieses Buches begann, fragte ich verschiedene Leute, was sie gern zum Thema Mehrhundehaltung lesen wollten. Meine Freundin Sue fragte sich, ob Ruhe überhaupt jemals möglich sei. Nun, sicher ist sie das. Auch zum Erreichen dieses Ziels leistet die wohlwollende Teamführung einen großen Beitrag. Ein bisschen Chaos ist allerdings auch ein Teil des Spaßes einer Mehrhundehaltung! Gestatten Sie also etwas Chaos, sobald Ihre Rolle als wohlwollender Teamchef unzweifelhaft feststeht. Sie sollten dies nur nicht zu oft im Haus tun, es sei denn, Sie haben dort einen gesonderten Bereich extra für Hundespiel reserviert.

Spielen ist wichtig für Ihre Hunde. Nur Arbeit und kein Spiel macht aus Fluffy einen gelangweilten Hund! Im Kapitel *Spiel* finden Sie weitere Infos zum diesem Thema. Aber setzen Sie unbedingt Grenzen, wo und wenn Sie Ruhe haben wollen. Ich halte es unbedingt für richtig, meinen Hunden den Zutritt zu allen Bereichen meines Hauses zu gestatten (außer dem ekligen Keller!), aber ich bestehe unter fast allen Umständen darauf, dass Sie sich gut benehmen, auch während des Spiels. Und im Haus strebe ich fast immer Ruhe an.

Regelmäßige Bewegung macht das Team glücklicher

Sie können Ihren Hunden helfen, ruhiger zu sein, indem Sie täglich für ein angemessenes Maß an Bewegung sorgen. Ich denke, unter den Lesern werden die Meinungen, was Bewegung angeht, sehr auseinanderlaufen: Einige bewegen sich regelmäßig, andere nicht. Diejenigen von Ihnen, die sich bewegen, wissen, wie sehr ein solches Training zum Stressabbau beitragen kann. Dasselbe gilt für Ihre Hunde: Bewegung baut Frustration ab und hilft dabei, Ängste und Stress abzubauen. Außerdem verschafft sie Ihren Hunden einen dringend notwendigen Tapetenwechsel.

Denken Sie darüber nach: Sehr wahrscheinlich gehen Sie täglich irgendwohin und haben die Möglichkeit, etwas Neues zu sehen. Ihre Hunde können sich das für sich selbst nicht aussuchen. Dazu sind sie von Ihnen abhängig. Wenn Sie sich also nicht dafür entscheiden, ihnen regelmäßig außerhalb von Haus und Garten Bewegung zu verschaffen, dann haben Ihre Hunde tagein tagaus immer nur das Gleiche. Wie lange würden Sie das aushalten, immer nur das ewig Gleiche zu sehen? Denken Sie an Lagerkoller, dann verstehen Sie vielleicht, worauf ich hier hinaus will.

Trent, Merlin und Kera genießen an einem Herbsttag fröhlich ihren Freilauf.

All die optischen Eindrücke und besonders die Gerüche außerhalb Ihres Zuhauses sind Umgebungsreize, die dazu beitragen können, Ihren Hund mental müde zu machen. Addieren Sie dies zu der körperlichen Bewegung, die ein Spaziergang, ein Lauf oder eine Wanderung bietet, hinzu, und Sie haben einen müden und entspannten Hund. Durch die Gerüche sind selbst kurze Spaziergänge nützlich; das einfache Schnüffeln der Gerüche entlang des Weges ist eine wunderbar bereichernde Erfahrung für den Hund. Aber auch die Bewegung ist wichtig. Zum Besten, das Sie für Ihre Hunde tun können, gehört es, ihnen täglich Bewegung außerhalb Ihres Grundstücks zu verschaffen.

Sie haben also einen großen, eingezäunten Garten und Ihre Hunde spielen regelmäßig viel miteinander. Auch Sie selbst spielen mit Ihren Hunden Ball oder andere körperbetonte Spiele. Denken Sie, das ist reichlich Bewegung? Nun, es trägt definitiv zur Bewegung bei, die Ihre Hunde bekommen, aber die Spaziergänge außerhalb Ihres Grundstücks werden dadurch ganz sicher nicht überflüssig. Noch einmal: Sagen Sie Ja zu Umgebungsreizen und Nein zu Lagerkoller. Ihre Mannschaft nach draußen zu bringen und an den Pinkelstellen schnüffeln zu lassen ist die halbe Miete. Ein müder Hund, sowohl körperlich als auch mental, ist ein ruhiger Hund. Bewegung ist ein wertvolles Werkzeug im Mehrhundehaushalt!

Sie werden den Entschluss, Ihren Hunden regelmäßig Bewegung im Freien zu verschaffen, niemals bereuen. Sie werden es Ihnen mit ruhigerem Verhalten danken.

Beruhigendes Zubehör ist Ihr Freund

Weil das Schaffen einer ruhigen Umgebung sehr wichtig ist, möchte ich Ihnen einige wunderbare beruhigende Produkte vorstellen, die Ihr Leben mit mehreren Hunden in hohem Maße vereinfachen können. Ob Sie es glauben oder nicht, es gibt tatsächlich eine Vielzahl von Produkten, die sehr hilfreich sein kann, um Ruhe im Haus und sogar draußen zu erreichen. Ein besonders praktisches Mittel ist Adaptil®. Dieses Produkt kommt dem Pheromon nahe, das eine Mutterhündin ausscheidet, um ihren Nachwuchs zu beruhigen. Verwenden Sie es in Sprayform, und sprühen Sie damit großzügig die weichen Oberflächen aller Räume ein, in denen Sie Ruhe brauchen. Es gibt auch eine Zerstäuber-Version für die Steckdose, die sich am besten in kleinen bis mittelgroßen Räumen bewährt, nicht in großen, offenen Räumen.

Ein weiteres großartiges Produkt, das ich täglich verwende, ist „Aromadog Chill Out Spray". Dieses Aromatherapie-Mittel beruhigt sowohl Menschen als auch Hunde. Ich habe eines in jedem Stockwerk meines Hauses und eins in meiner Trainingstasche. Schütteln Sie es für einige Sekunden auf und versprühen Sie es großzügig in jedem beliebigen Raum. Sie können es auch in einer Wolke um die Hunde herum versprühen, wobei Sie natürlich aufpassen müssen, ihnen nicht direkt ins Gesicht zu sprühen. Bitte beachten Sie die wenigen Ausnahmefälle, in denen Sie das Mittel nicht anwenden dürfen (Hunde mit Neigung zu Asthma und/oder Anfällen). Ich sprühe es in den Türeingang, bevor wir in den Park gehen, und ich sprühe es auch in mein Schlafzimmer, bevor ich das Haus verlasse, denn hier halten sich meine Hunde normalerweise auf, wenn ich nicht da bin.

Ein weiteres Lieblingsprodukt ist Bach Rescue Remedy® (Bachblüten-Notfalltropfen). Es gibt eine Reihe unterschiedlicher Bachblüten-Essenzen; die Notfalltropfen sind besonders nützlich zur Beruhigung ängstlicherer oder ungestümerer Hunde. Man kann sie unbesorgt mehrmals täglich anwenden. Normalerweise dauert es ungefähr 15 Minuten bis zur vollen Entfaltung ihrer Wirkung; berücksichtigen Sie dies, wenn Sie sie für ein spezielles Ereignis einsetzen wollen. Die Wirkung hält durchschnittlich etwa zwei Stunden an. Sie können es den Hunden auch regelmäßig ins Trinkwasser geben. Für die meisten Anwendungen geben Sie dem Hund zwei bis vier Tropfen oder

Sprühstöße direkt in den Fang. Wenn die direkte Anwendung den Hund beunruhigt, können Sie es auch in Ihre Hand träufeln und Ihrem Hund ins Zahnfleisch und/oder auf den Bauch reiben.

Bevor Sie weiterlesen, möchten Sie vielleicht erfahren, wie ich an diesen Punkt – Leben mit mehreren Hunden – gelangt bin.

Meine Geschichte:
Wenn einer, zwei oder sogar drei nicht genug sind

Meine Liebesbeziehung zu Hunden hat später begonnen als bei manch anderem Hundeliebhaber. Ich war zwanzig Jahre alt und war gerade mit meinem damaligen Ehemann in den Süden Georgias gezogen. Sehr gute Freunde von uns machten den Fehler, sich mit einem Kleinkind im Haus einen acht Wochen alten Welpen anzuschaffen. Chaos war die Folge. Hier kommen Debby und Göttergatte ins Spiel. Ich hatte vorher noch nie einen Hund gehabt. Als ich aufwuchs, lebten wir in einer Wohnung, und dort waren Hunde nicht erlaubt. Ich hatte Katzen und Hamster und sogar ein Pflegepferd, aber keine Hunde. Nun, ich nahm den Welpen sehr gern bei mir auf. Dieser Welpe – Samantha, ein kecker Pekinese-Chihuahua-Mix von fünfundzwanzig Pfund – war für mich der Anfang eines neuen Lebens. Ich hatte mich bisher immer vor allem als Katzenmensch gesehen, aber ich liebte alle Tiere. Meine Ehe hat nicht gehalten, aber meine Liebesbeziehung zu Hunden ist noch immer gut in Schuss.

Samantha wurde elf Jahre alt und hätte vielleicht noch länger gelebt, wäre nicht durch Epilepsie-Medikamente ihre Leber ruiniert worden. Drei Wochen nach dem Verlust von Samantha – ich war immer noch am Boden zerstört und weinte in meinem Bett, wenn ich nicht arbeitete – klopfte eine Nachbarstochter an meine Tür. Sie trug einen großen fünfzig Pfund schweren Shepherd-Mix auf dem Arm. Sie hatte diesen völlig verängstigen Hund in der Nähe ihrer Schule herumlaufen sehen und ihn im Schulbus nach Hause geschmuggelt. Ihre Mutter hatte ihr ein Ultimatum gesetzt: Sie sollte die Hündin loswerden, sonst würde sie sie ins Tierheim bringen. Die Tochter wusste, dass ich gerade meine Samantha verloren hatte und dachte, dass ich sie vielleicht wollte.

Das allerletzte, was ich zu dem Zeitpunkt wollte, war ein Ersatz. Ich hatte meine Welt verloren. Ich wollte nur Samantha zurück. Aber ich wollte auch nicht, dass dieser hübschen Hündin etwas passierte, und ich willigte ein, sie zu behalten, bis sich ihre Besitzer melden würden. Drei Wochen vergingen, und der Hund war immer noch bei mir. Ich mochte nicht einmal große Hunde. Selbst wenn ich wieder einen Hund nehmen würde, sagte ich mir, wollte ich wieder einen kleinen Hund. Ich betete und betete, obwohl Layla, wie ich sie genannt hatte, bei weitem der gelassenste und entspannteste Hund war, den ich je getroffen hatte. Sie kaute nie etwas an, sie war perfekt stubenrein und war in jeder Hinsicht sehr höflich.

Schließlich kam ein Anruf von ein paar Jugendlichen, die meine Annonce im „Pennysaver" gesehen hatten. Sie behaupteten, sie gehöre ihnen. Ihre Beschreibung passte; sie wussten sogar von der Seil-Leine, die sie hinterhergeschleift hatte – eine Information, die ich bewusst aus der Anzeige heraus gelassen hatte. Und als ich die Hündin bei dem Namen, den sie ihr gegeben hatten – „Cindy" – rief, sah sie ängstlich aus. Ich sagte den Jugendlichen, dass ihre Mutter mich anrufen sollte und wir dann über eine Rückgabe reden würden, aber ich hatte kein gutes Gefühl bei dem, was sie mir über ihr Leben erzählten. Ich schätze, hier war die Antwort auf meine Gebete, denn sie riefen nie wieder an, und ich wusste, dass Layla mir gehörte. So viel zu kleinen Hunden! Ich freute mich riesig.

Layla und ich hatten ein tolles Leben zusammen; fünf wundervolle Jahre lang, dann verlor ich sie durch Komplikationen bei Krampfanfällen. Als Layla noch lebte, versuchte ich, einen weiteren Hund als Spielgefährten in unseren glücklichen Haushalt aufzunehmen, aber Layla wollte mich für sich. Also blieben wir ein Einzelhund-Haushalt, bis sie über die Regenbogenbrücke ging.

Drei Wochen nach diesem Verlust verbrachte ich jede freie Minute damit, die Hunde aus dem örtlichen Tierheim auszuführen. Es war meine erste Woche, in der ich die „Obergeschoss-Hunde" ausführte: Hunde, die entweder neu oder krank waren. Da gab es einen schlaksigen, drei Monate alten schwarz-mit-lohfarbenen lockigen Fellball. Die Tierheimmitarbeiter begannen, ihn wegen des lockigen schwarzen Fells „Figaro" zu nennen. Ich wusste, ich wollte keinen Welpen, und so waren seine Reize anfangs an mich verschwendet.

Während unseres Spaziergangs warf Figaro mir wissende Blicke zu, aus Augen, die viel klüger wirkten als normal für sein Alter oder sogar für seine Art. Sicherlich bildete ich mir diese hohe Intelligenz nur ein? Ich musste mich und ihn daran erinnern: „Ich will keinen Welpen! Ich will kein Stubenreinheitstraining machen!“ Und wieder grinste er und schaute mich von der Seite an. Dann hielt er promt an und machte sein Geschäft auf dem Spaziergang; zeigte mir, dass er kein stinkendes Stubenreinheitstraining brauchte, vielen Dank auch! Er grinste mich wieder an und schien zu sagen „Na, was denkst du jetzt?“ Ich seufzte, und meine Schlacht war genau da und in diesem Moment verloren. Ich ging zurück zum Tierheim und sagte, ich wollte ihn adoptieren und würde ihn am nächsten Wochenende holen, nachdem ich alles besorgt hatte, was ich für einen Welpen brauchte. Ich nannte ihn „Merlin“, und dieser Hund – mein erster Rüde – wurde mein Herzens-Hund. Er lehrte mich sehr viel; besonders, dass Vertrauen in beide Richtungen gehen muss.

Ich war entschlossen, zwei Hunde zu halten, und so ging ich oft ins Tierheim und schaute mir die zu vermittelnden Hunde gründlich an, auf der Suche nach einem passenden Gefährten für meinen „kleinen Jungen“. Etwa zwei Monate später – wir kamen gerade an, um eine blonde Shepherdmixhündin namens Gypsy für eine Übernachtung bei uns abzuholen – kam eine andere ehrenamtliche Mitarbeiterin mit einem atemberaubend schönen schneeweißen Welpen durch die Hintertür, scheinbar ein Shepherd-Mix. Merlin machte eine Spielaufforderungsgeste in ihre Richtung, und sie machte auf der Stelle Kehrt und galoppierte freudig zurück.

Später erfuhr ich, dass dies ihr erstes Lebenszeichen seit ihrer Ankunft im Tierheim gewesen war. Sie war Teil einer Beschlagnahmung von einem „Tiersammler-Haushalt“ gewesen und hatte noch nicht viel Kontakt zu Menschen gehabt. So etwas passiert traurigerweise, wenn ein Tierliebhaber zu weit geht und die Fähigkeit verliert, „Nein“ zu sagen, wenn es um hilfsbedürftige Hunde geht.

Merlin und ich namen Gypsy, die blonde Shepherdhündin, mit nach Hause, und es war eine Katastrophe. Sie hasste Merlins welpenhafte Verspieltheit, und jedes Mal, wenn er versuchte, mit ihr zu spielen, versuchte sie, ihm wehzutun. Also ging sie am nächsten Morgen leider zurück ins Tierheim. Wir gingen geradewegs zum Adoptionsschalter und fragten nach dem schönen weißen Welpen, dem Merlin eine Spielaufforderungsgeste gezeigt hatte. Mir wurde gesagt, dass es bereits zwei Bewerber vor mir gab und dass auch meine ehrenamtliche Tätigkeit mir nicht helfen würde, aufzurücken. Merlin und ich warteten nervös - wir mussten sie bekommen, es sollte so sein! Tage vergingen, und endlich kam der Anruf. Die anderen Bewerber hatten sie nicht wieder gemeldet, und Daisy, wie sie zu dem Zeitpunkt hieß, war unser! Hurra!

Wir kamen im Tierheim an, um sie abzuholen, und Merlin wirkte so zufrieden mit sich, wie man nur sein kann. Er schien zu denken, dass ich ihm das beste Spielzeug überhaupt kaufte. Sie spielten in der Eingangshalle, und er führte sie zum Auto. Ich verfrachtete sie auf den Rücksitz, und Merlin stieg vorn ein. Etwa auf halber Strecke des Heimwegs veränderte sich sein Ausdruck. Er schien zu merken, dass er mich künftig mit Kera (vormals Daisy) würde teilen müssen; obwohl er dieses neue „Spielzeug" haben wollte: Teilen war nichts, was Merlin zu wünschen schien. So wechselte er zwischen „Kera lieben und glücklich mit ihr spielen" und „spielerisch mit Kera kämpfen, um ihr zu 'zeigen, wer der Chef ist'" hin und her. Natürlich erlaubte ich keine Rohheiten, aber das hielt meinen ersten Rüden nicht davon ab, es zu versuchen. Nach einer Woche waren sie jedoch dicke Freunde. Sie schliefen in exakt der gleichen Stellung nebeneinander, spielten Seite an Seite, aßen höflich nebeneinander, teilten alles miteinander. Ich hätte nicht glücklicher sein können! Ich hatte das Gefühl, mit diesen zwei Hunden hatte ich alles, was ich jemals brauchen würde. Ich hatte ja keine Ahnung, dass es damit nicht beendet sein würde!

Durch Merlins Vorfahren wurde ich in die Dobermann-Szene eingeführt. Ich war verzaubert von meinem ersten Rüden. Ich musste alles über die Rasse, der er ähnelte, erfahren. Im Internet begegnete ich Leuten, die mich in die Tierschutzszene einführten, und bald schloss ich mich ihnen an. Nach einigen Monaten nahmen wir Lady, meinen ersten Pflege-Dobermann, zu uns. Welch ein Spaß! Wie waren zu dritt!

Merlin hatte so viel Energie; es gab nie genug Hunde zum Spielen. Alles was er wollte war Spielen. Und er hatte ein so wunderbares Wesen. Er reagierte nie auf irgendein Zeichen von Aggression von Seiten eines anderen Hundes. Er zeigte immer die richtige Körpersprache, um seinem Gegenüber zu zeigen, dass er es nicht böse meinte. Er wollte einfach spielen, das war alles. Ich war verliebt! Kera mocht Lady nicht besonders, und so teilten meine neue Freundin im mittleren Pennsylvania und ich uns ihre Betreuung, während wir versuchten, das perfekte neue Zuhause für Lady zu finden und an ihren Verhaltensauffälligkeiten arbeiteten. Schließlich hatten wir Erfolg! Monate und Jahre vergingen, und wir nahmen einen Pflegehund nach dem anderen bei uns auf. Alle konnten erfolgreich vermittelt werden. Meine Liebe zu Hunden wurde zu einem Vollzeit-Unternehmen, als ich tief in die Welt der Rassehunde-in-Not-Vermittlung eintauchte.

Als Merlin und Kera drei Jahre alt waren, antwortete ich auf eine Mail in einer Internet-Liste, in der jemand mit einer dringenden Notvermittlungs-Situation um Hilfe bat. Ihre Kollegin, deren Rottweilerhündin von dem Deutschen Schäferhund der Nachbarn Welpen hatte, drohte damit, die Welpen zu ertränken, sobald sie ein bestimmtes Alter erreicht hätten! Zu allem Überfluss mussten diese Welpen ihre Mutter viel zu früh verlassen, und mit vier Wochen wurden sie in einer medizinischen Pflegestelle betreut, bis sie gesund waren. Weil es sieben waren, bekamen sie den Spitznamen „die sieben Zwerge“. Zwei der kleinen Rüden, „Bashful“ und „Grumpy“ konnten in der Pflegestelle bleiben (wo sie in „Alexander“ und „Amadeus“ umgetauft wurden), und die anderen fünf kamen in mein Haus. Eine Hündin (Happy) fand sofort ein neues Zuhause; also blieben die restlichen vier - Dopey, Sleepy, Sneezy und Doc - zwei Rüden und zwei Hündinnen, bei mir. Als die Wochen vergingen, wurden sie größer und schwerer.

Eine andere Freundin adoptierte einen Rüden und eine Hündin zusammen, die sie in „Maximus“ und „Niko“ umbenannte. Bald danach kam jemand, um sich die verbleibenden zwei Welpen anzusehen, und entschied sich für den letzten Rüden, bis dahin treffend „Dopey“ gerufen, den er fortan „Debo“ nannte. So blieb eine kleine Hündin übrig, jetzt elf Wochen alt. Meine Kera, die diese Welpen die ganze Zeit, die sie bei uns waren, gehasst hatte, beschloss plötzlich, diese Hündin, „Sleepy“, zu mögen. Ich entschied, der Name musste weg und recherchierte ein wenig. Dann nannte ich sie „Siri“, eine weibliche Kurzversion von „Sirius“, dem Hundestern. Kera zeigte ihr gegenüber mehr und mehr Zuneigung, und so beschlossen wir, Siri zu behalten. Merlin liebte alle Welpen vom ersten Tag an, und so war ein eigener Welpe, mit dem er spielen konnte, für ihn wie Traum, der wahr geworden war. Er hatte oft auf dem Boden gelegen und alle Welpen auf sich herumlaufen lassen. Er liebte es, sie anzugrummeln und ihnen sanft zu zeigen, wer der Boss ist. Jetzt hatte er regelmäßig ein kleines Hundemädchen, das ihn anhimmelte. Was konnte sich ein Rüde Schöneres wünschen?? Da waren es also drei.

Danach begann ich wieder, regelmäßig Dobermänner in Pflege zu nehmen. Normalerweise hatte ich immer mindestens vier Hunde in meinem Haus. Ein Dobermann beeindruckte mich besonders. Sein Name war Damon. Es stellte sich heraus, dass Damon eine bei dieser Rasse gut bekannte Krankheit namens „Wobbler-Syndrom“ oder „Zervikale Instabilität“ hatte. Ich beschloss, Damon zu behalten und fand eine Stiftung, die bei seiner wirklich sehr teuren medizinischen Versorgung Unterstützung leisten würde. Damon lebte zwar länger als mein Haustierarzt vorausgesagt hatte, aber seine Wirbelsäule war einfach wirklich nicht in Ordnung, und ungefähr acht Monate später musste ich ihn gehen lassen.

Ich war sehr glücklich, als ich vier eigene Hunde hatte. Aber Teil des Glücks, das mir die Mehrhundehaltung gibt, ist es, wirklich die Bedürfnisse jedes einzelnen von ihnen erfüllen zu können. Nicht alle meiner Hunde brauchten lange Spaziergänge, und das versetzte mich in die Lage, jedem Hund das zu geben, was er oder sie brauchte. Das ist etwas, das ich als sehr wichtig empfinde, wenn man sich festlegen will, langfristig mehrere Hunde zu halten. Es ist für alle Beteiligten weniger stressig, wenn nicht alle mehr brauchen, als man ihnen ohne große Mühe geben kann.

Aber manchmal mischt sich das Schicksal in das Glück ein, wie bei Damon. Nachdem ich Damon verloren hatte, beschloss ich, die Tierschutzgruppe, bei der ich angefangen hatte, zu verlassen und meine eigene in meiner Gegend zu organisieren. Es wurde zu anstrengend, immer zwischen Pittsburgh und Harrisburg zu pendeln, und ich wollte eine Pause. Die Ehrenamtlichen aus meiner Region blieben bei mir, und wir nannten die neue Gruppe „Damons' Den Doberman Rescue of Western PA“, im Gedenken an Damon. Ich nahm weiterhin Dobermänner in Pflege, und viele gingen auf ihrem Weg in ein neues und besseres Leben durch mein Haus. Den meisten konnten wir helfen, aber es gab ein paar, die zu schwer geschädigt waren. Es wäre keine gute Idee gewesen, sie in ein neues Zuhause zu vermitteln, und so hielt ich sie, während sie über die Regenbogenbrücke gingen. Das wird niemals leichter, fürchte ich.

Eines Tages, auf meiner hauptberuflichen Arbeit, fragte mich meine damalige Chefin, ob ich ihrem Sohn helfen könnte, ein neues Zuhause für seinen Pitbull-Mix zu finden, und ich empfahl ihr eine Frau, die ich kannte und die alle Rassen vermittelte, aber auf Pitbulls spezialisiert war. Wie sich herausstellte, war sie eher eine Sammlerin als eine Vermittlerin. Tierschutzbeauftragte entdeckten die traurige Wahrheit, und ich empfand es als meine Pflicht, den Hund in meine Vermittlung aufzunehmen und ihn selbst verantwortungsvoll weiter zu vermitteln. Das war vor über vier Jahren, und jetzt gehört Trent mir. Er ist immer noch eine Baustelle, aber er hat schon sehr viel geschafft, und er ist ein sehr liebevoller Hund. Wir halten weiter durch! So habe ich jetzt also vier Hunde, die eine Menge Bewegung brauchen, und ich bin immer noch Pflegestelle für meine Vermittlungsgruppe. Es ist eine Menge Arbeit, aber eine extrem dankbare Aufgabe, und ich würde es nicht anders wollen. Es sorgt auch dafür, dass ich oft Bewegung bekomme.

Wenn Sie das nicht abgeschreckt und dazu gebracht hat, dieses Buch zuzuschlagen, dann lassen Sie uns fortfahren und die Leute kennenlernen, die Beiträge zu den Szenarien im wirklichen Leben geleistet haben:

Amy *aus Pittsburgh, Pennsylvania, lebt mit aktuell vier Hunden. Nash war ein Border Collie-Labrador Mix, der inzwischen verstorben ist. Damals hatte sie auch zwei einjährige weibliche Schäferhund-Mixe, Georgie und Gracie, die immer noch da sind. Ihr Old English Bulldog, Brewster, ist auch verstorben. Jetzt hat sie noch einen Mops, Clem, und einen alten Pitbull-Mix namens Buster.*

Andrew *aus Morgantown, West Virginia, ist ein Trainer, der momentan nur mit einem Hund lebt: Tootsie, einer Colliehündin. Er hatte außerdem das Privileg, mit Reece zu leben, einer Deutschen Schäferhündin, die inzwischen verstorben ist.*

Bonnie*, eine Trainerin aus Lancaster, Pennsylvania, lebt mit einem Samojedenrüden, Spirit, und Shaylee, einer English Shepherd-Hündin.*

Cheri und Russ *in Butler, Pennsylvania, haben momentan drei Hunde. Delanie, Socretes und Gizmo sind alles Border Collies. Sie hatten schon bis zu sieben Hunde gleichzeitig, alle bis auf einen Border Collies.*

Chris und Michael *im Staat Washington haben drei Hunde. Paris ist ein zehn Jahre alter Labrador, Cherokee ist ein heranwachsender Deutscher Schäferhund. Apache ist ein Deutscher Schäferhund-Welpe.*

Crystal und Ross *aus Indiana, Pennsylvania, haben zurzeit fünf Hunde. Sally ist ein Border Collie/Retriever-Mix; Sammy, George und Dover sind alle Englische Setter; Toby ist ein Irischer Setter.*

Jen und Jeff*, die derzeit in West Virginia leben, haben im Moment vier Hunde. Takoda ist ein Dobermann-Mix, Oskar ist ein Rottweiler/Labrador-Mix, Ruby (Pflegehund) ist ein Zwergpinscher und Jasmine ist ein Dobermann.*

Joy und Doug *aus Gibsonia, Pennsylvania, haben insgesamt acht Hunde; drei große und fünf kleine. Brody, Rhett und Brandy sind Dobermänner. Aries, Sierra, Joe und Gunnar sind Zwergpinscher. Dan ist ein Jack Russell Terrier.*

Joyce und Alan *aus Heidelberg, Pennsylvania, haben drei Hunde. Jessie ist ein Doggen/Labrador-Mix, Kendra ist ein Rottweiler/Dobermann-Mix und Baxter ist ein Border Collie-Mix.*

Lilian *aus Pittsburgh, Pennsylvania, ist ebenfalls eine professionelle Hundetrainerin. Sie hat zurzeit drei eigene Hunde. JJ ist ein Collie-Mix, Phoenix ist ein Greyhound und Titan ist ein Collie/Jack Russell Terrier-Mix. Außerdem hat sie oft Pflegehunde zu Hause.*

Sue und Laura *aus Pittsburgh, Pennsylvania, haben im Moment drei Hunde. Amadeus (Deus) und Alexander (Xander) sind die Brüder meiner Hündin Siri. Sie haben auch noch eine ganz kleines Hundemädchen namens Ana, ein Chihuahua-Mix. Bevor Ana zu ihnen kam, hatten sie Mona, ihre heißgeliebte Weiße Schäfermixhündin.*

Susan *aus Pittsburgh, Pennsylvania, hat drei Hunde. Chelsea ist ein Border Collie, und Candy und Crystal sind beides Australian Shepherds.*

Kapitel 2

Entspannt euch doch endlich!

Ruhe aus dem Chaos schaffen

Betrachten wir jetzt einmal die Besonderheiten zum Thema Ruhe an verschiedenen wichtigen Orten in Ihrem Zuhause.

Entspannung in der Küche

Was tun, wenn man versucht, das Abendessen zuzubereiten und die Hunde einem im Weg sind? Sprechen wir darüber, wie man sich in der Küche aufhalten kann, wenn man Gäste hat und es jede Menge Essen gibt. (Für Tipps, wie Sie das Benehmen Ihrer Hunde bei ihren eigenen Mahlzeiten handhaben können, lesen Sie das Kapitel *Manierliche Mahlzeiten*. Wenn Sie (und Ihre Gäste) in der Küche sind, sollten Ihre Hunde ruhig sein. Sie können Interesse am Geschehen zeigen und Interesse daran, was zubereitet wird, aber dieses Interesse sollte nicht allzu groß sein. Tolerieren Sie keine Hundenasen, die zu sehr in die Nähe von Schüsseln, Öfen und dergleichen gereckt werden. Meine Hunde liegen in der Küche herum, während ich das Essen zubereite, und sie benehmen sich in der Küche anständig, wenn wir Gäste haben.

Ich kann ihnen trauen, kein Essen von Tischen und Arbeitsplatten zu nehmen. Für manche Speisen, die ich zubereite, interessieren sie sich mehr als für andere, aber ihre Nasen hineinzustecken ist kein akzeptables Verhalten, und wenn sie allzu neugierig werden, schicke ich sie an einen anderen Ort und lasse sie dort „Platz" machen. Mir in der Küche in die Quere zu kommen, während ich versuche zu

> *Es wird zu den schwierigeren Übungen gehören, Ihren Hunden beizubringen, Essbares zu ignorieren, das Sie ihnen nicht gegeben haben. Aber wenn Sie dies langsam und beständig lehren, werden Sie mit solidem Erfolg belohnt werden!*

arbeiten, ist etwas, das mich persönlich auf die Palme bringt. An diesem Verhalten arbeite ich in meiner Küche mit jedem neuen Hund als erstes.

Seien Sie sich bewusst, dass das Trainieren von Manieren besonders in der Küche möglicherweise eine größere Herausforderung ist als in anderen Räumen Ihres Zuhauses. Bei dem ganzen Essen überall ist es schon schwierig, sich zu benehmen. Für unsere Hunde sind wir die besten Jäger überhaupt! Und dann kochen wir es noch. Viel besser geht's nicht! Hier werden Sie also viele Signale einsetzen, die Sie Ihren Hunden beigebracht haben. Viele Übungen kommen mir in den Sinn: „Sitz", „Platz", „Liegenlassen", „Lass es fallen", „Runter".

Falls einige oder alle Ihrer Hunde noch nicht all diese Signale befolgen und in der Küche zu viel Beaufsichtigung benötigen, erwägen Sie, die betreffenden Hunde anzubinden. Das sollten Sie nur tun, wenn Sie im Raum sind und sie beaufsichtigen können. Außerdem benutzt man am besten eine Kettenleine; besonders, wenn die Möglichkeit besteht, dass Ihr Hund eine Stoff- oder Lederleine schnell durchkaut. Durch das Anbinden kann Ihr Hund lernen, sich zu entspannen; während seine Freiheit, die ihn in Schwierigkeiten bringen würde, etwas eingeschränkt wird. Dadurch bekommen Sie Gelegenheit, den angebundenen Hund für angemessenes Verhalten zu belohnen. Es ist eine gute Idee, einem Hund für die Zeit des Angebundenseins etwas zu geben, mit dem er sich beschäftigen kann. Natürlich müssen dann alle Hunde – angebunden oder nicht – irgendeine Belohnung bekommen. Vielleicht haben Sie einen oder zwei Hunde, die nicht angebunden werden müssen. Super! Denken Sie daran, dieses gute Verhalten auch richtig zu belohnen. Machen Sie deutlich, wie glücklich es Sie macht. Auch den/die angebundenen Hund(e) belohnen Sie für jeden ruhigen Moment. Woran Sie Hunde in Ihrer Küche festbinden sollten, überlasse ich Ihrem gesunden Menschenverstand. Bei großen Hunden gilt: Je schwerer der Gegenstand, desto besser!

Anbinden bedeutet einfach, dass Sie Ihren Hund mit der Leine an etwas festbinden. Vorzugsweise an etwas Stabilem, wenn Sie einen großen Hund haben. So können Sie bequem seinen Bereich einschränken, wenn nötig. Dies sollte nur unter Aufsicht geschehen.

Wählen Sie etwas Stabiles, damit sie nicht an Sie oder an verlockendes Essen herankommen können. Eine Übung, die Sie vielleicht gleich in diese Anbinde-Situation integrieren sollten, ist ein „Geh auf deine Decke". Diese „Decke" ist ein tragbarer, sicherer und ruhiger Ort, der diesem Hund gehört. Lesen Sie im Kapitel *Nützliche Übungen für jeden Tag* nach, wie man dieses Verhalten trainiert. Sie können einfach für jeden Hund ein Handtuch benutzen oder jedem ein flaches Hundebett kaufen, das nur für diesen Zweck reserviert ist. Während ein Hund angebunden ist, legen Sie ihm auch seine Decke hin, damit er darauf liegen kann, und so wird jeder lernen, dass dies sein Platz ist. Geben Sie auch den unangebundenen Hunden eine Decke.

Bei der Wahl einer „Decke" ist es wichtig, dass diese eher flach als flauschig sein soll. Flauschig hat zu viel Ähnlichkeit mit einem Schlafplatz. Ihre Decke soll als sichtbare Markierung dienen. Eine Decke ist ein sehr deutlich sichtbarer Ort, der Ihrem Hund gehört.

Auch wenn Sie einen oder zwei Hunde haben, die nicht angebunden werden müssen, wird die Decke dazu beitragen, ihnen einen Ort zu geben, an dem sie ruhig sind. Dies hilft auch allen Hunden, ihren Fokus zu verbessern. Sie müssen genau wissen, welchen Grad an Ruhe jeder einzelne Hund erreicht hat, um einschätzen zu können, wann er sich für die nächste Stufe der Freiheit qualifiziert. Sie wollen, dass Ihre Hunde lernen, sich ruhig zu verhalten, ohne angebunden zu sein. Sie brauchen auch nicht alle Hunde zum selben Zeitpunkt hochzustufen. Dies läuft wieder einmal unter dem Motto „Das Leben ist nicht fair". Treffen Sie Ihre Entscheidung, einen Hund loszubinden, anhand des Verhaltens des einzelnen Hundes, nicht einer Gruppe.

Fangen Sie jedes wünschenswerte Verhalten ein und belohnen Sie es; ich kann dies nicht oft genug wiederholen! Belohnen Sie ruhiges Verhalten auf ruhige Weise, aber deutlich. Am besten ist es, wenn Sie bestimmte Zeiten festlegen, zu denen Sie dies trainieren können; idealerweise nicht, wenn Sie das Haus voller Gäste haben. Sie können anfangen, wenn Sie sich einfach in Ihrer Küche aufhalten und etwas anderes tun als kochen; dann gehen Sie einen Schritt weiter und trainieren, während Sie das Essen zubereiten. Lassen Sie es Teil Ihres Tagesablaufs werden und dann sehen Sie weiter. Nutzen Sie Ihr bestes Urteilsvermögen, wenn es darum geht, einen Hund „hochzustufen“, und wenn ein Hund einen Fehler macht und etwas allzu verlockend findet, binden Sie ihn einfach wieder an. Das funktioniert im Grunde ähnlich wie ein Time-Out*. Denken Sie positiv und Sie werden Positives bekommen. Rechnen Sie mit dem Besten. Rechnen Sie mit Ruhe. Ich glaube sehr stark an die Kraft des positiven Denkens. Probieren Sie es aus!

Entspannung im Wohnzimmer

Ob Sie Ihre Hunde auf Ihre Möbel lassen oder nicht ist Ihre Entscheidung. Es gibt hier kein „Richtig“ oder „Falsch“, es sei denn, Sie haben mit einem oder zwei Hunden Probleme mit Ressourcenverteidigung. In dem Fall sollte dieser Hund vorläufig nicht auf Möbeln (oder, falls es ein kleiner Hund ist, auf dem Schoß) sitzen dürfen.

Was ist Ressourcenverteidigung? Im Kapitel *Schlafende Hunde soll man nicht wecken* gehe ich detaillierter darauf ein, aber es gehört auch hierher. Sollte irgendeiner Ihrer Hunde den Platz, auf dem er liegt, verteidigen, besonders, wenn dieser Platz erhöht ist, dann sollte er dort nicht liegen dürfen, Punkt. Eine weitere Form der Ressourcenverteidigung, die Ihnen vielleicht in diesem Raum begegnet, ist, dass ein Hund einen „Lieblingsmenschen“ den anderen Hunden gegenüber verteidigt. Erlauben Sie auch dies nicht. Sollte irgendeine Form von Verteidigungsverhalten vorliegen, holen Sie sich professionelle Unterstützung und lassen Sie

Ressourcenverteidigung kann Knurren und/ oder Schnappen beinhalten, wenn der Hund aufgefordert wird, von Möbeln herunter zu gehen, oder er verteidigt einen Lieblingsplatz gegen einen Menschen oder einen anderen Hund. Ressourcenverteidigung kann viele Facetten haben. Ein ernsthaftes Ressourcenverteidigungsproblem, das Möbel einschließt, sollte ein Grund sein, einen Hund daran zu hindern, jegliche Möbel mit Ihnen zu teilen.

* siehe Glossar

einen Hund, der sich so verhält, nicht auf erhöhte Plätze. Wenn keine dieser Situationen auf Sie und Ihre Hunde zutrifft, und wenn Sie gern auf Möbeln mit Ihren Hunden kuscheln möchten, dann tun Sie das. In diesem Fall haben Sie hoffentlich genug Möbel für all Ihre Hunde und Ihre menschliche Familie! Wenn nicht, oder sogar trotzdem, sollte es genügend Hundebetten geben, damit jeder Ihrer Hunde einen Platz in diesem Raum hat, an dem er sich hinlegen und entspannen kann.

Wenn Ihre Familie so ist wie die meisten Familien, dann verbringen Sie sehr viel freie Zeit in diesem Raum. Ihre Hunde sind Teil Ihrer Familie, und als Familienmitglieder brauchen sie auch ihre eigenen Plätze und persönlichen Dinge. Eines der Probleme, das mir häufig in meinen Privatstunden mit Klienten begegnet, ist, dass manche Familien vergessen, dass auch ihre Hunde ihre eigenen Dinge brauchen.

Das Collins-Johnson-Team beim Entspannen im Wohnzimmer

Viele Leute erwarten, dass ihre Hunde zuhause alles ignorieren, das nicht ihnen gehört, geben ihnen aber trotzdem nichts eigenes; Spielzeug und Hundebetten werden auf einen Raum oder auf bestimmte Zeiten beschränkt. Dies sollte nicht so sein. Ihre Hunde sind Teil Ihrer Familie, und ein Familienmitglied hat Grundbedürfnisse. Dazu gehört, etwas Eigenes zu haben, auf das man zurückgreifen kann, wenn man Behaglichkeit oder Erholung braucht. Wenn Sie dafür Sorge tragen, fügen Sie dem Rezept für Ruhe und Entspannung im Raum eine weitere Zutat hinzu.

Ein Hundebett und eine Spielzeugkiste im Wohnzimmer

Hundebetten und Spielzeugkisten sind zwei Anschaffungen, die Sie nicht bereuen werden. Ich habe in jedem Raum meines Hauses eine Spielzeugkiste und Hundebetten, außer im Bad und in der Küche. Ich würde beides auch in meine Küche stellen, wenn diese weiter entfernt von meinem Wohnzimmer wäre, aber die Spielzeugkiste im Wohnzimmer ist bequem von beiden Räumen aus zu erreichen. Um also Ihren Hunden zu helfen, entspannter zu sein, lassen Sie sie wissen, dass sie ein fester Teil der Familie sind, indem Sie ihnen in allen Räumen, die Ihnen wichtig sind, diese beiden Dinge zur Verfügung stellen. Sie werden staunen, welchen Unterschied diese kleine Veränderung macht.

Hundebetten müssen nicht teuer sein. Wenn Sie aufs Geld schauen müssen, benutzen Sie gefaltete Decken, um Ihren Hunden zusätzliche gemütliche Liegeplätze zu schaffen. Auch Gebrauchtwarenläden und Ein-Euro-Shops haben günstige Angebote. Werden Sie kreativ!

Trent, Siri und Kera beim Entspannen auf einem Hundebett im Wohnzimmer. Alle teilen sich problemlos den verfügbaren Entspannungsraum.

Wenn Ihre Hunde auf die Möbel dürfen, muss die Zahl der Hundebetten nicht unbedingt der Zahl der Hunde entsprechen. Dürfen sie das nicht, achten Sie auf die Gewohnheiten Ihrer Hunde.

Manche Hunde liegen gern einfach auf dem Teppich oder auf kühlen Böden ohne Teppich. Andere werden beleidigt sein, wenn das die einzige angebotene Option ist, und wahrscheinlich den Raum verlassen und in ein gemütlicheres Zimmer umziehen.

Machen Sie Ihren Hunde deutlich, dass Sie sie beim Entspannen gern in Ihrer Nähe haben. Geben Sie ihnen verbale Rückmeldung. Sind zu wenig Hundebetten da, legen Sie Kissen auf den Boden. In meinem Wohnzimmer gibt es zwei Hundebetten, aber ich habe auch ein großes Sofa und einen Zweisitzer, auf den meine Hunde dürfen. Ich werfe die großen Deko-Sofakissen als zusätzliche provisorische Hundebetten auf den Boden. Wenn ich einen Pflegehund habe, entspannt auch dieser mit dem Rest der Familie im Wohnzimmer. Meine Pflegehunde dürfen auf die Hundebetten und den Zweisitzer, aber nicht auf das Sofa.

Wenn nötig, binde ich Hunde in diesem Zimmer an, aber in der ganzen Zeit, in der ich mit mehreren Hunden lebe, war das erst bei einem Welpen nötig. Normalerweise halten sich die Pflegehunde an den Zweisitzer oder die Hundebetten. Wenn Ihre Hunde aufgedreht sind und Bewegung und/oder etwas Stabiles zum Darauf-Herumkauen brauchen, müssen Sie sie vielleicht etwas häufiger anbinden als ich! Aber hier erweisen sich die erwähnten Spielzeugkisten als praktisch. Halten Sie einen guten Vorrat an interaktiven Spielzeugen in diesem Raum bereit, beispielsweise verschiedene Kong®-Produkte, hohle Markknochen, Premier Tug-a-Jugs™ usw.

Sie können Ihren Hunden zusätzlich auch weiche Spielzeuge geben, sofern sie nicht deren Innenleben fressen. Für die meisten Hunde sind weiche Spielzeuge geeignet, und wenn Sie dabei sind und sie beaufsichtigen, sollte alles in Ordnung sein. Ein Wort zu weichen Spielzeugen: Es ist ein völlig normales Verhalten, diese zu schreddern, und sie gehören Ihren Hunden; schimpfen Sie also nicht mit ihnen, wenn sie ihr Spielzeug zerpflücken. Wenn Sie nicht viel Geld für Spielzeuge ausgeben wollen, die doch nur geschreddert werden, kaufen Sie sie einfach in einem Euro-Shop oder Gebrauchtwarenladen. Ich kaufe Plüschspielzeuge in großen Mengen in einem Gebrauchtwarenladen und sehe sie durch, um alles Ungeeignete zu entfernen (mit Bohnen gefüllte Spielzeuge; alles, was leicht abgerissen werden könnte usw.). Ihre Hunde werden Sie dafür lieben. Sie können viel Spaß haben, wenn sie die Spielzeuge in der Gruppe zerpflücken oder einfach herumliegen und darauf herumquietschen. Manche Hunde benutzen Plüschspielzeug als eine Art „Sicherheit". Siri, mein größter Hund, hat einen riesigen Plüschball, der mindestens doppelt so groß ist wie ihr Kopf. Dieses Spielzeug trägt sie überall im Haus mit sich herum.

Siri und ihr großer Ball

Sollte einer Ihrer Hunde sein Spielzeug verteidigen, überlegen Sie, diesen Hund anzubinden, bis das Problem gelöst ist. Gehen Sie KEIN Risiko mit hoch im Kurs stehenden Spielzeugen oder Leckerchen ein, bis Sie sicher sind, dass das Verteidigungsverhalten nicht mehr gezeigt wird; besonders, wenn Sie allein leben. Das ist es einfach nicht wert.

Ich kenne einige Leute mit mehreren Hunden, die es für sich einfach bequemer finden, ihre Hunde grundsätzlich anzubinden, wenn Sie in entspannter Wohnzimmer-Atmosphäre wertvolle Kauartikel verteilen. Wenn diese Lösung für Sie funktioniert, ist das in Ordnung. Seien Sie sich jedoch darüber im Klaren, dass es zu einem Tumult kommen könnte, wenn etwas Wertvolles in das Territorium der Hunde fällt oder wenn jemand anderes als Sie oder Ihre direkten Familienmitglieder Leckerchen an Hunde verteilt, die dazu neigen, Besitztümer zu verteidigen.

Es ist besser, das Problem langsam aber sicher zu behandeln und bis zu seiner Lösung gute Management-Techniken anzuwenden. Seien Sie versichert, es ist zu schaffen!

Wertvolle Besitztümer den anderen Hunden gegenüber zu verteidigen kann ein kleines oder ein großes Problem sein. Es ist für einen Hund natürlich, etwas Wertvolles nicht einem anderen Hund überlassen zu wollen. Aber es sollte nicht zu Kämpfen kommen. Und als wohlwollender Teamchef sollten Sie umsichtig dafür sorgen, dass keiner den anderen bedrängt.

Ein Wort zum Spielen im Haus. Ich erlaube meinen Hunden, mit gewissen Einschränkungen, in meinem Wohnzimmer zu spielen. Ich habe große Zimmer und stabile Möbel. Außerdem sind meine Hunde größtenteils sehr anmutig. Sie bleiben in der Mitte des Raums und ringen auf angemessene Art miteinander. Wenn die Aktivitäten aus dem Ruder laufen, unterbreche ich sie. Siri bittet außerdem darum, herausgelassen zu werden (indem sie die Glocke an der Tür läutet), wenn sie mehr Platz zum Ringen haben möchte. Wenn das Wetter es erlaubt, lasse ich die Hunde dann nach draußen, damit sie dort weitermachen können. Sie werden für sich selbst entscheiden müssen, ob es für Sie in Ordnung ist, wenn im Wohnzimmer ein wenig gespielt wird. Es hängt von Ihrer persönlichen Situation ab.

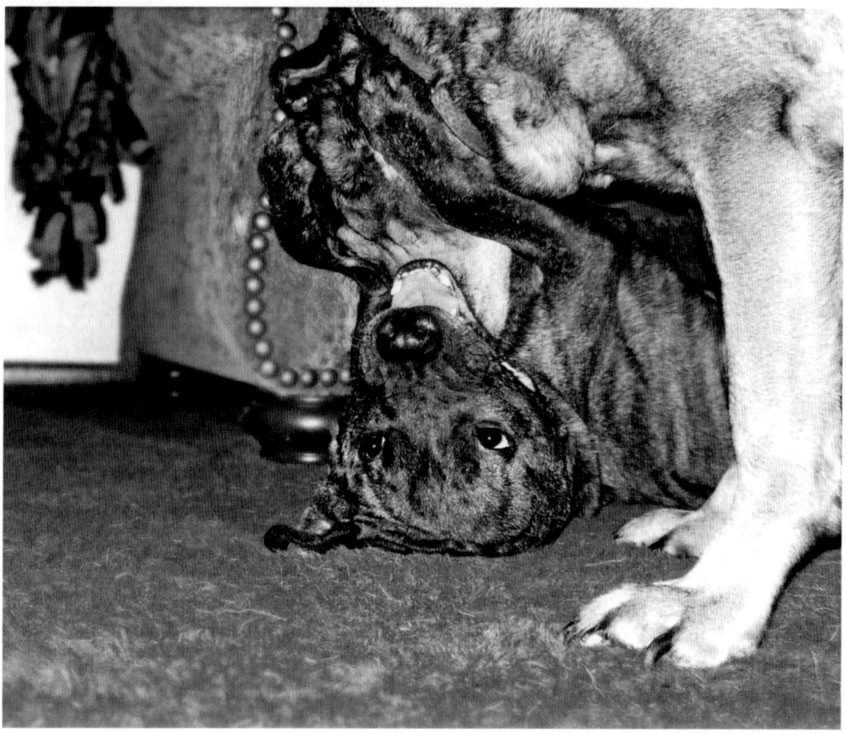

Trent und Siri genießen ein Spiel im Wohnzimmer. Solange es nicht destruktiv ist, ist das Spiel im Haus gut für Ihre Hunde.

Entspannung im Schlafzimmer

Ihren Hunden beizubringen, im Schlafzimmer zu entspannen, funktioniert sehr ähnlich wie im Wohnzimmer; außer dass der Fokus mehr auf dem Schlafen liegt als auf Spielzeug oder Kauartikeln. Vieles hängt natürlich davon ab, wie Sie Ihr Schlafzimmer nutzen. Wenn Sie sich gern zum Fernsehen ins Schlafzimmer zurückziehen, bevor Sie schlafen wollen, ist es unangemessen, von Ihren Hunden zu erwarten, sofort einzuschlafen, während Sie noch wach bleiben! Ruhiges Kauen sollte also gestattet sein; auch hier wieder unter Berücksichtigung eventueller Ressourcenverteidigungs-Probleme. Eine vollständige Beschreibung der „Mehrhunde-Schlafzimmer-Etikette" finden Sie im Kapitel *Schlafende Hunde soll man nicht wecken*. Für den Moment lassen Sie uns davon ausgehen, dass Sie einen sicheren und bequemen Schlafplatz für alle Hunde haben; gleichgültig, ob Ihr Bett oder das eines Familienmitglieds dazugehört oder es einfach bequeme Hundebetten auf dem Boden sind. Ein bequemes Schlaflager ist für Menschen wie für Hunde gleichermaßen wichtig. Menschen und Hunde fühlen sich gern sicher, und im Schlaf ist jeder verletzlich. Wenn Ihre Hunde in Hundebetten am Boden schlafen (eine vollkommen akzeptable Situation), sorgen Sie dafür, dass diese Betten Ihnen nicht im Weg stehen, wenn Sie nachts im Dunkeln ins Bad gehen. Es ist nicht schön, dadurch geweckt zu werden, dass jemand auf einen tritt. Manche Hunde sind in solchen Situationen nicht besonders freundlich, und das kann man ihnen kaum verübeln. Berücksichtigen Sie daher solche Sicherheitsaspekte, wenn Sie Ihren Hunden eine Entspannungslandschaft in Ihrem Schlafzimmer einrichten.

Sorgen Sie dafür, dass es genügend sichere und bequeme Schlafplätze für all Ihre Hunde gibt. Verteilen Sie Hundebetten an verschiedenen Stellen und mit Abstand zueinander wenn nötig, um nächtlichem Geplänkel vorzubeugen.

Auch im Schlafzimmer bietet sich eine praktische Spielzeugkiste sehr an, falls hier Ablenkungsbedarf besteht. Für einen Hund ist es sehr entspannend, einen Knochen oder ein Lieblingsspielzeug zu kauen.

Die meisten Hunde werden im Schlafzimmer automatisch entspannter sein, aber falls Sie einen Hund der ungewöhnlicheren Sorte haben, der aufgedreht ist, egal, wo er sich aufhält, ziehen Sie auch hier wieder Anbinden in Betracht. Kauen ist in diesem Fall vielleicht sogar besonders wichtig, weil Sie schlicht einen sehr frustrierten Hund an der haben werden, wenn Sie ihm keine Beschäftigungsmöglichkeit anbieten. Auch wenn Sie einen Ihrer Hunde zum Schlafen in einer Box unterbringen, können Sie ihm etwas zum Kauen geben. Ruhige Beschäftigung ist der Schlüssel zu Ruhe im Schlafzimmer. Vieles von dem, was Sie tun würden, um Ihr Schlafzimmer zu einem Ort der Erholung und Entspannung zu machen, funktioniert genauso für die Hunde in Ihrem Leben.

Siri, Kera und Trent entspannen sich tagsüber ein wenig im Schlafzimmer.

Wenn ich früh ins Bett gehe, um vor dem Schlafen noch fernzusehen oder zu lesen, können meine Hunde das unterscheiden. Sie breiten sich dann meistens auf dem Boden aus und manchmal in den Hundebetten. Sie holen sich aus der „Knochenkiste" etwas zum Kauen. Merlin nutzt manchmal diese Zeit, um seine Nase in die Spielzeugkiste zu stecken und „ein Häschen zu töten". So nenne ich es, wenn er, einmal im Monat oder so, sorgfältig ein Plüschtier zerlegt, nachdem er alle Plüschspielzeuge überall im Schlafzimmer verteilt hat. Es scheint für ihn eine Art

Ventil zu sein, und ich kann damit leben. Er rennt nicht im Zimmer herum; sein Verhalten ist ziemlich ruhig und für ihn eine Einstimmung aufs Hinlegen und Schlafen. Außerdem scheint es die anderen Hunde zu unterhalten. Der Schlüssel ist hier, die eigenen Hunde zu kennen. Finden Sie heraus, was sie aufregt und was ihnen beim Entspannen hilft, und handeln und reagieren Sie dementsprechend. Ihr Bauchgefühl wird hierbei eine große Hilfe sein. Ich erlaube meinen Hunden niemals, nachts in diesem Zimmer zu spielen. Ich erlaube es ihnen jedoch tagsüber; sie können das sehr wohl von der Schlafenszeit unterscheiden. Hunde sind oft klüger als wir es ihnen zutrauen. Natürlich gibt es einige Bücher, die diese Aussage untermauern. Sie finden eine Auswahl im Abschnitt *Quellen und Literaturhinweise*.

Stellen Sie in einer leicht zugänglichen Spielzeugkiste Spielzeug zur Verfügung, das zu ruhiger Beschäftigung einlädt. Gestatten Sie abends im Schlafzimmer kein Herumtoben. Ziehen Sie in Erwägung, einen unbändigen Hund nötigenfalls anzubinden.

Entspannung im Tür-/Eingangsbereich

Obwohl Ihr Eingangsbereich kein Ort ist, an dem man sich längere Zeit aufhält, sollte Ihr Hund lernen, sich in diesem Teil Ihres Heims zu entspannen. Sie sollten allerdings wissen, dass in vielen Fällen Entspannung im Eingangsbereich Ihres Heims nicht ohne harte Arbeit erreicht wird. Im Kapitel *Nützliche Übungen für jeden Tag* finden Sie Einzelheiten über das Training spezieller Signale, die Ihnen bei diesen und anderen Herausforderungen helfen können. Es ist schwieriger, mehrere Hund zu Ruhe im Eingangsbereich zu trainieren als das mit einem Hund der Fall ist. Daher werden hier mehrere Möglichkeiten aufgeführt. Ich werde nicht lügen und behaupten, meine Hunde seien die besten in dieser Situation. Sie sind laut und furchterregend, wenn sie jemanden nicht kennen. Ich habe mir nicht die Mühe gemacht, es mit Fremden zu trainieren, denn, einfach ausgedrückt, ich bekomme nicht viele Besucher, die weder ich noch meine Hunde kennen oder die keine Hundeleute sind (wir halten alle zusammen), daher ist es mir nicht wichtig.

Wenn doch einmal „normale Leute“ zu Besuch kommen (in der Regel im Zusammenhang mit meiner Tierschutzarbeit, z. B. jemand, der meinen Pflegehund adoptieren will), dann benutze ich ein Türgitter, um die Hunde im Nebenzimmer zu halten. So können die Hunde die Besucher sehen und wissen, was geschieht, aber sie können nicht hereinkommen. Einer meiner Hunde bellt in dieser Situation ständig, aber mir ist wichtig, dass er meistens mitbekommt, was vor sich geht (auch hier wieder im Zusammenhang mit dem Tierschutz), und daher verwende ich auch in dieser Situation beruhigendes Zubehör. Wenn er dann immer noch darauf besteht zu bellen, hilft normalerweise ein „Time-Out“*, für das er allein in den Hof gehen muss, denn er möchte wirklich inmitten des Geschehens sein. Nach dem ersten Mal will er eine solche Verbannung nicht noch einmal riskieren.

Was Handwerker und andere Personen betrifft, die nur sehr sporadisch zu Ihnen kommen: Es lohnt schlicht die Mühe nicht, Ihre Hunde an sie zu gewöhnen. Bringen Sie die Hunde einfach in einen anderen Teil des Hauses. Außer natürlich, sie benehmen sich perfekt! Sind sie aber nicht ganz so perfekt, geben Sie ihnen allen etwas Schönes, mit dem sie sich beschäftigen können, und lassen Sie den Handwerker seine Arbeit erledigen. Wenn Sie den Hunden regelmäßig die Möglichkeit geben, sich unangemessen zu verhalten, wird dadurch effektiv ihr unangemessenes Verhalten belohnt, und das schlechte Benehmen wird nicht weggehen. Belohnen Sie die Hunde für ihr gutes Verhalten, wenn der Handwerker weg ist, und lassen Sie sie herumschnüffeln. Handwerker-Besuche müssen nicht traumatisch sein.

Wenn Sie Handwerker im Haus haben, geben Sie Ihren Hunden etwas Leckeres zum Kauen und bringen Sie sie in einen anderen Raum.

Wenn Sie hin und wieder Verwandte oder Freunde zu Besuch haben, die die Hunde zwar kennen, mit denen sie aber nicht so vertraut sind, dass sie sich in ihrer Gegenwart sofort wohlfühlen, wollen Sie vielleicht versuchen, Ihre Hunde mit diesen Personen vertrauter zu machen. Am besten warten Sie mit der Hundebegrüßung, bis Ihr Gast richtig im Haus ist. Türdurchgänge gehören überhaupt zu den Orten, die für Hunde am aufregendsten sind. Dies beinhaltet alle Türdurchgänge; teilweise, weil sie im Vergleich zu einem Zimmer eng sind, aber auch,

* siehe Seite 237

weil sie den Überraschungsfaktor bergen. Eingangstüren sind die aufregendsten aller Türen. Wenn Sie Ihre Hunde Besucher entfernt von dieser Tür erst im Haus begrüßen lassen, ist das besser für alle.

Vielleicht versuchen Sie, zuerst nur einen oder zwei Ihrer Hunde die Gäste begrüßen zu lassen. Dann holen Sie einen nach dem anderen dazu. Verwenden Sie entweder Türgitter oder separate Räume, um die Hunde zu trennen, bis Sie sie zur Gruppe hinzufügen wollen.

> *Lassen Sie Ihre Hunde Besucher jeweils einzeln begrüßen, bevor sie als Gruppe vollständig trainiert sind. Das mindert die Energie bei der Begrüßung. Verwenden Sie nötigenfalls Türgitter oder geschlossene Türen. Lassen Sie die Begrüßungen entfernt vom eigentlichen Eingangsbereich in einem ruhigeren Bereich des Hauses stattfinden.*

Die Begrüßung in der Gruppe ist deutlich energiegeladener. Hunde speisen sich aus Gruppenenergie, ganz ähnlich wie Menschen. Wenn Sie den Ablauf der Begrüßung persönlicher und einzeln gestalten, schaffen Sie eher eine Ruhezone. Wählen Sie den/die ruhigsten Hund(e) als Begrüßungskomittee aus. Die übrigen Hunde werden wahrscheinlich bellen, wo auch immer sie eingesperrt sind, aber bleiben Sie standhaft und lassen Sie absolut keinen der anderen Hunde in den Begrüßungsraum, bis sie sich beruhigt haben. Abhängig davon, wie viele Hunde Sie haben, lassen Sie immer nur einen zur Zeit hinzukommen, höchstens zwei.

Wenn Sie Hunde haben, die potenziell gefährlich sind, wenn sie in Ihrem Heim auf Besucher treffen, sollten Sie sich allerdings Hilfe von einem professionellen Trainer holen. Es versteht sich von selbst, dass Sie niemanden in Gefahr bringen sollten, wenn Sie einen solchen Hund haben. Aber behalten Sie dabei im Hinterkopf, dass Sie diesem Hund keine Chance geben, sein Verhalten zu bessern, wenn Sie Begegnungen mit Menschen immer nur meiden.

Eine andere Möglichkeit ist es, die Hunde Besucher draußen begrüßen zu lassen. Dies kann ängstlichen Hunden helfen, sich ein bisschen wohler zu fühlen. Allerdings kann es schwierig sein, alle Hunde nach draußen zu bringen, um Besucher zu begrüßen, bevor diese Ihr Haus betreten. Wenn nur einige Ihrer Hunde Schwierigkeiten mit allzu aufgeregten Begrüßungen im Haus haben, könnte es so für Sie einfacher zu handhaben sein – vorausgesetzt natürlich, dass Ihren Gästen dieses Prozedere nichts ausmacht!

Berücksichtigen Sie bei der Überlegung, ob diese Vorgehensweise für Sie funktionieren könnte, wie sich Ihre Hunde verhalten, wenn sie angeleint sind und auf Fremde treffen. Ist ihr Verhalten in solchen Situationen schlechter als ihr Begrüßungsverhalten im Haus, ist es keine Option für Sie. Meine eigenen Hunde gehören vorwiegend Wachhund-Rassen an, und wenn sie angeleint sind, besonders in einer großen Gruppe, begegnen sie Fremden, die versuchen, dicht an uns heranzukommen, argwöhnisch. Im Großen und Ganzen entspricht das dem, was ich ihnen beigebracht habe. Wir leben in der Stadt, und dies ist das Verhalten, das ich will. Nach dem anfänglichen Ausbruch des Alarm-Gebells bekannten oder unbekannten Besuchern in meinem Haus gegenüber sind sie allerdings willkommenen Gästen gegenüber ziemlich freundlich. Daher ist es für mich im Haus besser. Der Schlüssel hierbei ist, die eigenen Hunde zu kennen.

Eine weitere Möglichkeit, Begrüßungssituationen zu verbessern, ohne die Hunde an andere Orte im Haus zu verbannen, ist es, ihnen ein Alternativverhalten beizubringen, das sie zeigen, wenn es klopft oder klingelt. Bringen Sie ihnen zum Beispiel bei, statt zur Tür woanders hinzugehen. Das kann in eine Box sein, auf eine Decke, oder sogar in einen anderen Raum. Für die meisten dieser Alternativverhalten gibt es hier keine Schritt-für-Schritt-Anleitungen, aber die Anleitung für „auf die Decke gehen" ist im Abschnitt über Training enthalten. Darin ist keine Türklingel oder Klopfen als Signal für das Gehen auf die Decke enthalten, aber dies können Sie leicht hinzufügen, sobald Sie mit dem Deckentraining vorangekommen sind. Im Grunde bedeutet „Geh auf die Decke", dass Sie Ihren Hunden beibringen, an einen bestimmten Platz zu gehen, wenn sie das Klopfen oder die Türklingel hören. Das wird ihr Signal sein. Sie

Ein Alternativverhalten kann wirklich hilfreich sein, um allzu energiegeladene Begrüßungen abzumildern. Es ist besonders beruhigend für ängstliche Hunde.

können für die gleiche Übung genausogut eine Box oder ein anderes Zimmer verwenden. Ändern Sie die Schritt-für-Schritt-Anleitung einfach entsprechend ab.

Wenn Sie sich für eine Box entscheiden, denken Sie daran, dass dann ständig für jeden Hund eine Box bereitstehen muss. Das ist der Grund, warum ich eine Decke oder einen anderen Raum vorziehe. Sie werden das Training zunächst mit jedem Hund einzeln durchführen müssen, dann in der Gruppe, wie in allen Trainingsempfehlungen. Denken Sie auch daran, dass das nicht über Nacht gelingt. Haben Sie also Geduld! Für das Klingeln oder Klopfen werden Sie Hilfe brauchen. Genau wie eine Box muss auch eine Decke jederzeit für jeden Hund erreichbar sein, sonst nützt es nichts, das Verhalten zu trainieren. Aber eine Decke ist unaufdringlich und kann überall hingelegt werden. Sie können sie auch nur dann benutzen, wenn Sie tatsächlich gerade Besuch erwarten, und es bei unerwartetem Klopfen/Klingeln darauf ankommen lassen. Aber das Verhalten wird ganz sicher viel flüssiger klappen, wenn jeder Hund ständig eine Decke erreichen kann. Wenn Sie es also lieber ruhig haben, seien Sie vorbereitet. Es ist sehr praktisch, Decken zu haben und den Hunden beizubringen, darauf zu gehen. Dieses Verhalten kann in vielen Situationen genutzt werden. Die Hunde werden die Decke als sicheren Ort ansehen, den sie immer aufsuchen können, wenn eine verfügbar ist. Siri liebt ihre Decke. Sie hilft ihr dabei, sich überall, wohin ich sie mitnehme, zu entspannen und sicher zu fühlen, selbst in einem Raum voller Menschen.

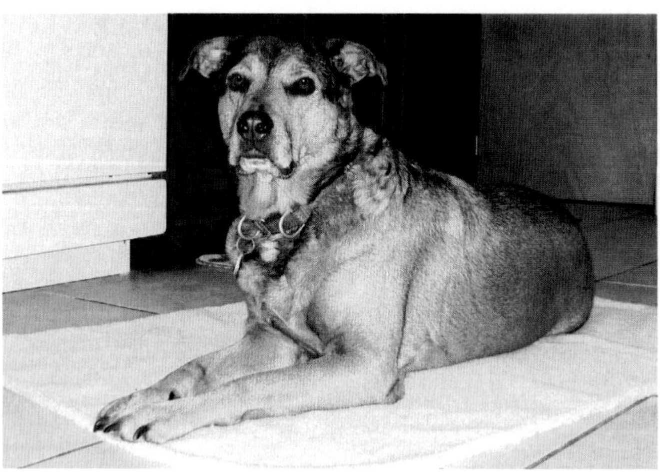

Siri auf ihrer Decke

Entspannung im Garten und auf der Veranda

Ihre Hunde führen sich regelmäßig als Garten-Terroristen auf, überwachen den Zaun und bellen an der Grundstücksgrenze alles und jeden an? Die Grundvoraussetzung dafür, überhaupt mit der Arbeit an diesem Verhalten beginnen zu können, ist eine ständige Beaufsichtigung der Hunde, wenn sie draußen sind. Je seltener sie dieses Verhalten zeigen dürfen, desto besser stehen die Chancen, dass Sie ihnen beibringen können, an einem der aufregendsten Orte überhaupt zu entspannen.

> *Wenn Sie einen Hund haben, der draußen reaktiv ist, gilt: Beaufsichtigen, beaufsichtigen, beaufsichtigen. Das gibt Ihnen die Möglichkeit, völlig konsequent zu sein, bis Sie das Verhalten wie gewünscht verändern können.*

Wenn Ihr Garten nicht eingezäunt ist, sollten Ihre Hunde dort natürlich angeleint sein, wenn sie kein perfektes Benehmen haben; besonders, wenn Sie in der Stadt oder am Stadtrand leben. Selbst wenn sie noch so gut erzogen sind; wenn Sie mehrere Hunde haben, ist ein gutes Maß an Beaufsichtigung wichtig. Wenn alle zusammen sind, werden die Hunde schneller aufgeregt sein als allein oder zu zweit. Für den Aufbau und das Aufrechterhalten einer partnerschaftlichen Beziehung zu Ihren Hunden ist es wichtig, Zeit mit ihnen zu verbringen, wenn Sie zuhause sind. Wenn Sie mit Ihren Hunden draußen sind, sollten Sie üben, Ihre fröhlichste Stimme zu benutzen, um sie dazu zu bewegen, kurz bei Ihnen vorbeizukommen. Dies erhöht die Chance, dass sie zu Ihnen kommen werden, wenn es erforderlich ist. Ein exzellent funktionierender Rückruf ist wirklich wichtig, wenn Sie ein einigermaßen großes uneingezäuntes Grundstück haben. Denken Sie daran, dass auch das Leben im ländlichen Bereich nicht bedeutet, dass Sie Ihre Hunde herumstreunen lassen dürfen. Es verkürzt ihre Lebenserwartung.

Auch wenn Ihr Grundstück eingezäunt ist, empfehle ich Ihnen Beaufsichtigung, wenn Ihre Hunde im Garten nicht entspannt sind. Wenn Sie gerade einen Zaun für Ihr Grundstück auswählen, dann nehmen Sie einen Sichtschutzzaun – je höher, desto besser. Das reduziert die Möglichkeit der „Zaun-Kämpfe", wie sie oft bei durchsichtigen Zäunen vorkommen. Wenn Sie direkte Nachbarn mit Zäunen und eigenen

Hunden haben (oder mit Hunden, aber ohne Zaun!), dann wissen Sie, was ich meine. Eine so geartete Situation fordert Reaktivität geradezu heraus und macht ständige Beaufsichtigung nötig. Sichtschutzzäune verringern diese Notwendigkeit dagegen sehr, und die Zeit im Garten wird insgesamt viel ruhiger sein. Sichtschutzzäune sind Ihr Freund. Wenn Sie Ihren Zaun nicht austauschen können und Ihre Mannschaft im Garten ruhiger werden muss, dann haben Sie etwas Arbeit vor sich.

Nicolai, Nikko und Starbuck entspannen im Garten, während sie angebunden sind.

Wenn Ihre Hunde draußen im Garten sehr reaktiv sind, ist es besonders wichtig, ihnen beizubringen, sich dort ruhig zu verhalten. Dies lässt sich an dieser Stelle nicht umfassend behandeln, aber ich werde Ihnen einige Tipps geben. Die Übungen zum Beziehungsaufbau sind hier sehr nützlich und werden Ihren Hunden helfen, auf Sie zu achten. Je mehr Sie dafür sorgen, dass es Spaß macht, in Ihrer Nähe zu sein, desto mehr werden Ihre Hunde auf Sie reagieren, sogar im Garten. Geben Sie Ihren Hunden niemals Aufmerksamkeit am Zaun, während sie am Zaun kämpfen oder aus irgendeinem Grund am Zaun entlangstürmen. Wenn Sie einen Clicker benutzen, können Sie im Garten sitzen und Ihre Hunde einfach dafür clicken und füttern, wenn sie zu Ihnen kommen, auch unaufgefordert. Das ist eine tolle Möglichkeit zu trainieren, ohne wirklich aktiv etwas zu tun.

Seien Sie darauf vorbereitet, Ihre Hunde großzügig zu belohnen, wenn sie draußen von allein zu Ihnen kommen. Belohnen Sie am Zaun reaktive Hunde immer weg von der Zaunlinie. Halten Sie draußen robuste Spielzeuge bereit, um bei der Ablenkung zu helfen.

Es wird Zeit brauchen, und die Belohnungen **müssen** natürlich sehr hochwertig sein, sonst fehlt der Anreiz. Eichhörnchen, andere Hunde, Katzen, Radfahrer, Jogger usw. werden allesamt Ihre Bemühungen untergraben, wenn Ihre Belohnungen nicht richtig super sind. Gartenspielzeug ist eine praktische Sache. Wählen Sie unzerstörbares, wie z. B. Kongs®, Nylabones®, Markknochen usw. Ein Sortiment an Bällen wird vielen Hunden gefallen, besonders, wenn Sie sie werfen. Denken Sie daran: Ein müder Hund ist ein ruhiger Hund. Wenn Sie Ihre Hunde im Garten beschäftigen, sind sie auf Sie fokussiert und nicht auf Einflüsse von außen.

Manche Hunde liegen gern draußen im Garten und entspannen. Das ist eine gute Sache, wenn Sie hierfür den geeigneten Rahmen haben, und, auch hier wieder, wenn sie ruhig sind. Vergewissern Sie sich, dass es in Ihrer Wohngegend sicher ist, Hunde unbeaufsichtigt im Garten zu haben. Natürlich könnten Sie sich immer noch selbst draußen aufhalten und mit ihnen zusammen entspannen. Aber denken Sie daran, dass Hunde ohne Beaufsichtigung in einem ungeschützten Außenbereich in Gefahr sein können. Wenn Ihre Hunde sich unbeaufsichtigt in einem nicht eingezäunten Garten aufhalten, berücksichtigen Sie auch, ob Passanten sie als furchteinflößend empfinden könnten. Auch wenn sie gar nichts Falsches tun, machen manche Rassen oder Rassemixe vielen Leuten Angst, und ein unheimlich aussehender Hund in einem uneingezäunten Garten ist ein Rezept für ein Problem.

Nicht trainierte (und auch viele trainierte) Hunde sollten sicherheitshalber auf uneingezäunten Grundstücken angeleint werden. Aus Sicherheitsgründen müssen Sie angebundene Hunde stets beaufsichtigen.

Sollte man Hunde draußen anbinden? Ich bin der Meinung, man sollte Hunde nur dann draußen anbinden, wenn man häufig nach ihnen schaut; Anbindevorrichtungen könnten sich lösen. Außerdem erhöhen sie Reaktivität oder lösen sie sogar aus, indem sie Frustration verursachen. Angebunden ist Ihr Hund an einer Stelle gefangen. Wenn Ihre Hunde im Garten nicht ruhig sind, dann ist Anbinden überhaupt keine Option für Sie.

Wie sieht es mit Laufleinen aus? Für mehrere Hunde ist das nicht besonders praktisch. Sie sind ein zusätzliches Rezept für Katastrophen; besonders bei Hundetypen, die gern Dinge jagen. Eine Laufleine kann Reaktivität erhöhen und gibt Ihnen keinen ruhigen Hund im Garten. Außerdem sind Laufleinen nicht besonders sicher. Traurigerweise habe ich schon von Fällen gehört, in denen sich Hunde an diesen Vorrichtungen stranguliert haben.

Was, wenn Sie Ihre Hunde lieber auf der Veranda anbinden wollen als in Ihrem Garten? Oder wenn Ihre Veranda größtenteils oder vollständig eingezäunt ist und Ihr Hund diese Absperrung respektiert? Viele Hunde verbringen gern eine gewisse Zeit auf der Veranda und beobachten von dort aus das Geschehen. Viele sind in dieser Situation aber genauso reaktiv wie im Garten. Für die Veranda gelten dieselben Regeln wie für den Garten. Wenn Sie überlegen, ob Sie Ihre Hunde auf Ihrer Veranda anbinden sollen, denken Sie auch daran, wann und wohin Sie Ihre Post bekommen. Briefträger sind nicht verpflichtet, Post an Orten zuzustellen, an denen sie sich bedroht fühlen. Niemand hätte etwas davon, wenn Sie den Briefträger verschrecken und Ihre Hunde mit Pfefferspray besprüht würden! Überlegen Sie gut, ob Sie Ihre Hunde unbeaufsichtigt auf die Veranda lassen. Kennen Sie Ihre Hunde und kennen Sie Ihre Nachbarschaft!

Das bringt uns zu elektronischen Zaunsystemen*. Ich möchte gleich von vornherein sagen, dass ich überhaupt kein Fan davon bin.

** häufig auch als „unsichtbarer Zaun" bezeichnet. Hier wird eine Leitung entlang der Grenze vergraben. Der Hund trägt ein Halsband mit einem Empfänger. Kommt er der Grenze nahe, ertönt zunächst ein akustisches Signal. Ignoriert der Hund dieses und überschreitet die Grenze, wird am Halsband ein elektrischer Impuls ausgelöst.*

Sie haben so viele Nachteile. Statt ein Einfriedungsproblem zu lösen, können sie bei manchen Hunden zu Verhaltensproblemen führen. Das Entlanglaufen an mit solchen Zaunsystemen ausgerüsteten Grundstücksgrenzen kann bei diesen sogar schlimmer sein als mit einem echten Zaun, weil hier das Schock-Element hinzukommt. Das von den Hersteller- und Installationsfirmen solcher unsichtbarer Zäune angebotene Training wird nur selten von Personen durchgeführt, die sich mit Hundeverhalten auskennen. Ich könnte immer weiter darüber schreiben, warum ich diese unsichtbaren Zäune nicht mag. Aber ich muss ganz ehrlich sein. Ich habe sie verantwortungsvoll genutzt gesehen. Manche Leute decken die Schock-Stifte des Halsbands ab und trainieren den Hund, lediglich auf das akustische Warnsignal zu reagieren – eine großartige Idee. Andere verwenden sie nur für ganz spezielle Zwecke, wie etwa nur an der Eingangstür, die sich in Richtung einer stark befahrenen Straße öffnet, weil sie kleine Kinder im Haus haben, die Türen öffnen, wenn sie es nicht tun sollten. Oder bei ihnen gehen ständig viele Leute ein und aus. Eine andere frühere Klientin von mir hat ein Grundstück, das mit 80 Morgen (gut 32 Hektar - Anm. d. Übers.) viel zu groß ist, um es komplett einzuzäunen. Ihre Hunde haben etwa 16 Hektar Auslauf, eingezäunt mit elektronischer Einfriedung. Sie sind nie in Kontakt mit der Grenzlinie gekommen. In diesen Fällen funktioniert es, aber bedenken Sie, dass solche Situationen eher die Ausnahme als die Regel sind. Ich bekomme ständig Anrufe von Hundehaltern, denen ich helfen soll, Verhaltensprobleme zu lösen, die durch elektronische Zaunsysteme verursacht worden sind.

Sagen Sie einfach Nein zu Einfriedungsmethoden, die Schmerzen, Angst und/oder Gefahr verursachen können. Dazu gehören elektronische Einfriedungsmethoden und Überkopf-Laufleinen.

Sie überlegen, eine Hundeklappe einzubauen und fragen sich, ob dies gut oder schlecht für die Hunde ist? Nun, wenn Sie einen sicheren Garten mit Sichtschutzzaun in einer sicheren und ruhigen Nachbarschaft haben und Ihre Hunde nicht zu unangemessenem Verhalten neigen, wenn sie im Garten sind, dann haben Sie hier vielleicht eine gute Idee.

Trifft nur ein Teil davon nicht zu, dann denken Sie wirklich lange und gründlich über den Einbau einer Hundeklappe nach. Mehreren Hunden unbegrenzten Zugang zu Ihrem Garten zu gewähren, wenn Sie nicht zuhause sind, kann Probleme nach sich ziehen. Eine Hundeklappe, die Sie abschließen können, wenn Sie nicht zuhause sind, könnte dieses Problem lösen. Denken Sie gründlich über das Verhalten Ihrer Hunde und Ihre nachbarschaftliche Situation nach, bevor Sie entscheiden.

Kennen Sie Ihre Nachbarschaft, bevor Sie Ihren Hunden mit einer Hundeklappe ständigen Zugang zu Ihrem Garten gewähren.

Zusammenfassend gilt: Unabhängig von der konkreten Situation ist es immer das Beste, die Hunde zu beaufsichtigen, bis sie sich im Garten zuverlässig ruhig verhalten. Im Garten konsequent nur ruhiges Verhalten zu belohnen wird helfen, Ihren Standpunkt deutlich zu machen. Erfolg kommt durch Wiederholung. Wiederholung ist Ihr Freund.

Ich hoffe, Sie können mit Hilfe dieser Vorschläge beginnen, für Ihre Familienmitglieder - Menschen wie Hunde - ein ruhiges Zuhause zu schaffen.

Kapitel 3

Manierliche Mahlzeiten

Essen ohne Zwischenfälle

Die Fütterungszeit in einem Mehrhundehaushalt kann chaotisch oder ruhig ablaufen. Tatsächlich hängt alles von Ihrer Herangehensweise ab. Ich füttere alle meine Hunde zusammen. Wenn ich einen Pflegehund im Haus habe, füttere ich diesen separat. Ich habe in der Vergangenheit auch schon Pflegehunde mit meinen eigenen zusammen im selben Raum gefüttert. Solange Ihre Methode in Ihrem Haushalt funktioniert, ist es Ihnen überlassen, wie Sie es handhaben. Im allgemeinen empfehle ich allerdings, die Hunde dazu zu trennen... mehr darüber später. Aber es gibt wichtige Leitlinien für die gemeinsame Fütterung zweier oder mehrerer Hunde.

Wenn Sie alle gemeinsam füttern, ist es sehr wichtig, dass Sie keinerlei Imponiergehabe oder Stehlen aus fremden Näpfen zulassen. Halten Sie Ausschau nach jedem Anzeichen von Besitzverteidigungsverhalten. In diesem Szenario werden Sie froh sein, ein zuverlässiges „Liegenlassen" trainiert zu haben. Das „Liegenlassen" muss mit jedem Ihrer Hunde einzeln trainiert und anschließend gemeinsam in der Gruppe gefestigt werden - wie alles, was Sie Ihren Hunden beibringen. Wie Sie es aufbauen, ist im Kapitel *Nützliche Übungen für jeden Tag* beschrieben.

Wissen Sie noch, was ich zuvor über „alles Gute kommt von Ihnen" geschrieben habe? Ganz besonders zum Tragen kommt das in dieser Situation. Wenn Ihre Hunde wissen, dass alles, was sie bekommen, direkt von Ihnen kommt, ist die Wahrscheinlichkeit, dass sie einander wegen Futter zu behelligen versuchen, viel geringer.

> *Ein Verhalten zu festigen bedeutet, es in vielen unterschiedlichen Situationen zuverlässig zu machen.*

Hunde, die mit Ihnen in der Rolle des wohlwollenden Teamchefs zufrieden sind, werden normalerweise kein Problem damit haben, nahe beieinander zu fressen. Sorgen Sie dafür, dass ihnen in ihrem täglichen Leben stets von allem reichlich zur Verfügung steht, und sie werden sich sowohl zu den Mahlzeiten als auch, wenn es um andere wichtige Ressourcen geht, angemessen verhalten.

Jeder Hund sollte sich beim Essen sicher fühlen und sein Futter störungsfrei essen können. Natürlich sollten Ihre Hunde dazu ermuntert werden, innerhalb eines angemessenen Zeitraums zu essen, weil Sie nicht den ganzen Morgen und Abend Futterpolizei spielen wollen. Ich räume für die Mahlzeiten ungefähr eine halbe Stunde ein. Dieser Zeitrahmen kann sich ändern, wenn ich einen Auswärtstermin oder eine Verabredung habe. Dann füttere ich möglichst etwas Schmackhafteres oder etwas, das sich schneller essen lässt. Insgesamt gesehen bemühe ich mich jedoch sehr, jedem Hund genug Zeit zu geben, seine Mahlzeit relativ gemächlich einzunehmen.

Sorgen Sie dafür, dass jeder Hund genügend Platz um sich herum hat, damit sich beim Essen alle wohlfühlen können.

In meinem Haus hat jeder Hund seinen eigenen Platz, an dem er frisst, aber es gibt keine Barrieren, die ein Umherwandern verhindern. Meistens halten sich die Hunde aber an das Gelernte: Nicht das Futter eines anderen Hundes zu beäugen, wenn man zuerst fertig ist. Ich überwache die gesamte Mahlzeit, wobei ich,

Trent und Kera beim Frühstück. Ihre Näpfe sind weit genug voneinander entfernt, dass sich beide beim Essen sicher fühlen.

wenn nötig, hin und wieder in einen anderen Raum renne. Aus Erfahrung weiß ich, dass selbst der besterzogene Hund manchmal versucht, einen anderen, der es gewohnt ist, die anderen zu beschwichtigen, mittels Einschüchterungstaktik dazu zu bewegen, ihm sein Futter zu überlassen! Als wohlwollender Teamchef ist es meine Aufgabe, ihn davon abzuhalten, denn der Hund, der einen anderen einschüchtert, sollte nicht auch noch dessen Mahlzeit als Belohnung bekommen.

Man spricht von Imponiergehabe, wenn ein Hund einen anderen Hund mit seiner Körpersprache einzuschüchtern versucht. Dazu gehört auch, über einen anderen Hund gebeugt zu stehen, während dieser versucht zu essen.

Der Hund rechts versucht, den linken Hund einzuschüchtern. Dies ist ein Imponiergehabe von vielen, mit denen ein Hund versuchen kann, einen anderen Hund von seinem Futter zu vertreiben. Gestatten Sie keine Einschüchterung, insbesondere zu den Mahlzeiten.

Daher meine Argumentation für eine aufmerksame Überwachung. Wenn ein Hund daran denkt, so etwas zu versuchen, genügt ein Blick von mir.

Meistens fressen meine Hunde sofort, wenn sie gefüttert werden, aber manchmal mäkelt der eine oder andere herum. Als Merlin jünger war, war er extrem wählerisch. Glauben Sie mir: Wenn Sie einem Hund regelmäßig gestatten, herumzumäkeln, wird er weiterhin das tun, was Sie bestärken. Der Schlüssel ist es hier, einen Mittelweg zwischen „zu schnell" und „zu langsam" zu finden. Wenn Sie einen Hund haben, der seine Mahlzeiten langsamer frisst als die anderen, sorgen Sie dafür, dass er genug Zeit zum Essen hat. Aber gewöhnen Sie sich nicht an, Ihre Fütterungszeiten auf ihn auszurichten. Damit könnten Sie eine Verhaltenskette aufbauen, in der Sie ihn unabsichtlich dafür belohnen, zu den Mahlzeiten nicht zu essen. Mit anderen Worten: Der mäkelnde Hund würde lernen, dass er, wenn er mit dem Essen wartet, besondere Anreize und/oder Aufmerksamkeit bekommt, die die anderen Hunde, die ihre Mahlzeiten in angemessener Zeit aufessen, nicht bekommen. Was hat dieser Hund Sie gelehrt? Dass er klüger ist als Sie! Es ist sowohl in seinem als auch in Ihrem Interesse, die Zeit, die das Futter zur Verfügung steht, zu begrenzen; so können Sie alle wieder zum normalen Tagesgeschehen übergehen.

Gehen Sie nicht auf einen wählerischen Esser ein! Er wird sonst einfach nur noch wählerischer.

Mit Übung werden Sie herausfinden, wie lange „zu lange" ist. Finden Sie also diesen Mittelweg, aber achten Sie darauf, Ihren Hund beim Essen nicht zu hetzen. Das ist nicht besser als ihm zu viel Zeit zu geben, und es ist furchtbar schlecht für die Verdauung! Im Durchschnitt lasse ich das Futter ungefähr so lange stehen wie ich für meine eigenen Mahlzeiten einschließlich Abräumen brauche. Meine Hunde werden roh gefüttert, daher ist es keine Sache des sofortigen Herunterschlingens von Trockenfutter. Räumen Sie also so viel Zeit

Für mehr Info zu Rohfütterung und woraus sie besteht schauen Sie in den Abschnitt Quellen und Literaturhinweise.

ein, wie es für die Art des Futters, das Sie füttern, angemessen ist. Wir sind zu einer Fast-Food-Gesellschaft geworden, und sehen Sie, was das mit uns gemacht hat! Es liegt in unserem besten Interesse, normale Mahlzeiten zu essen und diese Erfahrung zu genießen, und dasselbe gilt für unsere Hunde. Was die Reihenfolge angeht, in der Sie Ihre Hunde füttern, glaube ich, dass Sie diese variieren können und sollten. Vielleicht denken Sie, Ihre Hunde haben eine Art Rangordnung, und Sie wollen diese bestärken? Nun, in einem Mehrhundehaushalt wird es immer Anführer und Mitläufer geben, aber der Chef des Ganzen ist kein bestimmter Hund, sondern das sind Sie. Eine Rangfolge zu unterstützen, die auf einen Anführer unter den Hunden hinweist, kann unbeabsichtigt Probleme verursachen. Kommen Sie daher ohne diese Theorie aus. Was manche Leute als Dominanz bei Hunden bezeichnen, kann je nach Situation oder sogar Tag fließend sein.

Im allgemeinen sollten Sie Ihre Hunde zu jeder einzelnen Mahlzeit in einer anderen Reihenfolge füttern. Es besteht immer die Möglichkeit, dass irgendwann jemand anderes als Sie selbst Ihren Hunden ein Leckerchen gibt oder sie füttert. Wollen Sie wirklich in Stein meißeln, dass Fifi ihr Futter als erste bekommen muss, danach dann Fluffy, und so weiter? Was, wenn Fifi sich plötzlich besonders wichtig fühlt, weil sie immer die Erste ist, die ihre Mahlzeit/ihr Leckerchen bekommt, und beschließt, ihren Ärger an den anderen auszulassen, wenn sie einmal nicht die Erste ist? Wenn Sie nicht dabei sind, wird dann jemand, der die Rangfolge nicht kennt, in der Lage sein, mit der Rauferei umzugehen, die aus einem Fehler in der Reihenfolge resultieren könnte? Sollte das überhaupt nötig sein? Nein: Jeder, der Ihren Hunden in Ihrer Abwesenheit ein Leckerchen anbietet oder eine Mahlzeit serviert, sollte einfach die Freude haben, dass die Hunde die ihnen angebotenen Leckereien manierlich entgegennehmen! Es sollte keine Rauferei geben, mit der man fertig werden muss. Daher ist eine ständig wechselnde Reihenfolge beim Füttern Ihr Schlüssel dazu, Chaos in solchen unvermeidlichen Situationen vorzubeugen, in denen jemand anderes Ihre Hunde füttern muss. Ein Extra-Bonus ist es, dass die Hunde nicht drängeln, um Aufmerksamkeit zu bekommen, wenn jemand anderes als Sie ihnen ein Leckerchen anbietet. Rundum eine Win-Win-Situation, oder?

> *Variieren der Fütterungsreihenfolge beugt späteren Problemen vor.*

Wie Sie jedoch an einigen Beispielen weiter hinten in diesem Kapitel sehen werden, gibt es keine Regel ohne Ausnahme. Wenn Sie sich nicht wohl dabei fühlen, die Dinge zu verändern, dann tun Sie es nicht. Aber seien Sie sich wirklich bewusst, dass eine bestimmte Reihenfolge es für jeden, der die Hunde füttert, Sie selbst eingeschlossen, schwieriger macht. Außerdem sollten Sie dann aus Sicherheitsgründen in Ihrer Küche gut sichtbar eine Fütterungsanleitung aufhängen, für den Fall, dass einmal jemand einspringen muss. Dies ist das Minimum, um Chaos vorzubeugen.

Kümmern Sie sich um die Manieren Ihrer Hunde, wenn die Fütterung ansteht. Falls Sie im Moment nicht von Ihren Hunden verlangen, dass sie so lange sitzen, bis Sie sie freigeben, um ihre Mahlzeit zu bekommen, empfehle ich Ihnen sehr, dies in Ihren Tagesablauf einzubauen. Ich kann gar nicht genug betonen, wie viel ruhiger die Fütterungszeit durch dieses kleine Extra sein kann. Natürlich werden Ihre Hunde sich dann irgendwann zur Fütterungszeit so gesittet verhalten, dass Sie dies nicht mehr zu jeder einzelnen Mahlzeit tun müssen. Aber das erreichen Sie nur, wenn Sie von Anfang an etwas Struktur einbauen!

Was Manieren betrifft, werden einige Signale im Kapitel *Nützliche Übungen für jeden Tag* behandelt, aber dort ist längst nicht alles enthalten. Wenn Sie eine genauere Schritt-für-Schritt-Anleitung suchen, sehen Sie bitte im Abschnitt *Quellen und Literaturhinweise* nach; dort finden Sie Lesetipps. Sollten einer oder mehrere Ihrer Hunde ihr Futter verteidigen, konsultieren Sie einen Profi.

Ernsthafte Ressourcenverteidigung kann sowohl gegen Menschen als auch gegen andere Hunde gerichtet sein und so weit gehen, dass Sie befürchten, gebissen zu werden oder dass ein Kampf zwischen den Hunden ausbricht. Es ist wichtig, sich in dieser Sache ***so schnell wie möglich*** *professionelle Hilfe zu holen.*

Zu den Übungen, die zur Fütterungszeit praktisch sind, gehören „Sitz", „Bleib" und/oder „Warte", „Liegenlassen" und „Lass es fallen". Ich würde Ihnen empfehlen, mit jedem Hund einzeln sowohl das Befolgen dieser Signale zu trainieren als auch Impulskontrolle im allgemeinen. Reagieren alle Hunde zuverlässig, können Sie allmählich immer einen Hund mehr hinzufügen, bis die Hunde die Signale auch in der Gruppe befolgen. Diese systematische Herangehensweise gilt für sämtliche Arten von Manieren, die Sie den Hunden als Gruppe antrainieren wollen. Im Kapitel *Gruppenchoreografie* finden Sie mehr zu diesem Thema. Zu versuchen, alle Hunde gleichzeitig in der Gruppe zu trainieren, wäre ein Massen-Chaos. Und Massen-Chaos wollen Sie ganz sicher nicht!

Auch wenn Ihre Hundetruppe gute Manieren zu den Fütterungszeiten gelernt hat, können Sie sich nicht einfach zurücklehnen und entspannen. Mahlzeiten sind für einen Hund eine große Sache. Bis Sie alles immer und immer und immer wieder durchgeführt haben – und selbst dann noch –, müssen Sie immer bereit sein einzuschreiten, wenn nötig. Sehr praktisch und jederzeit einsetzbar sind Körperblocks. Wenn Sie sehen, dass sich zwischen zwei Hunden möglicher Ärger zusammenbraut, können Sie dies manchmal augenblicklich beenden, indem Sie sich einfach zwischen die beiden stellen. Dazwischentreten bestärkt Sie in Ihrer Rolle des wohlwollenden Teamchefs und schickt normalerweise den potenziellen Störenfried an seinen Platz zurück, wenn Sie schnell genug sind. Flinkheit ist wichtig, wenn es um hochwertige Ressourcen geht. Machen Sie bei den Mahlzeiten keine Fehler. Die meisten Hunde verstehen keinen Spaß, wenn es um ihr Futter geht. Ob sie es verteidigen oder nicht – sie möchten auf jeden Fall, dass ihr Futter auch ihres bleibt. Wie es ja auch sein sollte!

> *Ein Körperblock ist genau das, wonach es klingt: Bringen Sie Ihren Körper zwischen zwei oder mehrere Hunde, um gewisse Szenarien zu einem besseren Ausgang umzulenken.*

Ist es angemessen, wenn ein Hund einen anderen leise anbrummt oder böse anguckt, wenn dieser seinen Futterplatz betritt? Ja, das ist es tatsächlich, im Rahmen. Idealerweise sollte der betreffende Hund allerdings gar nicht erst eine Warnung brummen müssen, weil Sie dafür gesorgt haben, dass er sicher und in Ruhe seine Mahlzeit essen kann. Wenn Sie einen Hund haben, der mehr tun würde als zu brummen oder böse zu gucken, gehe ich davon aus, dass Sie sich in angemessener Weise darum kümmern und z. B. einen Hundetrainer oder ein gutes

Buch zu diesem Thema zu Rate ziehen; je nachdem, was Ihren Fähigkeiten und Ihrem Wissensstand angemessen ist. Genauso erwarte ich, dass Sie, wenn einer Ihrer Hunde denkt, es sei in Ordnung, seine Nase in die Näpfe aller anderen Hunde zu stecken, sich darum kümmern, ihm ein angemessenes Verhalten beizubringen, das er stattdessen tun kann. Wenn dies Ihre einzige Sorge in Bezug auf die Hundegruppe ist und alles dadurch glatter abläuft, dann füttern Sie sie einfach alle separat.

Haben Sie auch nur den geringsten Zweifel, welches Verhalten Sie während einer Mahlzeit bekommen werden, ist es **wirklich** wichtig, Sicherheit über Bequemlichkeit zu stellen. Füttern Sie separat, binden Sie die Hunde an etc. Gehen Sie einfach nur kein Risiko ein. Dies ist vielleicht für Sie als Mehrhundehalter der wichtigste Aspekt. Wie Sie mit dieser wertvollen Ressource umgehen ist richtungsweisend. Weisen Sie daher in die richtige Richtung. Wie Sie bald lesen werden, füttern manche Hundehalter alle Hunde zusammen, und manche füttern der Einfachheit halber getrennt. Was auch immer in Ihrem Haushalt am besten funktioniert, ist das Beste für Sie. Wenn Sie sich für gemeinsame Fütterung entscheiden, dann tun Sie das, weil es sicher ist, es zu tun. Und wenn Sie mit Ihrer jetzigen Mannschaft noch nie Probleme zu den Mahlzeiten hatten, dann lassen Sie sich jetzt nicht von mir verrückt machen. Seien Sie sich einfach bewusst darüber, dass es nicht immer so einfach ist. Wenn Sie jedoch einmal herausgefunden haben, worauf Sie beim Füttern Ihrer Truppe achten müssen, und im Bedarfsfall daran arbeiten, dann wird es zu Ihrer zweiten Natur werden und Sie müssen sich nicht wie ein Vorarbeiter fühlen, der einen oder zwei unberechenbare Mitarbeiter beaufsichtigt. Sie werden einen Blick dafür bekommen, was in Ordnung ist und was grenzwertig aussieht.

Einen neuen Hund hinzufügen

Wenn Sie einen neuen Hund in Ihr Leben bringen, sollten Sie diesen Hund anfangs separat füttern. Sie müssen zunächst seine Manieren während der Fütterung einschätzen, und Sie wollen ganz sicher nicht, dass Ihr Neuzugang sich auf die Näpfe aller anderen Hunde stürzt und einen Massentumult verursacht. Mein Vorschlag wäre es, den Raum, in dem die anderen Hunde fressen, mit einem Türgitter von dem Raum zu trennen, in dem Sie den neuen Hund füttern wollen. Auf diese Weise können Sie besser einschätzen, wie sich Ihr Neuzugang dabei fühlt, wenn sich andere in der Nähe seines Napfes aufhalten. Sorgen Sie dafür, dass das Türgitter sicher befestigt ist und dass Ihre Hauptmannschaft sich dem Neuen gegenüber manierlich verhält und umgekehrt. Seien Sie bereit, bei Bedarf dazwischenzutreten. So können Sie verfahren, bis Sie das Gefühl haben, Ihre Hunde sind bereit, mit dem Neuzugang zusammengelassen zu werden. Selbst wenn Sie alle Hunde zusammenlassen, schlage ich vor, dass Sie den Neuling an etwas Stabilem anbinden, wenn Sie unsicher sind, ob er die anderen Hunde beim Fressen belästigt. Wenn Sie neue Hunde in eine alteingesessene Hundegruppe integrieren wollen, sollten Sie immer ganz kleine Schritte machen. Durch diese kleinen Schritte stellen Sie sicher, dass jeder Teilfortschritt solide ist, bevor Sie mit dem nächsten Schritt weitermachen, und sorgen so für Erfolg. Sie sollten Ihre Hunde, neu und alt, dafür belohnen, wenn sie im Beisein der anderen manierlich essen. Außerdem sollten Sie diejenigen belohnen, die zuerst fertig sind und trotzdem nicht versuchen, die Essensgewohnheiten der anderen Hunde zu überwachen. Machen Sie die Fütterungszeit für alle zu einer Zeit der Entspannung.

Gehen Sie langsam vor, wenn Sie einen neuen Hund bei den Mahlzeiten in Ihre Mannschaft integrieren.

Pflegehunde

Ich bin der Meinung, dass Sie Ihre eigenen Hunde und eventuelle Pflegehunde nicht gemeinsam am selben Ort füttern sollten. Wie schon erwähnt, habe ich das in der Vergangenheit getan, aber es machte die Mahlzeiten für meine eigenen Hunde zu stressig. Nach einem Besuch in der tierärztlichen Notfallsprechstunde, als Siri gebissen worden war, weil sie sich zu sehr für das Futter eines Pflegehundes interessiert hatte, wurden separate Futterplätze eingerichtet.

Wenn Sie beschließen, Ihren Pflegehund zu behalten (was viele Leute getan haben, mich selbst eingeschlossen), dann können Sie diesen Hund natürlich in die normale Fütterungsroutine integrieren. Das wäre die Ausnahme von der Regel. Aber riskieren Sie nichts, wenn es um Hunde geht, die nur vorübergehend bei Ihnen leben. Es ist so viel unproblematischer für alle Beteiligten, einfach für jeden einen gesonderten Fütterungsplatz zu haben. Ich füttere meine Pflegehunde in ihrem eigenen Raum. Ich bringe ihnen zuerst ihr Futter hoch, bevor ich meine eigenen Hunde füttere. Ob meine Hunde das bemerken? Ich bin mir sicher, dass sie das tun, und ich bin mir sicher, dass sie das wahrscheinlich manchmal ein bisschen ärgert. Aber ich bin ebenso sicher, dass sie verstehen, dass unsere Mahlzeiten Familienzeit sind und ich zusammen mit ihnen entspannen will, statt aufzuspringen und einen Pflegehund zu füttern, während sie essen.

Um also diese Familienzeit zu ermöglichen, bekommt der Pflegehund sein Futter, wenn ich das Futter für meine Hunde so weit fertig vorbereitet habe. So können wir alle, die Hunde und ich, zusammen essen. Wir mögen es so. Ob ich meine Pflegehunde in der Vergangenheit gemeinsam mit meinen Hunden gefüttert habe? Ja, das habe ich, und ich habe aus dieser Erfahrung gelernt. Ich habe auch schon Pflegehunde an etwas festgebunden und sie im selben Raum wie meine Hunde essen lassen. Aber ich bin zum selben Schluss gekommen wie auch bei den Schlafplätzen: Es ist unfair von mir, meine Hunde während dieses wichtigen Teils des Tagesablaufs dem Stress auszusetzen, einen fremden Hund anwesend zu haben. Daher gestatte ich uns den Luxus, diese Routinen im Familienkreis stattfinden zu lassen.

Wie schon erwähnt gibt es Ausnahmen von jeder Regel. Die Rassen, mit denen ich bei mir zuhause am meisten zu tun habe, neigen häufig stärker zu Verteidigungsverhalten als andere Rassen. Wenn Ihre Rassen oder Rassemixe nie auch nur davon träumen würden, einem Hausgenossen das Futter zu stehlen, dann füttern Sie Pflegehunde ruhig zusammen mit Ihren eigenen Hunden. Machen Sie mit dem weiter, was für Sie gut funktioniert. Aber machen Sie sich bewusst, dass einige Rassen diese Tendenz haben. Wenn also ein Ressourcenverteidiger in Ihrer Truppe ist, trennen Sie ihn zur Sicherheit während der Fütterung von den anderen.

Mahlzeiten im wirklichen Leben

Wie schon gesagt füttere ich alle meine Hunde gemeinsam in einem Raum, nämlich der Küche. Jeder Hund hat dort seinen eigenen Platz, und es gibt keine Barrieren. Alle essen höflich, und niemand wandert ab, jedenfalls nicht zur Fütterungszeit. Abends essen sie auf Handtüchern, weil ich roh füttere. (Weitere Infos über diese Art der Fütterung finden Sie im Abschnitt *Quellen und Literaturhinweise*). Morgens fressen die Hunde allerdings aus Keramikschüsseln, weil ich dann gewolfte Rationen füttere. Weil die Schüsseln sich bewegen können, wenn die Hunde ihre Schnauzen hineindrücken, driften sie dann etwas ab, und es kommt vor, dass sie dann am Ende näher beieinander fressen, und alles ist im grünen Bereich. Aber wir haben auch ausgiebig daran gearbeitet, und es wird nicht automatisch bei jedem zuhause so ablaufen! Es bedeutet Arbeit. Nach den Mahlzeiten gehen die Hunde herum und lecken die Näpfe oder Handtücher der anderen ab. Das ist für alle in Ordnung, und ich habe damit kein Problem. Wenn sie fertig sind, warten sie darauf, dass ich aufgegessen habe, und wenn es so weit ist, biete ich jedem ein kleines Stück von dem an, was ich gegessen habe. Sie müssen sich höflich benehmen und dafür sitzen, aber da wir schon seit einer ganzen Weile zusammen leben, lasse ich sie nicht mehr für ihr eigenes Abendessen sitzen. Sie warten alle höflich darauf, gefüttert zu werden.

Wie bereits in diesem Kapitel erwähnt, ändere ich die Fütterungsreihenfolge ziemlich oft, so dass sie unvorhersehbar wird. Während ich dies schreibe, ist jedoch mein jüngster Hund, Trent, ein „Möchtegern-Aufsteiger", allerdings ohne die geeigneten Führungsqualitäten. Daher wird er zurzeit immer als letzter gefüttert. Er bekommt zwar manchmal Leckerchen in Abweichung von dieser Reihenfolge, aber bis sich seine Impulskontrolle verbessert, wird er weiterhin seine Mahlzeiten und Leckerchen meistens als letzter bekommen. Wie Sie weiter unten lesen werden, wird diese subtile Art, eine Botschaft zu übermitteln, auch von anderen angewandt.

***Jen und Jeff** füttern ihre Truppe im Wohnzimmer in der Reihenfolge Takoda, Oskar, Ruby und Jasmine. Wenn sie ihre Näpfe hingestellt bekommen, bleiben alle Hunde sitzen, bis sie freigegeben werden. Weil sie zu schnell frisst, wird Jasmine „in Raten" gefüttert. Außerdem verteidigt sie manchmal Oskars*

Jasmine, Takoda, Oskar und Ruby warten darauf, dass sie zum Essen freigegeben werden.

Futter gegenüber Oskar, weil dieser in normalem Tempo frisst. Wenn sie das tut, wird sie in die Küche verbannt, um dort ihre Mahlzeit zu beenden.

***Crystal und Ross** füttern fast alle gemeinsam, Pflegehunde eingeschlossen. Crystal verlangt ein Platz-Bleib und dass die ganze Truppe entspannt ist, bevor sie zum Essen freigegeben wird. Die Hunde werden dann einzeln freigegeben, um zu ihren Näpfen zu gehen. Wenn sie aufgegessen haben, müssen sie wieder ein Platz-Bleib einnehmen, weil Crystal nicht will, dass sie zu den Näpfen der anderen gehen. Sobald alle aufgegessen haben, bekommen sie ein Leckerchen, und dann werden sie freigegeben. Sammy isst auf dem Sofa, weil er ein sehr schlechter Esser ist und ewig braucht, bis er aufgegessen hat. Wenn sie Pflegehunde haben, die noch nicht soweit sind, die Platz-Bleib-Aufstellung mitzumachen, kommen diese zum Essen in Hundeboxen.*

***Joy und Doug** haben acht Hunde, die sie in einer bestimmten Reihenfolge an einem bestimmten Ort füttern. Ich nenne die Hunde unten in der Reihenfolge, in der sie gefüttert werden. Gunnar ist der Hund, der mit der größten Wahrscheinlichkeit von den anderen Hunden im Haus drangsaliert wird, und er ist ein potenzieller Futterdieb, also wird er allein im Bad gefüttert. Dan ist*

Trixie (Pflegehund), George, Dover, Sally und Toby im Platz-Bleib vor einer Mahlzeit. Anschließend genießen sie ihr Essen.

derjenige, auf dem mit der zweitgrößten Wahrscheinlichkeit herumgehackt wird, und er ist noch dazu ein mäkeliger Esser, also isst er allein im Schlafzimmer und bekommt ungefähr zehn Minuten, um aufzuessen, oder seine Mahlzeit wird weggenommen. Sierra und Joe werden gemeinsam in der Küche gefüttert und stehlen beide kein Futter, verteidigen dies allerdings gegen andere. Sie essen gleichzeitig auf, und so funktioniert es. Rhett bekommt seinen Napf direkt vor der Küche, bewegt diesen aber im allgemeinen im freien Bereich, den Joy und Doug ihm geben, wohin er will, und er frisst zügig auf.

Aries frisst in ihrer Hundebox, weil sie vorsorglich ihr Futter gegenüber jedem verteidigt. Brody war ein unbändiger Junghund und ist mit dem „Nichts-im-Leben-ist-geschenkt"-Programm aufgewachsen. Er wird, abweichend von diesem Programm, als Vorletzter in der Küche gefüttert, um zu unterstreichen, dass er nicht das Sagen hat. Seit Miss Brandy dazugekommen ist, wird jetzt sie zuletzt im Gästezimmer gefüttert, aus denselben Gründen wie Brody, da sie nach einer Führungsposition strebt, die sich nicht verwirklichen soll.

***Cheri und Russ** haben für ihre drei Hunde ständig Futter zur freien Verfügung. Alle teilen sich eine große Schüssel, aus der sie nach Belieben naschen. Wenn sie besondere Leckereien bekommen, etwa Eiscreme oder Essensreste, werden diese in drei Schüsseln verteilt, mit denen alle „Reise nach Jerusalem" spielen, bis sie sich entscheiden, welche Schüssel sie möchten. Dann essen sie. Wenn sie fertig sind, spielen sie noch einmal „Reise nach Jerusalem", um sicherzugehen, dass alles aufgegessen wurde. Wenn sie nach dem Abendessen Knochen als Leckerchen bekommen, geht jeder zum Kauen in einen anderen Teil des Hauses, aber es gibt keine Probleme.*

***Sue und Laura** füttern alle zusammen an ihrer eigenen „Futter-Station". Die beiden Rüden, Deus und Xander, wechseln häufig zwischen den Näpfen hin und her, sowohl während der Mahlzeit als auch danach, für den Fall, dass einer von ihnen etwas Interessanteres hat als der andere. Die Jungs wiegen beinahe hundert Pfund mehr als ihre hündische Mitbewohnerin, Ana. Trotzdem behelligen sie diese an ihrer Futter-Station überhaupt nicht; abgesehen von etwas Herumschnüffeln am Boden um sie herum, wenn Ana fertig ist, falls etwas heruntergefallen ist. Miss Ana tanzt zwar um ihre Füße herum, wenn das Futter ausgeteilt wird, aber sie ignorieren sie, was fantastisch ist. Als Mona (Anas Vorgängerin) noch lebte, war für sie besondere Aufmerksamkeit bei den Mahlzeiten nötig, also wurde ihr Futter mehr beaufsichtigt, damit die Rüden sie beim Essen in Ruhe ließen. Wenn deutlich war, dass sie ganz aufgegessen hatte, durften die Jungs ihren Fressplatz auf Reste untersuchen.*

***Lilian** füttert ihre drei Hunde getrennt, weil diese sich um Futter streiten. Es ist sicherer und einfacher, jedem von ihnen einen eigenen Platz zu geben. So frisst Titan in der Küche, Phoenix im Esszimmer, und JJ frisst auf seinem Hundebett im Wohnzimmer. Sie alle kennen ihre eigenen Plätze und gehen zur Fütterungszeit dorthin und warten, bis sie an der Reihe sind. Lilian variiert, wer zuerst gefüttert wird. Sie stellt auch das Futter vor die Hunde und verlangt von ihnen, zu warten, bis sie sie zum Essen freigibt.*

Dies sind sehr unterschiedliche Beispiele dafür, wie Mahlzeiten gehandhabt werden können. Durch Versuch und Irrtum werden Sie herausfinden, was für Ihre Truppe am besten funktioniert, aber das Befolgen grundsätzlicher Sicherheitsrichtlinien wird zu einem reibungsloseren Fortschritt beitragen.

Ernährung und der Mehrhundehaushalt

Wie bereits erwähnt, füttere ich meine Hunde roh. Ich bin überzeugt, dass Verhalten zum Teil von der Ernährung beeinflusst wird. Ich möchte meinen Hunden die beste Basis für ein gesundes und glückliches Leben geben, indem ich sehr auf ihre Ernährung achte. Manchmal spreche ich auch bei meinen Kunden das Thema Ernährung an, sowohl im Gruppenunterricht als auch in Einzelstunden. Mit der Hundeernährung verhält es sich ähnlich wie bei Menschen: Wenn Sie sich von industriell stark verarbeiteten Lebensmitteln voll mit raffiniertem Zucker und chemischen Konservierungsstoffen ernähren, fühlen Sie sich nicht in Höchstform. Dasselbe gilt für Hunde. Natürlich gibt es immer Ausnahmen, wie Großtante Millie, die ihr ganzes Leben lang nichts Gesundes gegessen und das hohe Alter von 97 erreicht hat, oder diesen Hund, den Sie in Ihrer Jugend kannten, der nur mit billigem Supermarktfutter ernährt wurde und 17 Jahre alt geworden ist. Das sind Ausnahmen, nicht die Regel.

Die Zahl der Krebs- und Autoimmumerkrankungen bei Hunden ist im Vergleich zu früher gestiegen. Mehr Haustiere werden genauso fettleibig wie ihre Halter! Dies alles lässt sich mit einer gesunden Ernährung beeinflussen. Was hat dies nun mit einem Mehrhundehaushalt zu tun? Nun, Ernährung ist ein Fundament. Wenn Sie dieses Fundament sorgfältig errichten, wird alles andere stabil sein. Wenn Sie Ihre Hunde mit der besten Ernährung versorgen, die Sie sich leisten können, und für gesundes und abwechslungsreiches Futter sorgen,

> *Wenn Sie Ihre Hunde mit der besten Ernährung versorgen, die Sie sich leisten können, wird das helfen, eine solide Basis für einen ruhigeren Mehrhundehaushalt zu schaffen.*

bereiten Sie den Boden für einen ruhigeren Mehrhundehaushalt. Konservierungsstoffe und Zucker können einen Hund, der ohnehin schon zu Hyperaktivität neigt, noch hyperaktiver machen. Multiplizieren Sie das mit der Zahl der „energiereichen" Hunde, die Sie haben, und Sie werden verstehen, warum es eine attraktive Option ist, ein nahrhafteres Futter anzubieten, das nicht noch weiter zur Hyperaktivität beiträgt!

Dies ist ein Teil des Inhalts meines „Hundefutter-Vorratsschranks". Die rohen Sachen auf dem Foto sind unter anderem rohe Putenhälse und gewolftes rohes Büffelfleisch. Unter dem abgebildetem Fertigfutter sind einige getreidefreie Hundekuchen, Dosen mit 100% gekochtem Fleisch (Büffel und Kaninchen) und Pansen in Dosen. In meinem Schrank und im Kühlschrank ist normalerweise auch Fisch in Dosen, sowohl Lachs als auch Stachelmakrele (lateinischer Name: Trachurus symmetricus, Anm. d. Übers.), Teile roher Hühner in verschiedener Form, gewolftes rohes Kaninchen und Ziege. Außerdem verwende ich Eier, Hüttenkäse, einfachen fettarmen Joghurt und Kefir, rohe Leber, Parmesankäse und im Mixer püriertes Gemüse. Für jeden Hund individuell gewählte Supplemente ergänzen die gut bestückte Speisekammer.

Aber Sie müssen nicht Ihre Küchengewohnheiten umkrempeln, um Ihre Hunde besser zu ernähren. Sie haben verschiedene Möglichkeiten. Rohfütterung ist nur eine davon. Andere Möglichkeiten sind selbstgekochte Mahlzeiten, eine Mischung aus gekocht und roh (zu unterschiedlichen Mahlzeiten), eine Mischung aus entweder roh oder selbstgekocht und hochwertigem Trockenfutter (auch hier zu unterschiedlichen Mahlzeiten), oder hochwertiges Trockenfutter mit regelmäßigen Beigaben frischen Futters zur Erhöhung des Nährwertes. Die Möglichkeiten sind vielfältig. Es gibt verschiedene Informationsquellen, die Ihnen helfen, die beste Wahl für sich und Ihre Truppe zu treffen. Es gibt eine Publikation namens „Whole Dog Journal", die jedes Jahr im Februar eine Liste des besten Hundefutters veröffentlicht. Derselbe Herausgeber bietet auch verschiedene Artikel zum Kauf an, die sich mit unterschiedlichen Fütterungsmethoden auseinandersetzen, einschließlich Beispiele aus dem wirklichen Leben. Außerdem gibt es viele Websites, auf denen man etwas über unterschiedliche Fütterungsmethoden lesen kann. Eine sehr empfehlenswerte (englischsprachige) Website ist dogaware.com. Die Inhaberin dieser Website, Mary Strauss, schreibt hin und wieder auch für das Whole Dog Journal. Und zu diesen Themen gibt es Bücher im Überfluss. Einige der besten sind im Abschnitt *Quellen und Literaturhinweise* aufgeführt.

Ich rate Ihnen dringend, etwas Recherche zu diesem Thema zu betreiben. Sie werden staunen, welchen Unterschied es bei Ihren Hunden in vielerlei Hinsicht macht: Strahlende Augen, weißere Zähne, glänzendes Fell, Fehlen des typischen Hundegeruchs, kein Mundgeruch, mehr Energie und ein besseres allgemeines Verhalten. Die durch eine gute Ernährung geschaffene Basis wird zunächst einmal das Leben aller reibungsloser machen, und bei etwaigen noch vorhandenen Problemen können Sie dann auch schon einmal die Ernährung als mögliche Ursache ausschließen. Ihren Hunden wirklich gutes Futter zur Verfügung zu stellen könnte auf den ersten Blick so aussehen, als würden Sie Ressourcenverteidigung heraufbeschwören. Ja, dieses Futter ist sicher höherwertig als billiges Futter aus dem Supermarkt; das kann ich nicht bestreiten. Doch erinnern Sie sich noch, was ich zum reichlichen Angebot erwähnt habe? Ein Futter von höherer Qualität wird befriedigender sein; besonders, wenn Sie sich für Rohfütterung entscheiden. Warum? Ganz einfach, weil Qualitätsnahrung ein Primärbedürfnis befriedigt.

Und wenn Sie Ihren Hunden bei der Rohfütterung ganze Fleischstücke geben, bekommen Sie den zusätzlichen Vorteil, dass herzhaftes Kauen Unruhe und Ängstlichkeit bei Hunden mindert. Nach einer rohen Mahlzeit sind Hunde ruhiger.

Zum Thema Leckerchen: Ich empfehle gesunde und wohlschmeckende Leckerchen. Lassen Sie nicht die Mühe, die Sie sich mit einer gesunden Ernährung gemacht haben, durch minderwertige Leckerchen teilweise umsonst gewesen sein. Im Kapitel *Quellen und Literaturhinweise* dieses Buches finden Sie Vorschläge und Rezepte. Verschwenden Sie nicht Ihre Zeit mit Recherchieren und Umsetzen einer gesünderen Lebensweise einschließlich Ernährung, um dann Supermarkt-Leckerchen voller Zucker und Konservierungsstoffe zu füttern. Ich glaube auch, passende Nahrungsergänzungsmittel sollten mit Bedacht eingesetzt werden. Ermitteln Sie den Bedarf Ihrer Hunde (auch hier ist dogaware.com eine sehr gute Quelle), und wählen Sie die richtigen Supplemente für sie aus. Das wird ihre Ernährung verbessern und kann manchmal den Unterschied machen zwischen einem Hund, der herumtollt wie ein Junghund und einem, dessen Knie knirschen und der Schwierigkeiten beim Aufstehen hat.

Kapitel 4

Schlafende Hunde soll man nicht wecken

Wo passen sie alle hin?

Sie haben es gern, wenn Ihre Hunde bei Ihnen schlafen, aber jetzt sind es mehr geworden als erwartet. Viele Trainer werden Ihnen sagen, es sei schlecht, Ihren Hunden zu gestatten, bei Ihnen zu schlafen - ich gehöre nicht zu diesen; es sei denn, Sie haben bestimmte Verhaltensprobleme mit dem einem oder anderen Hund. Dann gibt es Regeln. Bevor ich fortfahre, lassen Sie mich näher erklären, was ich damit meine. Wie bereits erwähnt, können sich diese Probleme auf vielerlei Art zeigen, sowohl im Schlafzimmer als auch anderswo. Ein Problem besteht in Aufdringlichkeit. Dieses Problem ist der Grund dafür, dass einer meiner Hunde nachts nicht auf dem Bett schlafen darf. Wenn man Trent den kleinen Finger reicht, nimmt er die ganze Hand, und wenn es ums Schlafen geht, bedeutet das, er wird den anderen Hunden, insbesondere Siri, gegenüber sehr aufdringlich. Er versucht unaufhörlich, ihr auf die Pelle zu rücken und geht dabei so weit, dass sie ihn „gespielt" anknurren muss. Also schläft er in der Ecke mit den Hundebetten. Tagsüber darf er aufs Bett. Er hat auch Zugang zu den Sofas, aber wenn Siri abends dort liegt, darf er nicht immer aufs Sofa, es sei denn, er lässt sie in Ruhe.

Da sich sein Verhalten gebessert hat, habe ich ihm mehr Privilegien eingeräumt, aber mit dem Grad seiner Aufdringlichkeit bin ich noch nicht ganz zufrieden. Nachts auf dem Bett zu schlafen ist daher etwas, das er sich noch verdienen muss. Siri wird helfen und Bescheid geben, wenn er sie in Ruhe lässt.

Gibt es Probleme im Zusammenhang damit, dass ein Hund auf dem Bett schlafen darf, sollte der betreffende Hund dieses Privileg verlieren. Einige Beispiele sind: Verteidigen des Bettes, unhöfliches Verhalten auf dem Bett und die Weigerung, das Bett zu räumen.

Zu den Zeichen von Respektlosigkeit bei Hunden gehören ständiges Vordrängeln, wie etwa Vorstürmen, um als erstes durch die Tür zu kommen, Versuche, Leckerchen als erstes zu bekommen oder allzu hartnäckiges Wiederholen von Verhalten, das bereits unterbrochen wurde.

Ein Problem, das äußerst ernst genommen werden muss, ist das Verteidigen erhöhter Flächen, z. B. Betten oder Sofas, gegenüber anderen Familienmitgliedern, Menschen wie Hunden. Dies sollte automatisch zur Folge haben, dass der betreffende Hund das Privileg verliert, überhaupt auf ein Sofa oder ein Bett zu dürfen. Das Besitzverteidigungsproblem muss von einem Profi behandelt werden, daher biete ich zu dem Verhalten an dieser Stelle keine Lösung an. Aber ich betone ausdrücklich, dass es auf gar keinen Fall toleriert werden sollte, weder bei großen noch bei kleinen Hunden. In solchen Fällen Zugang zu Sofas und Betten zu gewähren ist sehr gefährlich; also holen Sie sich sofort Hilfe dabei, dieses Verhalten zu ändern. Vielleicht können Sie diese Hunde irgendwann wieder gefahrlos auf die Betten und Sofas lassen, aber nicht, solange Ressourcenverteidigung noch ein Problem ist.

Egal, ob der Hund gegenüber Menschen oder anderen Hunden verteidigt: Denken Sie daran, dass beides gleichermaßen gefährlich ist. Selbst wenn der Hund nur den anderen Hunden im Haus gegenüber verteidigt und nicht Ihnen gegenüber: Wenn der andere Hund nicht nachgeben will, werden Sie eine Rauferei am Hals haben – ist es wirklich das, wovon Sie mitten in der Nacht aufgeweckt werden wollen? Sie können versehentlich gebissen werden. Sagen Sie einfach: Keine Hunde, die verteidigen, auf Betten und Sofas, und holen Sie sich so bald wie möglich Hilfe. Sie werden es nie bereuen.

Verteidigt einer Ihrer Hunde erhöhte Flächen gegenüber Menschen oder Hunden der Familie, holen Sie sich unbedingt sofort professionelle Hilfe.

Wenn Sie **keine** Verteidigungsprobleme haben, gibt es viele verschiedene Möglichkeiten, es Ihrer Hundefamilie bequem zu machen. Ich bin fest davon überzeugt, dass Hunde nah bei ihren Menschen schlafen sollten. Hunde sind extrem soziale Lebewesen und möchten sich gern als Teil der Sozialgemeinschaft fühlen.

In seinem Buch „Hunde: Neue Erkenntnisse über Herkunft, Verhalten und Evolution der Kaniden" merkt Raymond Coppinger an, dass sich Hunde mit großer Wahrscheinlichkeit selbst domestiziert haben. Der Grund dafür sei zum Teil, dass sie soziale Lebewesen sind. Obwohl ich kein Fan davon bin, die Wolf-Modell-Theorie auf Hunde zu übertragen, kann man ihre Herkunft und soziale Natur nicht leugnen. Sie tun alles als Rudel. Nah beieinander zu schlafen ist ein wichtiger Teil davon. Genauso ist es mit den Hunden in unserem Leben. Sie wollen bei ihrer Truppe sein. Sie sind ein Teil dieser Gruppe. Außerdem sind Sie ihr Teamchef und damit ein „Sicherheitsmagnet".

Alle Menschen des Haushalts sind die Teamchefs. Wenn also mehrere Menschen im Haushalt leben, kann es mehrere Schlaf-Arrangements geben, die zumindest teilweise davon abhängen, wer gern mit wem gemeinsam schläft und was jeder einzelne am bequemsten findet. Mein Vorschlag in solchen Fällen ist, dass die Hunde im selben Geschoss des Hauses schlafen wie die Menschen, zumindest, wenn sie das wollen. Nicht alle Hunde werden schlafen wollen, wo Sie es wünschen, aber wenn Sie kein Problem damit haben, dass Ihre Hunde sich auch nachts im ganzen Haus frei bewegen können, dann lassen Sie sie schlafen, wo sie sich wohl fühlen. Für die Hunde ist alles eine einzige große Höhle.

Wenn Sie nicht möchten, dass Ihre Hunde nachts Zugang zum gesamten Haus haben, sperren Sie Bereiche, die tabu sein sollen, mit Türgittern o. ä. ab. Wenn es zusätzlich nötig ist, in der Etage, in der geschlafen wird, den Durchgang zwischen zwei Zimmern zu versperren, ist das in Ordnung. Wählen Sie aber die Hunde, die zusammen in bestimmten Zimmern sind, mit Bedacht unter dem Aspekt aus, was am besten für alle Beteiligten – Menschen wie Hunde – ist. So könnte beispielsweise ein Kind einem bestimmten Hund gegenüber allzu tolerant sein, weil es sein Lieblingshund ist. Auch hier wieder gilt: Wenn es keine Probleme gibt, ist das in Ordnung; falls doch, sollte dieser Hund nicht bei diesem Kind schlafen.

Wohin denn nun mit all den Hunden; besonders, wenn alle Menschen auch noch im selben Zimmer schlafen? Vielleicht leben Sie allein oder zu zweit. Vielleicht haben Sie fünf Hunde und ein schmales Doppelbett? Nun, dann ist es jetzt vielleicht an der Zeit, die Betten-Sonderangebote zu studieren! Aber Scherz beiseite: Für Ihre Hunde ist es genauso wichtig wie für Sie, bequem und sicher schlafen zu können.

Genau wie Menschen müssen Hunde es zum Schlafen bequem haben. Machen Sie es Ihren Hunden gemütlich genug, damit sie wichtige Erholung bekommen.

Wenn nicht alle ins Bett passen, oder – oh Schreck! – Sie keine Hunde im Bett wollen, dann besorgen Sie unbedingt so viele dicke, bequeme Hundebetten wie Sie sich leisten können. Wenn das Geld knapp ist, verwenden Sie dick gestapelte Decken. Die Hunde kennen den Unterschied nicht. Decken und Bettdecken kann man gut in Second-Hand-Läden kaufen. Waschen und stapeln Sie sie einfach und Sie haben im Nu erschwingliche Hundebetten!

Chase und Sammy bei einem Nickerchen. Dies ist ein gutes Beispiel dafür, wie man Hundebetten im Schlafzimmer arrangieren kann.

Ich habe ein großes Schlafzimmer, und eine ganze Ecke ist meine „Hundebett-Ecke". Ich habe dort drei große Hundebetten nebeneinander stehen. Drei meiner Hunde passen dort hinein. Wenn Ihre Hunde kleiner sind, passen mehrere in eine solche Anordnung.

Merlin in der Hundebett-Ecke

Während ich dieses Buch schreibe, ist es in meinem Haus so geregelt, dass alle außer dem bereits erwähnten Hund nachts auf dem Bett schlafen dürfen. Ob sie das tun oder nicht, wechselt hauptsächlich nach Jahreszeit. Ich habe einen Hund, der – wenn überhaupt – nur kurz auf dem Bett bleibt; dann wählt er seinen aktuellen Lieblingsplatz. Das kann der Fußboden sein, die Hundebett-Ecke, das zweite Schlafzimmer (wenn wir gerade keine Pflegehunde haben) oder der kühle Badezimmerfußboden. Ein anderer Hund schläft immer auf dem Bett, außer im Sommer. Und wieder ein anderer Hund schläft nur anfangs oder am Schluss auf dem Bett; auch dieser nicht zur Sommerzeit, und zwischendurch schläft er an verschiedenen anderen Plätzen. Die Möglichkeiten sind unendlich. Trent schläft gern im äußersten Hundebett, schön in seiner Ecke zusammengerollt.

Trent in „seiner" Ecke

Bei der Entscheidung, wo in Ihrem Schlafzimmer die Hundebetten stehen sollen, müssen Sie unbedingt berücksichtigen, ob Ihre Hunde Schwierigkeiten mit Nähe zueinander haben, besonders wenn sie schlafen. Manche Hunde haben eine reflexartige Schreckreaktion, wenn sie geweckt werden, und sie können dann schnappen, ohne nachzudenken. Dies kann manchmal rassetypisch sein. Andere Hunde kommen nicht gut damit zurecht, wenn sie von einem anderen Hund berührt werden, wenn sie ruhen, selbst wenn das versehentlich passiert. Es klingt sehr nach Rivalität unter Geschwistern - „Mama, er berührt mich!" - aber es kann gefährlich sein. Wenn so etwas in Ihrer Truppe vorkommt, verteilen Sie die Hundebetten über das Zimmer. Sind die Probleme mit Nähe schwerwiegend, sollten Sie natürlich mit einem Profi daran arbeiten, aber Sie könnten auch den „Hauptschuldigen" in einer Box unterbringen, damit Sie nicht von unschönen und gefährlichen Auseinandersetzungen geweckt werden. Normalerweise gehört es bei niemanden zu seinen Lieblingsbeschäftigungen, im Pyjama raufende Hunde zu trennen; daher ist es wichtig, das Risiko hierfür zu minimieren!

Verteilen Sie Hundebetten übers Schlafzimmer, wenn Ihre Hunde sich im Schlaf leicht erschrecken. Das minimiert das Potenzial für nächtliche Raufereien.

Wenn Sie Ihren Hunden mehrere Räume einer Etage zur Verfügung stellen können, in der die Menschen schlafen, könnte das Ihre beste Option sein. Wenn Sie Ihren Hunden im gesamten Haus vertrauen, dann lassen Sie sie einfach selbst wählen, wo sie schlafen, wie schon erwähnt. Es ist in Ordnung, wenn sie in einem anderen Stockwerk schlafen als Sie, wenn Sie und die Hunde selbst sich damit wohl fühlen. Ich habe beinahe in jedem Raum meines Hauses Hundebetten, und ich bin absolut überzeugt, dass in jedem Raum, in dem die Familie sich längere Zeit aufhält, Hundebetten oder andere gemütliche Plätze, die die Hunde benutzen dürfen, sein sollten. Dadurch haben die Hunde ihren eigenen Platz und können in Ruhezeiten wählen. Sorgen Sie also für bequeme Hundebetten und/oder Decken in jedem Raum, den sie sich aussuchen könnten.

Die Plätze, die sie tagsüber wählen, können sich von den nächtlichen Schlafplätzen unterscheiden. Versuchen Sie nicht, sie im Bett schlafen zu lassen, wenn sie das nicht wollen. Und versuchen Sie genauso wenig, sie dazu zu bringen, im Hundebett zu schlafen, wenn sie lieber auf dem Boden liegen wollen. Wenn sie aber Ihr Bett bevorzugen und Sie lieber möchten, dass sie woanders schlafen, ist das völlig in Ordnung. Nicht jeder fühlt sich seelisch und/oder körperlich wohl dabei, wenn seine Hunde mit im Bett schlafen. Das ist eine individuelle Sache. Behalten Sie aber die Fakten im Hinterkopf: Die Hunde werden nicht schlafen, wo Sie es gerne hätten, wenn sie sich dort nicht wohlfühlen, ganz einfach. Darum müssen die Hundebetten/Decken am Boden auch bequem für die HUNDE sein. Ihnen verschiedene Auswahlmöglichkeiten zu bieten ist wichtig, besonders wenn Sie nur große Hunde haben und ein nicht so großes Bett.

Wenn die Hunde nun auf dem Bett sind und Sie nicht genug Platz haben, ist es dann okay, wenn Sie sie an eine andere Stelle oder vom Bett herunterschicken? Absolut! Sie sind diejenige, die für sie sorgen können muss. Sie brauchen Ihren Schönheitsschlaf. Arrangieren Sie bei Bedarf die Schlaf-Arrangements behutsam um. Geben Sie in dieser Sache nicht nach. Sie sind hier der Chef und Sie haben die opponierbaren Daumen. Es ist auch völlig in Ordnung, wenn Sie einen Hund im Bett schlafen lassen möchten, einen anderen aber nicht. Machen Sie jedoch keine Gewohnheit daraus, es sei denn, dieser Hund ist der einzige, der keine Verteidigungsprobleme hat. (Sollte das der Fall sein, dann sollten Sie an der Lösung dieses Problems arbeiten.)

Bevorzugen Sie nicht dauernd einen bestimmten Hund, indem Sie nur ihn regelmäßig im Bett schlafen lassen. Das kann zu Problemen innerhalb der Mannschaft führen.

Denken Sie daran, dass es ein heikles Unterfangen sein kann, einen Hund den anderen gegenüber zu bevorzugen. Dafür sollte es einen guten Grund geben, und Sie sollten nicht ständig einen bestimmten Hund in allem bevorteilen. Das wird Probleme zwischen den Hunden hervorrufen. Dieses Thema wird in verschiedenen Kapiteln angesprochen, aber an dieser Stelle ist es wichtig, es nochmals deutlich zu erwähnen. Begehrte Schlafplätze sind Ressourcen. Gewähren Sie Zugang zu geschätzten Ressourcen stets mit Bedacht. Wenn Sie nachts nur einen Hund aufs Bett lassen wollen, dann lassen Sie die Hunde abwechseln; alle anderen bekommen bequeme Hundebetten. Privilegien abwechseln zu lassen ist eine ausgezeichnete Möglichkeit dazu, eine Bevorzugung Einzelner zu vermeiden. Hatten Sie erwartet, dass es so viele Feinheiten geben würde, die im Zusammenleben mit mehreren Hunden zu bedenken sind? Wer hätte gedacht, dass dies so sorgfältig arrangiert werden muss! Aber seien Sie unbesorgt, es wird Ihnen bald in Fleisch und Blut übergehen.

Der alte/inkontinente Hund

Was, wenn Sie einen Hund haben, der nicht mehr gut Treppen steigen kann, und Sie im Obergeschoss schlafen? Nun, sicherlich wirft Ihnen das Sand ins Getriebe. Aber er kann sich anpassen, wenn Sie ihm dabei helfen. Wenn es ein kleiner Hund ist, empfehle ich, Sie tragen ihn einfach die Treppe hoch und lassen ihn oben schlafen, wo es am besten für alle passt. Aber wenn es sich um einen größeren Hund handelt, ist das nicht ganz so einfach, nicht wahr? In dem Fall müssen Sie Anpassungen vornehmen. Dies ist niemals leicht für den Hund, der unten bleibt (es sei denn, er hat das schon immer bevorzugt), aber Sie können eine Menge dafür tun, dass er zur Ruhe kommt. Machen Sie zunächst einmal sein Bett in dem Raum des Untergeschosses, wo Sie die meiste Zeit verbringen. Eine andere Möglichkeit ist der Ort, an dem er sich in diesem Stockwerk am häufigsten gemütlich zu machen scheint. Geben Sie ihm das bequemste Bett, das Sie sich leisten können.

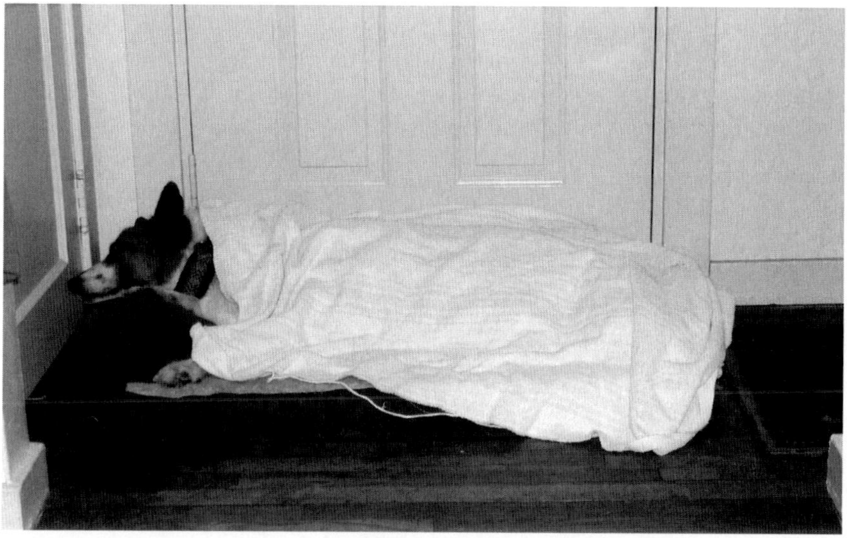

Rocky auf seinem Lieblingsplatz. In seinen letzten Lebensjahren konnte er keine Treppen mehr steigen.

Versprühen Sie jeden Abend Adaptil® auf seinem Lager; wenn der Raum klein ist, können Sie stattdessen auch einen Stecker verwenden. Sie können außerdem verschiedene Bachblüten verwenden, um seine Unruhe zu lindern. An dieser Stelle empfehle ich keine bestimmte Blütenessenz, denn jeder Hund ist anders, und nur jemand, der Ihren Hund sehr gut kennt, kann das tun. Es gibt eine Tabelle zu den Bachblüten, in der die beste Einsatzmöglichkeit jeder Essenz erklärt wird. Ich kann Ihnen jedoch empfehlen, die „Notfalltropfen" im Haus zu haben. Das ist eine nette, vielseitig verwendbare beruhigende Mischung, die Sie probieren können.

Schaffen Sie ein Schlafenszeit-Ritual, das Sie nur mit diesem einen Hund teilen. Benutzen Sie keine „Baby-Stimme", um Ihren Hund zu beruhigen, wenn er beunruhigt darüber wirkt, dass Sie nach oben gehen und ihn unten zurücklassen. Trösten Sie ihn mit leiser, ruhiger und zuversichtlicher Stimme. Ein leises Radio mit eingestelltem beruhigendem Sender hilft ihm vielleicht zu schlafen. Oder eine „White Noise Machine"* könnte genau das Richtige sein. Wenn Ihre anderen Hunde auf die Anspannung dieses Hundes eingestimmt sind, machen

* Gerät, das weißes Rauschen erzeugt; soll beruhigend wirken

sie vielleicht eine „Stippvisite" bei ihm, um ihm z. B. mit einem Anstupsen oder einem Nasenstüber Gute Nacht zu sagen. Solange dies für beide Seiten akzeptabel ist, lassen Sie sie gewähren. Das Schlafenszeit-Ritual kann angenehm für alle sein.

Kann ein Hund aus körperlichen Gründen nicht mehr in derselben Etage schlafen wie die anderen, sorgen Sie durch besondere Vorkehrungen für sein seelisches und körperliches Wohlbefinden.

Es ist sehr wichtig, dass im Obergeschoss immer noch jemand den unten schlafenden Hund hören kann, falls nötig. Dieser muss merken, dass seine Bedürfnisse immer noch erfüllt werden. Was, wenn er sich mitten in der Nacht meldet, weil er einmal muss und niemand hört es? Das erhöht seine Anspannung nur noch weiter und verschlimmert alles. Wenn Sie ihn mit bloßen Ohren nur schlecht hören können, investieren Sie für diesen Zweck in ein preiswertes Babyphon. Auf diese Weise werden all seine Bedürfnisse so gut wie unter den Umständen möglich erfüllt.

Sally erholt sich in ihrem Extra-Bereich von einer Operation.

Sorgen Sie im gleichen Atemzug auch dafür, dass er keinen Zugang zu Dingen hat, die ihm in der Dunkelheit Schaden zufügen könnten. Halten Sie seinen Schlafbereich sicher. Und wenn Sie aufwachen, sorgen Sie dafür, dass er so weit wie möglich in Ihr Morgenritual einbezogen wird, um eine mögliche zusätzliche Besorgnis zu zerstreuen.

Box oder nicht Box

Vielleicht fragen Sie sich beim Lesen dieses Kapitels, wo denn endlich die Hundeboxen zur Sprache kommen? In der Tat schlafen viele Hunde vom Welpenalter an ihr ganzes Leben lang in Hundeboxen. Das ist in Ordnung; zum Schlafen sollten Ihre Hunde es allerdings bequem haben, genau wie Sie in Ihrem Bett. Wie schon erwähnt, bin ich Fan davon, dass Hunde so nah wie möglich bei ihren Menschen schlafen. Deshalb glaube ich, dass Hunde, auch dann im Schlafzimmer bei den Menschen sein sollten, wenn sie in Boxen schlafen. Sollte das aufgrund der Größe der Boxen bzw. des Zimmers nicht möglich sein, dann idealerweise so nah wie möglich am Schlafzimmer.

Auch hier wieder sollte es zur Schlafenszeit ein Ritual für Sie und Ihre Hunde geben. Geben Sie jedem das Gefühl, ein wichtiger Teil der Familie zu sein. Was, wenn einer Ihrer Hunde in der Box schläft, weil er noch ein Welpe ist, und die anderen überall verstreut, wo sie wollen? Das ist in Ordnung! Ihr Ziel ist es, den Welpen wie alle anderen Hunde an Ihre Gepflogenheiten zur Schlafenszeit zu gewöhnen. Das kommt mit der Zeit. Seine Box sollte jedenfalls so nah wie möglich möglich am Schlafzimmer stehen. Ich kann dies gar nicht genug betonen. Es ist Bindungszeit, und Sie bauen diese Bindung auf. Sie sind der wohlwollende Teamchef, sogar während Sie schlafen. Sie würden staunen, welchen Unterschied das in Ihrer Beziehung zum Hund ausmachen kann. Können Sie vor diesem Hintergrund trotzdem eine starke Bindung mit Ihrem Hund haben, wenn das nicht der Fall ist? Natürlich, aber ich glaube, Sie werden etwas härter daran arbeiten müssen, das ist alles.

Hundeboxen, die auch zum Schlafen benutzt werden, sollten zur Schlafenszeit bequem ausgepolstert sein. Sie sollten so nah wie möglich am Schlafbereich der Menschen stehen. Wenn Sie Ihre Hunde tagsüber in Boxen tun, ist es nicht empfehlenswert, sie auch nachts in Boxen zu halten. Wenn Sie nicht möchten, dass sie herumwandern, überlegen Sie, sie in einem Raum, in dem ein Mensch schläft, anzubinden. Angebundene Hunde sollten stets unter Aufsicht sein.

Pflegehunde

Wie sollten Sie es handhaben, wenn Sie, wie ich, regelmäßig Pflegehunde im Haus haben? Nun, als ich gerade erst mit der Tierschutzarbeit anfing, band ich sie im selben Raum an, in dem meine Hunde und ich schliefen; in derselben Ecke mit Hundebetten. Mit der Zeit bemerkte ich jedoch, dass diese Praxis die Rechte meiner eigenen Hunde beschnitt. Wie ist das möglich? Nun, meine Hunde sind meine Familie, und genau wie in einer menschlichen Familie ist es wichtig, einen „heiligen" Platz zu haben, wenn man es so nennen will, an dem man sich ungestört entspannen kann, wenn Gäste im Haus sind. Ich glaube, ihnen Pflegehunde im eigenen Schlafbereich aufzuzwingen, hat meinen Hunden Stress gemacht.

Also habe ich einen gesonderten Raum für die Pflegehunde eingerichtet. Es ist eigentlich ein Gästeschlafzimmer, daher gibt es dort ein Bett, das alle Hunde, auch Pflegehunde, benutzen dürfen. Tatsächlich ist es das einzige Bett, auf das auch Pflegehunde dürfen.

Dustin (Pflegehund) und Kera auf Dustins Bett, Siri entspannt sich in der Nähe.

Zusätzlich gibt es noch eine Box, in der ein neuer Hund, je nach seinem Verhalten, eventuell schläft, wenn er unbeaufsichtigt ist. Die meisten Hunde, selbst wenn sie neu sind, kommen wunderbar damit zurecht, auf dem Gästebett zu schlafen. Mein Gästezimmer liegt meinem Schlafzimmer genau gegenüber, und so kann ich es hören, wenn ein Hund unruhig wird und nach draußen muss. Wenn ein Zimmer, das Sie benutzen möchten, nicht in Hörweite ist, bringen Sie einen neuen Hund oder Pflegehund zum Schlafen in einer Box unter. In einem größeren Raum können Sie auch einen Laufstall benutzen.

Wenn Sie Pflegehunde aufnehmen, sorgen Sie dafür, dass diese zur Schlafenszeit sicher und bequem untergebracht sind.

Ich bin überzeugt, dass ein Hund, der tagsüber längere Zeit in einer Box verbringt, nicht auch noch zum Schlafen in einer Box sein sollte. Wenn das Ihre Situation ist, müssen Sie vielleicht kreativ werden. Womöglich könnte das schon erwähnte Babyphon auch hier Anwendung finden. Mit zunehmender Erfahrung werden Sie herausfinden, was für Sie am besten funktioniert. In jedem Fall muss ein Hund, der nicht bei Ihnen oder einem anderen Familienmitglied im selben Raum schläft, unbedingt müde sein und direkt vor dem Schlafengehen noch einmal Gelegenheit gehabt haben, sich zu erleichtern. Er sollte etwas bekommen, das ihm Geborgenheit gibt, z. B. eine Decke, ein weiches Spielzeug, ein Kauspielzeug o. ä. Er sollte auch etwas Wasser zu Verfügung haben, aber keine große Menge, bis Sie wissen, wie er damit umgeht.

Genau wie ein älterer oder inkontinenter Hund, der nicht mehr in derselben Etage des Hauses schlafen kann wie früher, wird auch ein Pflege- oder ein neuer Hund eine gewisse besondere Aufmerksamkeit brauchen, bevor man sich abends zur Ruhe begibt. Man sollte auch darauf achten, dass dieser Hund morgens wie alle anderen herausgelassen wird, um sich zu erleichtern. Einen festen Ablauf einzuführen wird sehr dazu beitragen, den neuen oder Pflegehund gut in Ihren Haushalt zu integrieren. Hunde lieben Routine! Ich kann das nicht oft genug sagen. Es hilft ihnen, sich sicher zu fühlen. Ein Hund, der sich sicher fühlt, ist ein glücklicherer Hund.

Ich habe viele meiner Freunde gefragt, wie sie ihre Mehrhundehaltung arrangiert haben. Hier sind einige Beispiele, damit Sie am besten entscheiden können, was für Sie funktioniert.

Schlaf-Arrangements im wirklichen Leben

***Joy und Doug** haben eine Wohnlandschaft im Wohnzimmer, die sie mit zwei einander gegenüber stehenden Couchen und einem Fernsehsessel am Ende unterteilt haben. Brody schläft auf einer Couch, Rhett schläft auf der anderen, und Brandy schläft auf dem Fernsehsessel. Aries schläft im selben Zimmer bei geöffneter Boxentür in ihrer Box oder zusammengerollt auf einer Decke am Ende einer der Couchen. Bevor Joy abends ins Bett geht, wird jeder Hund, der im Wohnzimmer schläft (das tatsächlich in Sichtweite des Haupt-Schlafzimmers ist), mit einer Decke, einem Kuss und Gutenacht-Zärtlichkeiten „ins Bett gebracht". Beim kleinsten Anzeichen eines Gewitters gesellt sich Rhett im Schlafzimmer zu ihnen. Obwohl Rhett, Brody und Brandy große „Kinder" sind und Aries klein, ist Aries besser in diesem Raum aufgehoben, weil sie und Sierra sich nicht verstehen. Im Schlafzimmer schlafen die restlichen Kleinen – Sierra, Dan, Gunnar und Joe – mit den Menschen im Bett. Hier sind die begehrtesten Plätze die zwischen den Kissen oder zwischen den Menschenbeinen.*

***Jen und Jeffs** Hunde dürfen aus Allergiegründen nicht ins Schlafzimmer. Außer wenn ein neuer Hund im Haus ist, können ihre Hunde im Wohnzimmer schlafen, wo sie wollen. Ruby schläft im Hundebett oder auf einem Stapel Decken. Jasmine ist sich zu fein für alles auf Bodenniveau, also ist sie normalerweise entweder auf dem Futon oder dem Fernsehsessel. Die drei großen Hunde, Takoda, Oskar und Jasmine tauschen jede Nacht oft die Plätze zwischen dem Futon und dem Fernsehsessel. Zwei Hunde teilen sich den Futon, während der andere den Fernsehsessel bekommt!*

***Cheri und Russ** lassen ihre Hunde schlafen, wo sie wollen. Delanie mag es dunkel und leise, und so schläft sie auf einer Decke in der hinteren Ecke des Kleiderschranks. Socretes liebt den Ventilator, also schläft er zusammengerollt am Fußende des Betts, wo der Ventilator auf ihn bläst. Gizmo schläft gern mit dem Kopf an etwas gelehnt auf der Seite, also schläft er auf einer Decke in der Ecke des Schlafzimmers unter dem Fenster, seine Pfoten um einen Teil der Decke gelegt als würde er sie umarmen, und lehnt seinen Kopf seitlich an die Wand. Manchmal tauschen Gizmo und Socretes Plätze, aber Gizmo muss immer seinen Kopf abgewinkelt haben und etwas in den Pfoten. Wenn er auf* *dem Bett ist, hat er seinen Kong®, und sein Kopf ist auf einem der menschlichen Füße!*

Als sie sieben Hunde hatten, war ihre Anordnung etwas anders. Missy schlief ausgestreckt neben Russ mit ihrem Kopf auf seinem Kissen. Delanie und Fuffers waren zusammen im Kleiderschrank. Killer schlief neben dem Trockner. Dexter schlief immer mit Cheri zusammen auf Cheris Seite des Bettes. Bear schlief zu einer kleinen Kugel zusammengerollt unter der Kommode. Und Cody, der Rat Terrier, schlief unter dem Bett.

***Sues und Lauras** Hunde sind alle zusammen im Schlafzimmer und schlafen, wo sie wollen – mehr oder weniger jedenfalls! Die beiden Jungs schlafen nicht im Bett, sonst würde dort niemand mehr hineinpassen. Aber die kleine Ana schläft wo immer sie will. Alles funktioniert gut, es sei denn, es sind Gäste im Haus, die die Jungs stören (indem sie sie zum Bellen animieren) oder jemand schmuggelt einen Kong® mit ins Schlafzimmer und sein heimliches Kauen hält andere wach.*

***Crystal und Ross** haben fünf eigene Hunde, plus normalerweise mindestens einen Pflegehund. Dover schläft zufrieden in seiner Box, ebenso alle Pflegehunde. Sally, Sammy, George und Toby schlafen wo sie wollen. Laut Crystal bedeutet das, zwei streiten sich mit den Menschen um Platz auf dem Bett und zwei kuscheln sich auf ihren Plätzen ein, zu denen ein orthopädisches Hundebett und ein Stapel Decken, die nach Wunsch in Form gebracht werden können, gehören.*

***Chris und Michael** haben eine einzigartige Lösung! Sie schieben eine Doppel- und eine Einzelmatratze ohne Lattenrost auf dem Boden zusammen. Damit haben sie angefangen, als ihre Hunde älter wurden und Schwierigkeiten hatten, aufs Bett zu kommen. Paris schläft normalerweise auf dem Teil des Betts, wo sie am weitesten von allen anderen entfernt ist. Cherokee kuschelt sich entweder bei den Menschen ein oder wählt das Hundebett am Fuß des Menschenbetts. Apache ist zum Schlafen an Chris angebunden, weil er noch nicht ganz stubenrein ist. Dadurch kann er sich dicht an sie kuscheln. So haben sie es in der Vergangenheit schon mit bis zu vier Hunden gemacht.*

***Lilian** stellt zur Schlafenszeit viele Auswahlmöglichkeiten zur Verfügung. Sie hat drei Hundebetten in ihrem Zimmer verteilt, alle in Abstand zueinander. JJ schläft auf dem Bett, wenn er nicht versucht, das Bett gegenüber den Katzen zu verteidigen. Wenn er das tut, wird er auf ein Hundebett verbannt! Phoenix ist zu faul, um ins Bett zu klettern, also schläft er auf Lilians Seite des*

Bettes in einem Hundebett. Titan ist nicht so am Kuscheln interessiert wie die anderen Hunde, und so entscheidet er sich meistens, im Untergeschoss zu schlafen. Aber manchmal kommt er zum morgendlichen Kuscheln hoch ins Bett. Lilians Pflegehunde schlafen entweder in einer Box in einem ans Schlafzimmer angrenzenden Raum oder an Lilians Bett angebunden in einem Hundebett, oder, sobald sie sich das verdient haben, wo immer sie möchten.

Susans *Hunde schlafen in über das Schlafzimmer verteilten Hundebetten. Sie lässt ihre Hunde nicht aufs Bett.*

Wie Sie an diesen Beispielen sehen können, gibt es viele Lösungen, jedem den Platz zum Schlafen zu geben, den er braucht! Werden Sie kreativ, seien Sie geduldig, schaffen Sie eine Routine und erhalten Sie Ihre Führungsposition auch im Schlafquartier. Bedenken Sie: Besonders gute Schlafplätze sind Ressourcen, und alles, was eine Ressource ist, kann in einem Mehrhundehaushalt ein Problem verursachen. Solange Sie daran denken, sind Sie den Hunden schon einen Schritt voraus.

Wenn Sie einen Neuzugang haben, führen Sie so bald wie möglich ein Ritual ein; dies ist gleichzeitig der schnellste Weg zu einer harmonischen Schlafenszeit. Ihnen ist vielleicht aufgefallen, dass viele der erwähnten Leute ein Ritual zur Schlafenszeit haben, indem sie jedem Hund einzeln Gute Nacht sagen. Dies kann sehr wichtig sein. Es dient den Hunden zugleich als Signal, dass jetzt die Zeit für Ruhe und Erholung ist. Außerdem werden Sie dadurch Veränderungen im Verhalten früher bemerken, z. B. wenn ein Hund Verdauungsschwierigkeiten hat oder etwas anderes nicht stimmt und Ihrer Aufmerksamkeit bedarf. Hunde mögen Routine. Und Hund **lieben** es zu schlafen. Wenn sich also einer Ihrer Hunde zur Schlafenszeit anders verhält als sonst, seien Sie aufmerksam und finden Sie heraus, was dieser Hund zu sagen versucht.

Kapitel 5

Seit du weg bist

Wenn die Hunde allein zuhause sind

Wo sich Ihre Hunde aufhalten sollten, wenn die Menschen nicht da sind, hängt zum großen Teil davon ab, wie Ihre Mehrhundehaltung momentan verläuft: Haben Sie bisher ein erfolgreiches Duo, Trio oder mehr, niemand wurde in eine Box getan oder von den anderen getrennt und alles war gut, dann ist das super. Ändern Sie nichts, was gut läuft. Haben Sie jedoch erst kürzlich einen neuen Hund oder sogar mehr als einen dazubekommen oder sind im Begriff dazu, dann können Sie nicht einfach erwarten, dass der neue Hund sich ohne Eingewöhnungsphase in die vorhandene Hundegruppe eingliedert. Und Teil dieser Eingewöhnungsphase ist es, neue Hunde von alteingesessenen zu trennen, wenn kein verantwortlicher Erwachsener zuhause ist, der sie angemessen beaufsichtigen kann.

Dies ist eine Management-Maßnahme für die Phase, in der Sie die Gruppe einschätzen und zusammenführen. Sie trägt sehr zum bereits

Wenn Sie Ihrer Mannschaft einen neuen Hund hinzufügen, trennen Sie den Neuling von der alteingesessenen Mannschaft, wenn die Hunde allein zuhause sind. Arbeiten Sie langsam auf eine Integration hin, so dass die Sicherheit aller gewährleistet ist. Wenn niemand zuhause ist, ist es die beste Option, einen Neuzugang in einer Box unterzubringen, bis Sie sich sein Verhalten betreffend wohlfühlen. Die Box eines Neuzugangs sollte sich nicht im selben Bereich wie der Rest der Hunde befinden, wenn diese sich frei im Haus bewegen können. Stellen Sie sie in einen ruhigen, sicheren Raum und versperren Sie den anderen Hunden den Zutritt zu diesem Raum.

erwähnten Vertrauen in Ihre Führungsqualitäten bei. Wenn Sie die Dinge dem Zufall überlassen, könnte alles Mögliche passieren; können Sie es also irgendwie vermeiden, sollte es keinen solchen Zufall geben. Sorgen Sie für die Sicherheit Ihrer Mannschaft, die Ihnen vertraut. Denken Sie daran: Sicherheit ist eine wichtige Ressource, und Ihre Hunde sind darauf angewiesen, dass Sie dafür sorgen. Daher ist es nötig, neue Hunde und alteingesessene Hunde zu trennen, bis Sie ein gutes Gefühl dabei haben, alle zusammen zu lassen und sich keine Sorgen darüber machen müssen, was geschehen könnte, wenn Sie kurz das Haus verlassen würden. Sie werden es merken, wann Sie die gemischte Gruppe bedenkenlos ohne Aufsicht zusammen lassen können, wenn Sie nicht da sind. Und in manchen Fällen wird die Antwort darauf „nie" sein. Wenn jedoch eine Integration stattfinden soll, müssen Sie in kleinen Schritten auf dieses Ziel hinarbeiten.

Lassen Sie uns zunächst das Thema Box behandeln. Wenn Sie bereits einen Ihrer Hunde in einer Box unterbringen, dann ist es ein kleiner Schritt, auch den neuen Hund in eine Box zu tun, bis Sie sich mit seinem Verhalten wohlfühlen. Wohin sollte man die Box eines neuen Hundes stellen? Das hängt davon ab, wo die Boxen Ihrer anderen Hunde momentan stehen. Es ist in Ordnung, wenn alle Boxen im selben Raum stehen, und es ist auch in Ordnung, wenn das nicht so ist. Ich mache es am liebsten so, dass ich Boxen mit einander nahestehenden Hunden nebeneinander stelle. Boxen sollten an einem ruhigen Ort stehen; wo die Hunde es gewohnt sind, sich aufzuhalten. Dies sollte aber kein Ort sein, an dem sie vielen Ablenkungen von außerhalb des Hauses ausgesetzt wären. Überlegen Sie sorgfältig, wo jede einzelne Box am besten steht.

Wenn Sie die Hunde in ihre Boxen bringen, wenn Sie weggehen, tun Sie das so, wie Sie es bislang immer getan haben, natürlich vorausgesetzt, diese Vorgehensweise ist positiv! Sie wollen, dass Ihre Hunde ihre Boxen als glückliche Orte betrachten. Wenn Sie noch nicht mit dem Boxentraining vertraut sind, werden Sie das nachholen müssen. Es ist nicht schwer zu erlernen, und Sie werden es nie bereuen, die Boxen zum glücklichen Ort für Ihre Truppe gemacht zu haben. Jeder Hund sollte einen Kong® oder ein anderes sicheres interaktives Spielzeug mit in seine Box bekommen. Beziehen Sie den neuen Hund in das Ritual mit ein; dies wird ihm helfen, eine Bindung zur Gruppe als Ganzes aufzubauen.

Wie sollen Sie vorgehen, wenn Sie keine Boxen mehr benutzen? Können Sie auch nur einen Hund (den neuen) in eine Box tun? Absolut! Wenn Sie nicht sicher sind, wie die Hunde sich miteinander verhalten, sollten Sie den neuen Hund in eine Box tun, damit alle Hunde sicher sind. Bezüglich der Frage, ob die Box im selben Raum wie die übrigen Hunde stehen sollte, gibt es von Seiten der Profis unterschiedliche Meinungen. Ich sage „Nein", wenigstens nicht sofort. Warum sollte man ein Risiko eingehen? Boxen sind nicht narrensicher. Traurigerweise habe ich schon von Hunden gehört, die sich aus einer Box befreit und mit den anderen Hunden gekämpft haben, mit denen sie sich sonst praktisch immer vertragen hatten, außer dieses eine Mal. Da niemand zuhause war, hatte es tragische Folgen. Neben potenziellem Entkommen aus der Box könnten auch die ansässigen Hunde der Box zu nahe kommen und den darin befindlichen Hund beunruhigen. Gehen Sie kein Risiko ein. Das ist es einfach nicht wert, bevor Sie die Verträglichkeit besser einschätzen können.

Ich bin fest davon überzeugt, dass eine Box für einen neuen Hund in einem separaten Raum stehen sollte, so dass die anderen Hunde keinen Zugang zu ihr haben. Sie können zuerst die Tür zu dem Raum mit dem Hund in der Box schließen und zu einem späteren, sichereren Zeitpunkt dazu übergehen, den Durchgang mit einem Schutzgitter zu versperren. Wenn Ihre Hunde vor dem Einzug des Neuzugangs freien Zugang zum gesamten Haus hatten, wenn sie allein waren, stellen Sie die Box des neuen Hundes nicht in den Lieblingsraum Ihrer Hunde. Täten Sie das, wäre Unfriede geradezu vorprogrammiert. Machen Sie sich gründlich über die Unterbringung der Hunde Gedanken, wenn sie allein bleiben, und versuchen Sie, alle gleich zu behandeln, um für ihr körperliches und emotionales Wohlbefinden zu sorgen.

Jeder Hund und jede Hundegruppe hat eine andere Dynamik, und so kann ich nicht sagen, wie lange es dauert, bis der neue Hund voll integriert ist. Niemand außer Ihnen kann das entscheiden. Diese Entscheidung sollte auf folgenden Aspekten beruhen: Wie gut harmonieren alle miteinander? Welche Unterbringung beim Alleinbleiben funktionierte für Ihre Hunde vor dem Neuzugang? Wie wohlerzogen sind all Ihre Hunde, alt und neu, und wie gut benehmen sie sich? Wenn alle gut miteinander auskommen und Ihr Neuzugang sich gut benimmt und höflich ist, kann es sein, dass Sie sie schon sehr bald alle zusammen lassen können. Aber mit „sehr bald" meine ich mindestens ein paar Monate. Ehrlich gesagt kann man nicht zu vorsichtig sein, wenn es um Integration und Sicherheit geht.

Zusätzlich zu den oben erwähnten Kriterien sollten Sie sich bei vielen Rassen auch über potenzielle Probleme zwischen gleichgeschlechtlichen Hunden bewusst sein, ebenso wie zwischen Hunden ähnlichen Alters. Im Kapitel *Da waren es schon drei* wird dies ausführlicher besprochen. Einige Rassen sind bekannt für Probleme zwischen gleichgeschlechtlichen Hunden; meist sind es Rüden, aber auch Hündinnen sind nicht frei davon. Häufig sind diese Probleme ausgeprägter, wenn zwei Hunde im selben Alter sind.

Machen Sie sich mit den rassetypischen Eigenschaften Ihrer Hunde vertraut, was das Verhalten gegenüber Hunden desselben Geschlechts betrifft. Das ist besonders wichtig, wenn Sie einen neuen Hund mit Ihrer bestehenden Hundegruppe allein zuhause lassen wollen.

Wenn Sie sich noch nicht über die Rasse Ihres neuen Hundes informiert haben, entweder vor oder nach seiner Anschaffung, dann tun Sie das jetzt. Berücksichtigen Sie dabei auch die Rasse(n) Ihrer alteingesessenen Mannschaft. Wenn Sie nichts über die Abstammung Ihrer Hunde wissen, recherchieren Sie über die Rasse, der sie vom Aussehen her am meisten ähneln. Manchmal kommen sie in ihrer Persönlichkeit nach einer Rasse, die zwar in der Mischung vertreten, aber weniger offensichtlich ist, und mit einem Mischlingshund könnten Sie eine Überraschung erleben. Wenn Sie sehr neugierig sind: Einige Labore bieten inzwischen Gentests an, mit denen die beteiligten Rassen bei Mischlingshunden bestimmt werden können. Egal wie Sie vorgehen: Es ist gut, so viel wie möglich über das Wesen Ihrer Hunde herauszufinden.

Dies ist besonders wichtig, wenn Sie momentan einen Rüden und eine Hündin haben und einen dritten Hund dazu nehmen wollen. Das wird offensichtlich dazu führen, dass Sie zwei Hunde des einen Geschlechts haben. Die Balance zu kippen kann aus vielen Gründen oft zu Problemen führen. Es ist tatsächlich einfacher, drei umgängliche Rüden zu haben als zwei selbstsichere Rüden und eine Hündin. Das kann ein

Rezept für Ärger sein; daher ist es wichtig, alle Interaktionen zu beaufsichtigen. Wenn Sie schon zwei gleichgeschlechtliche Hunde halten und bisher keine Probleme hatten, fragen Sie sich jetzt vielleicht, was der ganze Wirbel soll. Sie können sich glücklich schätzen. Es ist nicht immer so einfach, und es ist besser, gut vorbereitet und informiert zu sein. Im Kapitel *Eingekniffene Ruten* können Sie nachlesen, wonach Sie Ausschau halten sollten, aber Schritt eins ist es, sich über die Rassen, die Sie haben, zu informieren und ihre Besonderheiten zu kennen. Schritt zwei ist Training, Training und noch mehr Training.

Ist es einfacher, mehrere Rüden oder mehrere Hündinnen zu haben? Beides kann ein Kinderspiel oder ein Albtraum sein. Es ist unterschiedlich, und auch hier wieder entscheiden viele Faktoren, ob es ersteres oder letzteres ist. Mir ist klar, diese Aussage ist jetzt nicht so hilfreich wie sie sein könnte. Aber worauf ich hinauswill ist, dass Sie gründlich über Rasse und Geschlecht nachdenken sollten. Ich persönlich habe zwei Hündinnen und zwei Rüden, alles Wach-/Arbeitshunderassen. Diese sind bekannt dafür, dass häufig Aggressionen zwischen gleichgeschlechtlichen Hunden auftreten. Einer meiner Rüden ist sehr intolerant, wenn sich jüngere Rüden ungebührlich benehmen, und so muss ich ihn immer sehr gut beobachten, wenn ich junge Rüden als Pflegehunde habe. Ich würde niemals einen männlichen jungen Pflegehund mit ihm allein lassen, noch nicht einmal mit meinem anderen, toleranteren Rüden. Und alle meine Hunde sind dazu erzogen, höflich mit Gasthunden umzugehen. Überlegen Sie sich gut, ob Sie bereit wären, beim Integrieren neuer Hunde so viel Wachsamkeit aufzubringen.

Nachdem Sie sich Gedanken über das Wesen Ihrer Hunde und über die Gruppendynamik gemacht haben, lassen Sie uns mit den Überlegungen fortfahren, was das Alleinlassen zuhause betrifft. Ich empfehle, ein „Bindungs-Ritual" einzuführen, das Sie benutzen, wenn Sie weggehen. Benutzen Sie dieses Bindungs-Ritual auch mit dem neuen Hund, selbst wenn dieser in einem anderen Teil des Hauses untergebracht ist, wenn Sie weggehen. Sie können immer noch mit einem Ritual fortfahren, kurz bevor Sie das Haus verlassen, und damit eine Verbindung zu jedem der Hunde aufnehmen. Zu einem solchen Ritual kann ein Schlüssel-Satz gehören, den Sie sagen, wenn Sie gehen, sowie das Austeilen von Kongs® oder anderen Beschäftigungs- oder Kauspielzeugen, mit denen man die Hunde gefahrlos allein lassen kann.

Für das Alleinlassen zuhause führen Sie ein vertrautes „Bindungs-Ritual" mit Ihren Hunden ein. Denken Sie daran: Hunde mögen Routine. Schließen Sie auch eventuelle neue Hunde in dieses Ritual ein. Überlegen Sie sich einen bestimmten Schlüsselsatz, wenn das Ihnen und Ihrer Mannschaft hilft.

Wie sollte diese Verteilung ablaufen? Ich bin davon überzeugt, dass es für das, was ich will, das Beste ist, dem neuen Hund seinen Kong® zu geben und ihn damit in seiner Box unterzubringen, bevor man die alteingesessenen Hunde versorgt. Aber Sie haben vielleicht andere Ansprüche. Mein Ziel ist es, meine alte Mannschaft davon zu überzeugen, dass es nicht bedeutet, dass ich sie ersetzen will, nur weil jemand Neues eingezogen ist. Aus diesem Grund will ich etwas mehr Zeit damit verbringen, sie zu versorgen, bevor ich aus dem Haus gehe. Ich kümmere mich zuerst um den letzten Neuzugang, aber ich verbringe mehr Zeit mit meinen alteingesessenen Hunden. Dadurch können diese sich vor meinem Weggehen als letzte von mir verabschieden.

Mit den Mahlzeiten halte ich es ähnlich. Wenn sie Familienzeit sein sollen, gebe ich zuerst dem neuesten Hund seine Ration. Hier kommt wieder zum Tragen, was ich bereits über das Variieren der Reihenfolge beim Austeilen von Leckerchen, beim Füttern usw. gesagt habe. Wenn Sie dem neuen Konkurrenten um Aufmerksamkeit seinen Kong® zuerst geben, behandeln Sie dies nicht, als wäre es eine große Sache. Es sollte so selbstverständlich geschehen, dass Ihre Mannschaft sich überhaupt nicht darüber aufregt. Ich mache das auch mit Pflegehunden so, einfach, weil ich die letzten Augenblicke vor dem Weggehen mit denen verbringen möchte, die ich am meisten liebe. Das soll nicht heißen, dass Sie Ihren Neuzugang nicht lieben; natürlich tun Sie das. Aber während dieser Kennenlernphase sollten Sie vielleicht vor Ihrem Weggehen etwas Zeit dafür aufwenden, sich zuerst von dem neuen Hund zu verabschieden. Ihr Ziel wird es sein, sich später von allen gleichzeitig zu verabschieden. Ich denke aber, in der Anfangszeit sind sich Ihre alteingesessenen Hunde Ihrer Zuneigung sicherer, wenn sie die Letzten sind, von denen Sie sich verabschieden. Ihre Erfahrung mag anders aussehen; vertrauen Sie daher Ihrem Instinkt.

Was die Unterbringung betrifft, ist auch hier wieder körperliche und emotionale Sicherheit für alle sehr wichtig, daher ist getrennte Unterbringung am besten. Befolgen Sie für den neuen Hund alle allgemeinen Regeln für das Alleinlassen, so als wäre er der einzige Hund. Bringen Sie ihn in einer Box unter, wenn Sie das Gefühl haben, das ist nötig (bis man ganz sicher ist, bevorzuge ich das sehr). Oder, wenn Sie sich mit dieser Lösung wohl fühlen, richten Sie ihm einen hundesicheren Raum mit vielen sicheren Spielzeugen ein, mit denen er sich bis zu Ihrer Rückkehr beschäftigen kann. Wenn Sie zurückkommen, zu wem gehen Sie zuerst? Ich lasse stets die alteingesessene Mannschaft zuerst hinaus und hole dann den neuen Hund oder Pflegehund. Natürlich gehen alle gleichzeitig nach draußen, um sich zu erleichtern.

Wie handhabe ich das Alleinbleiben bei meinen eigenen Hunden? Als Merlin und Kera beide noch jung waren, waren sie in meinem Schlafzimmer in nebeneinander stehenden Boxen untergebracht. Nach und nach habe ich sie immer länger auch ohne Box allein gelassen. Ich habe ihren Bereich auf zwei Räume beschränkt, so dass sie weniger zu bewachen hatten. Das ist für Wachhunderassen oft hilfreich. Aber wenn sie etwas kaputtmachten, dann immer als Team. Seien Sie sich daher im Klaren darüber, dass mehr Hunde auch mehr kaputte Sachen bedeuten. Es gibt da wirklich eine Art „Rudel-Mentalität". Wenn ihr Verhalten diesbezüglich entgleiste, kamen sie wieder für ein paar Tage in ihre Boxen.

Obwohl ich meinen Hunden vertrauen kann, wenn sie sich im ganzen Haus frei bewegen können, habe ich gelernt, dass sie scheinbar weniger gestresst sind, wenn sie weniger zu bewachen haben. Wach- und Arbeitshunde scheinen stärker auf Geräusche zu reagieren als einige andere Rassen. Also gebe ich ihnen weniger zu bewachen. Mein Schlafzimmer ist der ruhigste Raum des Hauses, und es ist ihr „sicherer Ort". Als die meisten von ihnen noch in Boxen untergebracht waren, standen die Boxen in diesem Raum. Heute muss keiner von ihnen mehr in einer

Wenn es Ihre Hunde zu unruhig macht, das gesamte Haus zur Verfügung zu haben, wenn sie allein sind, beschränken Sie einfach ihren Zugang auf einige wenige Räume, in denen sie sich wohlfühlen.

Box sein, und alle vier verstehen sich bestens. Also bleiben sie zusammen in meinem Schlafzimmer, bei geschlossener Tür und laufendem Radio oder Fernseher.

Bevor ich weggehe, versprühe ich Chill Out®. Ist Sturm vorhergesagt, gebe ich Siri, die keine Stürme mag, etwas Bach Mimulus®, und ich sprühe auch Adaptil® auf den Teppichboden. Wenn es warm draußen ist, lasse ich den Deckenventilator an und eventuell den Ventilator der Klimaanlage. Ich gebe allen gefüllte Kongs®, und ich nehme ihnen die Halsbänder ab. Direkt bevor ich das Haus verlasse gehen sie noch einmal nach draußen, und anschließend gehen sie direkt nach oben und nehmen ihre Positionen für die Kongs® ein. Hunde mögen Routine, und so hilft ihnen all dies dabei, sich darauf einzustellen, weil sie wissen, was sie erwartet. Sie wissen gern, was auf sie zukommt und freuen sich, einen festen Ort zu haben, an dem sie ihre Kongs® bekommen. Es ist nicht immer so reibungslos verlaufen.

In meinem jetzigen Heim hatte ich zuerst nur Merlin und Kera. Siri habe ich (zusammen mit ihren Geschwistern) im Welpenalter als Pflegehund dazu genommen, als die anderen beiden drei Jahre alt waren.

Wenn nötig, verwenden Sie natürliche beruhigende Mittel, um beim Alleinbleiben zu helfen; besonders, wenn Sie Ihrer Mannschaft einen neuen Hund hinzugesellt haben. Wenn Sie gelassen mit Abschieden umgehen, wird das helfen, diese Gelassenheit auch auf Ihre Hunde zu übertragen. Kongs® sind ein wichtiger Bestandteil Ihrer „Allein-Zuhause-Ausrüstung". Wenn Sie nicht wissen, was ein Kong® ist, gehen Sie gleich zu Ihrem Zoofachgeschäft und sehen Sie nach. Kaufen Sie für jeden Hund einen Kong® und entwickeln Sie Kreativität beim Befüllen derselben. Wenn Sie einmal entdecken, welche Macht Kongs über Ihre Mannschaft haben, werden Sie sich immer fragen, wie Sie ohne diese wunderbare Erfindung gelebt haben. Ich könnte der Sache nicht gerecht werden, wenn ich versuchen würde, genau zu beschreiben, was ein Kong ist. Also werde ich ihn schlicht als Gummispielzeug beschreiben, das mit Futter gefüllt werden kann, um das Hirn Ihres Hundes anzuregen und sein Kaubedürfnis zu befriedigen.

Als ich beschloss, sie zu behalten, brachte ich Siri zuerst in einer Box im Schlafzimmer gemeinsam mit den beiden älteren Hunden unter. Ich wusste zu dem Zeitpunkt schon, dass diese sie liebten, und sie war damals sehr jung. Mit der Zeit vertraute ich ihr, ohne Box mit den beiden älteren Hunden allein zu bleiben, wenn ich nur kurz weg war, und sie verdiente sich mein Vertrauen, ständig außerhalb der Box zu bleiben. Als ich Trent bekam, brachte ich ihn zuerst in einer Box im Hundezimmer (einem ungenutzten Gästezimmer) unter. Nach immer längeren Testphasen durfte er frei in diesem Raum sein.

Als klar wurde, dass Trent bleiben sollte, testete ich ihn zuerst im Schlafzimmer mit den anderen Hunden, wenn ich nur kurz weg war, und dies wurde zur Dauerlösung, als wir einen neuen Pflegehund bekamen und Trent nicht länger im Hundezimmer sein konnte. Wir haben es nie bereut. Es hat gut funktioniert. Sie sehen also, nichts von alledem ist über Nacht passiert. Es war ein schrittweiser Prozess, und bei jeder Veränderung war Sicherheit ein zentraler Faktor. Merlin verhält sich anderen Rüden gegenüber nicht immer freundlich; also war ich besonders vorsichtig, als ich Trent in die Schlafzimmer-Unterbringung integrierte.

Allerdings kommt es vor, dass ich weiß, ich bleibe nicht lange weg (das kann bei mir alles zwischen dreißig Minuten und maximal zwei Stunden sein, und das ist meistens unerwartet!). Also lasse ich sie im ganzen Haus allein. Soweit ich es sagen kann, halten sie sich meistens in der Küche auf und warten auf meine Rückkehr. Wenn ich sie so allein lasse, gebe ich ihnen vielleicht einen gefüllten Kong® Bone, aber auch hier wieder; wenn ich nur kurz auf die andere Straßenseite laufen will, um einem Verwandten etwas vorbeizubringen, kann es sein, dass ich einfach sage „Wartet - ich bin gleich wieder da“ und gehe. Ich glaube, es ist wichtig, einen Schlüsselsatz zu haben, den man sagt, wenn man geht. Hierdurch bekommen die Hunde eine Information, die ihnen hilft, sich wohler zu fühlen.

Sollten Sie etwas anders machen, wenn Sie einen Hund mitnehmen und die anderen zuhause bleiben? Das hängt von Ihren Hunden ab, aber in der Regel ist alles, was ich anders mache, dem betreffenden Hund das Halsband anzulassen und ihn beim Austeilen der Kongs® zu überspringen. Der Hund, den ich mitnehme, hat normalerweise schon gemerkt, dass er mitkommt, weil er noch immer ein Halsband trägt. Er wird trotzdem seine Warteposition für den Kong® einnehmen, und ich rufe ihn, wenn ich aus der Haustür gehe.

Ich habe festgestellt, dass es durch diese Vorgehensweise sehr viel ruhiger abläuft als es sein könnte, wenn ich mit einem einzelnen Hund weggehe, und Ruhe ist mein Ziel. Die zurückbleibenden Hunde schauen mich immer etwas länger an als sonst, bevor sie sich ihren Kongs® zuwenden. Sie werden es als normales Ereignis ansehen, solange man das selbst auch tut. Hunde empfangen eine Menge Signale von uns; seien Sie also ruhig, dann werden Sie normalerweise auch Ruhe haben. Nehmen Sie regelmäßig jeden Hund auch einmal allein mit, dann wird dies auch für die Hunde zur Normalität werden und keine Eifersucht hervorrufen. Im Kapitel *Mit den Hunden unterwegs* wird das Mitnehmen mehrerer Hunde behandelt.

Hier sind einige Beispiele, wie andere Hundehalter das Alleinbleiben ihrer Hunde regeln.

Alleinbleiben im wirklichen Leben

Jen und Jeff *überlassen Takoda, Oscar und Jasmine den größten Teil des Hauses, wenn sie nicht zuhause sind. Sie schließen allerdings die Türen zu Schlafzimmer und Bad, so dass die Hunde dort nicht hinein können. Oscar ist jung und kam anfangs in die Waschküche; allmählich durfte er dann für längere Zeiträume frei im Haus bleiben, so dass er jetzt gut damit zurecht kommt. Ruby dagegen ist noch nicht zuverlässig stubenrein und bleibt daher in der durch ein Absperrgitter abgetrennten Waschküche.*

Chris und Michael *hatten schon mehrere Hundegruppen. Wenn alle Hunde stubenrein sind, dürfen sie sich im Haus frei bewegen, und ein Fernseher oder Radio bleibt eingeschaltet. Als ihre inzwischen verstorbene Mickey noch lebte, hatte diese im Alter Inkontinenzprobleme. So blieb sie mit ihrem Hundebett in einem Laufgitter in der Küche, damit es einfacher sauberzumachen war, aber die anderen Hunde konnten durch das Gitter mit ihr interagieren.*
Jetzt haben sie einen Welpen. Dieser bleibt in einer Box, bis er stubenrein ist. Sobald er das ist, wird er zuerst kurz, dann allmählich immer länger frei im Haus zusammen mit den anderen Hunden sein dürfen, wenn die Menschen nicht zuhause sind.

__Joy und Doug__ haben drei Bereiche für drei Gruppen von insgesamt acht Hunden, wenn diese allein zuhause bleiben. Sierra ist allein in einem Gästezimmer. Rhett und Brandy sind gemeinsam im Schlafzimmer und einem Badezimmer. Brody, Dan, Gunnar, Joe und Aries haben das Wohnzimmer und die Küche. Aries hat auch eine Box in diesem Bereich, in die sie gehen kann, wenn sie möchte. Die drei Bereiche sind durch Kindergitter voneinander getrennt, und es gibt zwei Kindergitter, die Sierra von Aries trennen, da diese beiden überhaupt nicht miteinander auskommen. Alle Hunde respektieren die Kindergitter.

__Lilians__ Hunde können sich jetzt im Haus frei bewegen, aber jeder von ihnen wurde, als er neu war, entweder im Wohnzimmer oder im Esszimmer in eine Box getan. Ihre Pflegehunde bleiben immer in Boxen, wenn sie nicht zuhause ist. Alle Hunde einschließlich der Pflegehunde bekommen gefrorene gefüllte Kongs® oder Knochen. Ihre eigenen Hunde haben feste Plätze, an die sie gehen, bevor sie das Haus verlässt. Dort bekommen sie ihre Kongs®. Dies macht das Weggehen so viel leichter!

Jedem das Seine – dies sind ausgezeichnete Beispiele dafür. Finden Sie die Lösung, die für Sie passt. Berücksichtigen Sie dabei auch die individuellen Eigenheiten Ihrer Hunde. Nicht alle Hunde respektieren Barrieren wie Kindergitter. Einige brauchen geschlossene Türen. Für manche funktionieren Kindergitter an manchen Tagen, und an anderen Tagen springen sie einfach darüber! Sie sollten auf Überraschungen gefasst sein. Ich achte auch auf die Aktivität von Mond und Planeten, da Studien die Effekte der Mondaktivität auf das Verhalten von Hunden (und Menschen!) untermauern. Ich achte sehr auf Mondphasen wie auch auf einige planetarische Ereignisse wie Finsternisse, Meteoritenschauer usw. Während dieser Zeiten unternehme ich zusätzliche Schritte, um etwaiges ungewöhnliches Verhalten abzumildern. So lege ich etwa zusätzliche Spielzeuge aus, stelle sicher, dass ich alles weggeräumt habe, das verlockend sein könnte, und verwende zusätzliche beruhigende natürliche Mittel.

Achten Sie auf die Mondphase, wenn Sie einen neuen Hund erstmalig frei mit den alteingesessenen Hunden zusammen zuhause alleinlassen wollen.

Wenn Sie also Hunde haben, die Kindergitter manchmal respektieren und manchmal nicht, achten Sie während dieser Zeit auf die Mondphasen und die Aktivität der Planeten. Verlassen Sie sich nicht darauf, durch ein Kindergitter zwei Hunde, die sich zeitweise nicht vertragen, sicher zu trennen. Vorsicht ist besser als Nachsicht. Vermeiden Sie es, zu solchen Zeiten einen neuen Hund erstmalig frei mit der alteingesessenen Mannschaft allein zu lassen. Gehen Sie während dieser Zeiten möglichst keine Risiken ein. Verteilen Sie bessere Kongs®. Gestalten Sie alles hundefreundlicher und machen Sie das Haus zu einem friedlichen Ort.

Hundepension ja oder nein?

Was ist, wenn Sie verreisen und die Hunde nicht mitnehmen können? Was tun? Wenn Sie das immer tun, dann haben Sie offensichtlich schon eine Lösung gefunden. Überspringen Sie also diesen Abschnitt. Wird dies aber Ihr erster Ausflug, seit Sie mehrere Hunde beherbergen, dann müssen Sie diesen gründlich vorausplanen, wenn alles glatt laufen soll. Viele Hundepensionen gewähren einen Mehrhunde-Rabatt und wissen, welche Anforderungen die Unterbringung mehrerer Hunde mit sich bringt. Suchen Sie nach solchen Anbietern und finden Sie heraus, wo diese sind. Wenn Sie ein Juwel finden, nehmen Sie ruhig eine etwas weitere Anfahrt in Kauf. Je nachdem, wie viele Hunde Sie insgesamt haben, sollten Sie vielleicht in Erwägung ziehen, mehr als einen gemeinsam in eine Pension zu geben. Befreundete Hunde zusammen unterzubringen minimiert häufig ihren Stresslevel, vorausgesetzt, sie verursachen kein Chaos. Suchen Sie eine Hundepension aus, wo man mit den Hunderassen, die Sie haben, vertraut ist und sich mit ihnen wohlfühlt. Dies ist eine weitere Maßnahme, die Chaos minimiert.

Wenn Sie diese Hunde noch nie zuvor in einer Pension untergebracht haben, ist es eine sehr gute Idee, einen Probelauf zu machen. Bringen Sie alle zur Tagespflege dorthin, falls die Einrichtung diese Option anbietet. Dann bringen Sie alle für eine Übernachtung hin. Auf diese Weise werden sie dort schon Zeit verbracht haben und wissen, dass Sie sie wieder abholen. Dies ist eine Situation, in der all die bereits erwähnten beruhigenden Mittel eingesetzt werden können. Es ist eine gute Idee, den Hunden etwas mitzugeben, das nach Ihnen oder anderen Familienmitgliedern riecht, sowie ihre liebsten interaktiven Spielzeuge. Alles in allem gebe ich unbedingt Pensionen den Vorzug, in denen man mit den Hunden nach draußen geht, damit sie ihre

Geschäfte erledigen und spielen können im Gegensatz zu solchen mit kombiniertem Innen- und Außenauslauf. Meiner persönlichen Erfahrung nach verstehen viele Hunde einfach das Innen-/Außen-Konzept nicht, und manche werden ihre Notdurft sogar so lange anhalten wie sie können und dabei krank werden. Sie werden sich viel besser damit fühlen, Ihre Mannschaft in der Obhut anderer zurückzulassen, wenn Sie sich davon überzeugen konnten, dass ihre Routine so normal ist wie in einer Pension möglich. Besuchen Sie die Pension und sprechen Sie mit den Inhabern, und stellen Sie sicher, dass sie sich mit Ihren Hunderassen auskennen. Sie werden die dafür aufgewendete Zeit nicht bereuen.

Ermitteln Sie die besten Möglichkeiten für Ihre Mannschaft, wenn Sie auf Reisen sind und die Hunde zuhause lassen. Für manche Hunde funktioniert es am besten, sie in einer verantwortungsvoll geführten Pension unterzubringen. Andere fühlen sich viel wohler, wenn sie mit einem Hundesitter in ihrer gewohnten Umgebung bleiben können. Stellen Sie für beide Optionen sicher, dass Sie sich gründlich darüber informiert haben, wem Sie Ihre Mannschaft anvertrauen. Hinterlassen Sie ausführliche Anweisungen sowie Kontaktangaben für Sie und eine Vertrauensperson vor Ort.

Eine andere Möglichkeit ist es, einen Hundesitter zu engagieren, der bei Ihnen wohnt, wenn Sie weg sind. Wenn es in Ihrer Nähe diese Möglichkeit gibt, wird das viel leichter für Sie und Ihre Mannschaft sein, und in der Regel ist es auch einfacher, sich von unterwegs nach Ihren Hunden zu erkundigen! Auch hier wieder sollten Sie etwas Recherche betreiben, um sicherzustellen, dass Sie eine zuverlässige und sichere Wahl für Ihre Mannschaft treffen. Diese Option ist für Mehrhundehalter häufig ökonomischer. Und da die Hunde im eigenen Zuhause bleiben, kann ihr Tagesablauf beinahe normal bleiben. Wenn Sie einen zuverlässigen und erfahrenen Hundesitter bekommen, der sich an Ihre Anweisungen hält, ist die Wahrscheinlichkeit, dass dieses Arrangement Probleme macht, minimal.

Dies ist auch für den Fall eine gute Option, wenn Sie, wie ich, zögern, Ihre Hunde zu viel zu impfen. Hundesittern ist es egal, ob Ihre Hunde eine Bordatella-Impfung haben. Stellen Sie nur sicher, dass der Hundesitter, den Sie engagieren, auch tagsüber ausreichend lange bei Ihren Hunden ist. Als Minimum sollte er sich an den Zeitplan halten, den Ihre Hunde von Ihnen kennen, wenn Sie arbeiten gehen. Dies sollte im ausgehandelten Preis inbegriffen sein.

All Ihre Bemühungen, niemanden bei der Fütterung und beim Leckerchen-Verteilen zu bevorzugen, werden sich jetzt auszahlen! Nur wenige Leute denken beim Füttern oder Verteilen von Leckerchen daran, eine bestimmte Reihenfolge zu beachten. Ihre gezielte Arbeit daran, dass Ihren Hunden die Fütterungsreihenfolge egal ist, wird die Fütterung Ihrer Hunde auch für andere Personen kinderleicht machen.

Wenn Sie sich für einen Hundesitter statt für eine Hundepension entscheiden, denken Sie daran, sehr sorgfältig alle Anweisungen aufzuschreiben, die Ihr Hundesitter brauchen könnte. Mehrere Hunde zu haben bedeutet auch für den Hundesitter mehr Arbeit. Machen Sie es ihm daher leichter, indem Sie ihm alles schwarz auf weiß geben. Lassen Sie den Hundesitter zu Ihnen nach Hause kommen und Ihre Mannschaft treffen; wenn möglich, mehr als einmal, damit Sie sehen können, ob der Sitter und Ihre Hunde gut zusammenpassen. Zusätzlich zu seiner Zuverlässigkeit sollte Ihr Hundesitter nach Möglichkeit auch vertraut mit der Rasse (oder dem Rassemix) Ihrer Hunde sein. Wie bereits erwähnt: Unterschiedliche Hunderassen haben auch unterschiedliche Persönlichkeiten, und es kann hilfreich sein, wenn sich ein Hundesitter gut mit den Besonderheiten Ihrer Rasse(n) auskennt. Wenn Sie weit weg von zuhause sind, tun Sie, was Sie können, um Überraschungen vorzubeugen.

Kapitel 6

Mit den Hunden unterwegs

Auf Gruppenspaziergängen in der Senkrechten bleiben

Ich gehe davon aus, dass Sie all Ihren Hunden genügend Auslauf bieten, aber nicht den ganzen Tag damit zubringen wollen, mit ihnen spazieren zu gehen. Können Sie sie als Gruppe ausführen? An dieser Stelle möchte ich Ihnen sagen, dass Sie dies selbst als kleine Person mit großen Hunden langfristig schaffen können, wenn Sie wollen. Das entscheidende Wort hier ist „langfristig“. Es wird Zeit und Mühe kosten, bis Sie all Ihre Hunde gemeinsam ausführen können. Ich gehe mit mindestens drei Hunden gleichzeitig, und manchmal auch mit allen vieren. Ich sollte auch erwähnen, dass ich sie dabei anleine, da ich momentan in der Stadt lebe. Zum Zeitpunkt, an dem ich dies schreibe, habe ich vier große Hunde zwischen 23,5 und 41 kg, und ich gehe mehrmals die Woche mit allen gleichzeitig spazieren. Ich bin eine kleine Person mit einer Körpergröße von gerade einmal 1,52m.

Management-Hilfsmittel können einen Spaziergang mit mehreren Hunden erleichtern, aber sie sind kein Ersatz für wichtiges Training. Wenn Sie beim Spaziergang mit mehreren Hunden häufiger mit den Zähnen knirschen als zu lächeln, sollten Sie Ihren Fokus auf das Training richten und sich die Mehrhunde-Spaziergänge für später aufheben! Ist Ihr Zähneknirschen minimal, dann sehen Sie sich folgende Hilfsmittel näher an, um herauszufinden, ob sie Ihnen helfen können, bis Ihr Training abgeschlossen ist:

- Geschirre, bei denen die Leine vor der Brust eingehakt wird

- Martingale-Halsbänder (siehe Glossar)

Wie schon erwähnt, habe ich momentan einen Hund, der noch „in Arbeit" ist und an der Leine manchmal reaktiv sein kann. Ich kann also nicht lügen und behaupten, es ist auf diesen Spaziergängen immer alles eitel Sonnenschein. Aber wenn ich mich daran halte, was ich selbst empfehle, verläuft der Spaziergang gut und ohne Zähneknirschen meinerseits. Natürlich passe ich unsere Routine etwas an und benutze ein paar Hilfsmittel, wenn ich alle vier gemeinsam ausführe. Mein „noch in Arbeit befindlicher" Hund, Trent, trägt auf Gruppenspaziergängen ein Kopfhalfter*. Ich persönlich nutze das Premier Gentle Leader®-Kopfhalfter, weil ich es von allen Kopfhalftern, die ich ausprobiert habe, am leichtesten anzupassen finde. Ein Kopfhalfter ist sonst kein Hilfsmittel, das ich häufig verwende, aber es kann Ihnen in Situationen wie diesen bessere Kontrolle geben.

Kera, Merlin und Siri achten auf mich, Trent (vorn) ist einfach Trent.

* siehe Vorwort

Meine anderen drei Hunde tragen in jeder Situation einfach ihre normalen Alltags-Martingale-Halsbänder. Wenn ich mit Trent allein oder zusammen mit einem Pflegehund spazieren gehe, trägt er ein Geschirr, bei dem die Leine vorn eingehakt wird. Ich persönlich bevorzuge das Premier Gentle Leader® Easy Walk™ Geschirr. Ich habe festgestellt, dass dieses von den Geschirren dieses Typs den meisten Hunden am besten passt; besonders mittelgroßen bis großen Hunden mit breiter Brust, was auf Trent zutrifft. Wie bereits erwähnt, trägt Trent auf Gruppenspaziergängen ein Kopfhalfter, was mir bessere Kontrolle gibt. Wenn er mit den anderen Hunden zusammen ist, ist er einfach zu oft erregt und abgelenkt, so dass ich kein Risiko eingehen will.

Einer Hundegruppe beizubringen, an lockerer Leine zu gehen, so dass Ihr Spaziergang angenehm ist, ist meiner Meinung nach vielleicht die schwierigste Übung, mit der Sie konfrontiert werden. Natürlich werden sich einige von Ihnen an dieser Stelle fragen, was der ganze Wirbel soll. Möglicherweise benehmen sich Ihre Hunde auf Spaziergängen wunderbar. Ihnen sage ich: Großartig! Sie machen einen tollen Job. Sorgen Sie dafür, dass es so bleibt. Der restlichen Leserschaft aber schlage ich vor, anfangs sehr viel Zeit zu investieren, um Ihren Hunden sehr deutlich zu zeigen, dass es kein Stück vorwärts geht, wenn sie nicht daran denken, dass tatsächlich jemand die Leine hält: Sie! Auch dies werden Sie den Hunden zuerst einzeln beibringen müssen, dann erst in der Gruppe. Anfangs, und sogar später noch für eine gewisse Zeit, ist es sehr vernünftig, bei allen Hunden Hilfsmittel wie Kopfhalfter* und Geschirre, bei denen die Leine vorn eingehakt wird, einzusetzen.

Vielleicht haben Sie einen Hund, der auf Spaziergängen (und auch sonst) ständig um Sie herum ist, und dieser Hund zieht überhaupt nicht. Das ist wunderbar; benutzen Sie für diesen Hund einfach ein normales festes Halsband mit einer Schnalle oder ein Martingale-Halsband mit begrenztem Zug (ich bevorzuge diese aus Sicherheitsgründen). Dies ist für Ihre Hunde eine weitere Kostprobe des „Das-Leben-ist-nicht-fair-Konzepts“. Die anderen werden bezüglich der Ausrüstung weniger Beschränkungen an diesem folgsameren Hund sehen und sich fragen, was los ist. Vermenschlichung? Vielleicht, aber ich persönlich denke, nicht. Ich verbuche es unter „Lernen durch Zuschauen“.

* siehe Vorwort

Es ist keine leichte Aufgabe, einem einzelnen Hund das Gehen an lockerer Leine beizubringen. Noch schwieriger ist es, dies einer Mannschaft aus mehreren Hunden zu vermitteln. Für beides ist die erste Regel dieselbe. Der Schlüssel ist, keinerlei Vorwärtsbewegung zu ermöglichen, wenn eine Leine gespannt ist. Beständigkeit bei dieser Regel ist eine der wirksamsten Lektionen, die Sie Ihren Hunden vermitteln können.

Zusätzlich dazu, auf Spaziergängen äußerst konsequent keine Vorwärtsbewegung für Ziehen zu gewähren, ist es Ihr Job, verbal sehr positiv zu sein, wenn Sie den folgsamen Hund für gutes Benehmen, das die anderen Hunde nachahmen sollen, belohnen. Als ich anfangs meinen drei älteren Hunden beibrachte, an lockerer Leine zu gehen, verbrachte ich viele Stunden im Wald, wo ich einfach dastand und darauf wartete, dass sie anhielten und Kontakt zu mir aufnahmen, damit ich sie dafür belohnen konnte. Dies half ihnen, sich neu zu konzentrieren und sich zu erinnern, dass ich am anderen Ende der Leine auch noch da war.

Ich habe dies von der sehr klugen Suzanne Clothier und ihrem lebensverändernden Buch „Es würde Knochen vom Himmel regnen" gelernt. All die Zeit, die ich damit zugebracht habe, auf eine Gelegenheit zum Belohnen zu warten, hat sich sehr gelohnt. Heute ziehen meine Hunde fast nie an der Leine. Ja, es sind Hunde, und wenn sie einen Geruch in die Nase bekommen oder etwas sehen, das einfach zu verlockend ist, um es zu ignorieren, oder wenn ein Eichhörnchen sie direkt vor ihrer Nase neckt, ziehen sie kurz. In solchen Situationen gehe ich zurück zu dem, was funktioniert hat. Kein Rucken an der Leine! Leinenrucke sind nichts, das ich stillschweigend billige. Durch sie lernen die Hunde nicht nur, zurück zu rucken (Oppositionsreflex), sondern sie lernen auch, dass Sie auf Spaziergängen manchmal furchteinflößend sind und ihnen wehtun. Außerdem können sie es negativ mit allem assoziieren, das sie im Moment des Leinenrucks gerade wahrnehmen.

Bauen Sie zu jedem einzelnen Ihrer Hunde die bestmögliche Beziehung auf, und es wird leichter gelingen, ihnen das Spazierengehen in der

Gruppe beizubringen. Eine solide Beziehung wird den größten Beitrag dazu leisten, dass Ihre Hunde Sie als das Beste seit Leber in Scheiben betrachten; selbst auf einem Spaziergang mit sehr vielen Ablenkungen. Sie müssen Ihren Hunden beibringen, dass der Spaß immer bei Ihnen ist. Dies mag anfangs frustrierend sein; besonders wenn sie mit all den Ablenkungen der Welt da draußen konkurrieren, aber Sie werden den Zeitaufwand, um Ihre Hunde davon zu überzeugen, nicht bereuen.

Der Beziehungsaufbau beginnt schon, bevor Sie überhaupt aus der Tür treten, um zum Spaziergang aufzubrechen. An diesem Punkt können Sie es vielleicht nicht mehr hören, aber ich kann gar nicht genug betonen, wie wichtig dies ist. Die Verbindung, die Sie mit Ihren Hunden aufbauen, ist Ihr Schlüssel zur besteingespielten Mannschaft aus mehreren Hunden, drinnen wie draußen. Wie können Sie dies auf einem Spaziergang noch weiter festigen? Einfach: Jedes einzelne Mal, wenn einer Ihrer Hunde während des Spaziergangs in Ihre Richtung guckt, auch nur leicht, honorieren Sie es. Markieren Sie es verbal oder mit einem Clicker, und geben Sie so oft wie möglich ein Leckerchen (jedes Mal, wenn Sie einen Clicker benutzen!). Seien Sie der Cheerleader Ihrer Hunde; machen Sie eine große Party daraus. Ihre Hunde sollen sich freuen, Sie angesehen zu haben. Geben Sie ihnen, was sie wollen. Wenn sie vor Ihnen sind oder weggucken, bewegen Sie sich regelmäßig rückwärts und rufen Sie sie fröhlich zu sich heran. Zählen Sie fünfzehn Sekunden ab und machen Sie während dieser fünfzehn Sekunden eine spontane Hundeparty.

Jedes einzelne Mal, wenn Sie unterwegs die Aufmerksamkeit eines Ihrer Teammitglieder honorieren, ist das wie eine Einzahlung auf das Sparkonto der guten Dinge, die Ihr Hund mit Ihnen verbindet. Machen Sie es zu einer angenehmen und unvergesslichen Erfahrung, und Sie werden diese Aktivität vermehren. Dadurch wird es für alle ein glücklicherer Spaziergang. Wenn Sie auf Gruppenspaziergängen hochwertige Leckerchen mitführen, wird Ihnen dies helfen, viel schneller viel interessanter zu werden als all die Ablenkungen draußen als wenn Sie keine Leckerchen dabeihaben.

Sollten Sie auf Spaziergängen Leckerchen mitführen? Ich halte schon sehr viel davon, wenn es darum geht, einem einzelnen Hund beizubringen, auf Spaziergängen auf seinen Halter zu achten. Umso wichtiger es wird, wenn Sie mit mehreren Hunden spazieren gehen. Vielleicht fragen Sie sich, weshalb Sie auf Spaziergängen unbedingt Leckerchen dabeihaben sollen? Nun, betrachten Sie es einmal so: Gehen Sie zur Arbeit, ohne bezahlt zu werden? Die Spaziergänge werden Ihre größte Herausforderung bei der Mehrhunde-Haltung sein. Zu erwarten, dass dies einfach ohne Futterbelohnung gelingt, ist unrealistisch, besonders in der Anfangsphase.

Wenn Sie einzeln mit Ihren Hunden spazieren gehen wollen, obwohl Sie mehrere haben, dann ist die Chance, ohne Leckerchen auszukommen, deutlich größer. Aber wenn Sie die Hunde gemeinsam ausführen, bekommen Sie es mit einer Gruppen-Mentalität zu tun. Die Hunde haben mehr, das sie stimuliert, und Sie werden weniger beachtenswert; besonders, wenn etwas Aufregenderes passiert. Die Chance, auf einem Spaziergang ein besonderes Leckerchen für Folgsamkeit zu bekommen, ist für Ihre Hunde der größte Anreiz, Ihnen Aufmerksamkeit zu schenken. Aber die Leckerchen sollten als Belohnung, niemals als Bestechung verwendet werden. Worin der Unterschied besteht, lesen Sie im Kapitel *Nützliche Übungen für jeden Tag*. Vergessen Sie nicht, individuelles Einzeltraining zu machen, bevor Sie alle gemeinsam mitnehmen – außer natürlich, Sie blühen erst durch Chaos und Herausforderungen so richtig auf!

Hier ist meine Checkliste für einen Drei-Hunde-Spaziergang: Nehmen Sie den Leckerchenbeutel aus dem Kühlschrank und füllen Sie ihn mit hochwertigen Leckerchen. Befestigen Sie Kotbeutel am Schlüsselring des Leckerchenbeutels. Füllen Sie eine große Flasche mit Wasser und nehmen Sie den faltbaren Napf für das Ende des Spaziergangs mit. Nehmen Sie den Clicker am Band mit. Nehmen Sie die Autoschlüssel und die Leinen. Versprühen Sie „Chill Out" auf dem Weg aus der Tür, und los geht's. Für einen Vier-Hunde-Spaziergang kommt noch ein Gentle Leader®-Kopfhalfter* für Trent dazu, und manchmal gebe ich ihm die Bachblüte Elm, bevor wir aus dem Haus gehen. Zum Clicker, den ich mir am Band um den Hals hänge, gesellt sich noch eine Pfeife für den Freilauf nach dem Spaziergang (auch hier wieder ist Trent derjenige, für den das nötig werden könnte).

* siehe Vorwort

Auf einen Vier-Hunde-Spaziergang nehme ich außerdem noch eine 15-Meter-Leine mit, falls Trent an dem Tag ohne Leine nicht ausreichend gut hört.

Kein Hund wird angeleint, bevor er sitzt. Das ist meinen Hunden inzwischen zur zweiten Natur geworden, so dass sie das Sitz fast immer von sich aus anbieten. Glücklicherweise sind die Tage, an denen sie angesichts der Leinen alle wie die Idioten herumsprangen, weitestgehend vorbei. Ich sage weitestgehend, weil mein zehn Jahre alter Merlin sich neuerdings täglich wenigstens kurzzeitig aufführt, als wäre es der einzige Tag im Jahr, in dem er überhaupt irgendwo hin kommt!

Ihrer Mannschaft dies beizubringen ist nicht schwer. Man braucht tatsächlich nur eine gute Übungseinheit, um jedem Hund einzeln dieses Verhalten beizubringen, und dann auch als Gruppe. Ich bringe das sogar den Pflegehunden bei, mit denen ich spazieren gehe, und ich gehe mit fast allen spazieren. Seien Sie geduldig und versuchen Sie das nicht, wenn Sie in Eile sind; besonders, wenn es Ihr erster Versuch ist, es in der Gruppe zu tun. Jeder Hund sollte das Sitzen gut beherrschen, bevor Sie dies versuchen. Strecken Sie Ihre Hand mit der Leine nach dem Hund aus, und jedes Mal, wenn er aufsteht, geht die Leine wieder zurück zu Ihnen. Das Anleinen ist die Belohnung. Es ist dieselbe Theorie wie ein „Warte" an der Tür. Und natürlich ist jeder Schritt zum Auto oder nach draußen auf den Bürgersteig eine Möglichkeit für Sie, dieses Verhalten zu bestärken. Sitzen für jeden Schritt. Tun Sie dies und Sie haben eine gute Basis für Gruppenspaziergänge!

Jedes Mal, wenn ich die Hunde in unserem Spaziergehgebiet aus dem Auto aussteigen lasse, ist Trent immer der letzte, und er muss für jedes Privileg ein „Platz" anbieten, das Aussteigen aus dem SUV und das Ableinen inbegriffen, wenn wir so weit kommen. Ich belohne ihn für jeden Moment, den er ruhig geht und für jedes Mal, wenn er sich in meine Richtung dreht, verbal. Wenn er auf einem Gruppenspaziergang besonders folgsam ist, bekommt er ein Leckerchen (das gilt für alle). Wenn er auf dem Spaziergang noch ein „Platz" anbietet, umso besser. Die anderen drei bekommen jede Menge verbale Belohnungen und hin und wieder Leckerchen für kurzes „Einchecken" bei mir. Wenn ein Eichhörnchen oder ein Reh sie ablenken, bekommt derjenige, der mich zuerst anschaut, die besten Leckerchen. Alle Hunde werden aber für Folgsamkeit belohnt.

Was eine große Ablenkung darstellt, wird sich von Hund zu Hund unterscheiden. Sie werden es entweder schon wissen oder bald herausfinden, worauf jedes Mitglied Ihrer Mannschaft draußen anspringt und in welchem Abstand Sie sich von der Ablenkung befinden können, bis einer Ihrer Hunde reagiert. Diese Informationen sind wichtig, damit Sie Ihren Mehrhundespaziergang sicherer und zu einer angenehmeren Erfahrung für alle Beteiligten machen können.

Merlin schaut Eichhörnchen und andere Wildtiere nur noch kurz an, weil er viel interessierter am Futter ist! Wenn meiner „Eichhörnchen- und Hirsch-Kreischerin" Siri das „Schau" schwerer fällt als normal, helfe ich ihr durch ein paar „Touch"-Signale dabei, sich wieder zu konzentrieren, denn das mag sie am liebsten. Wird ein Hund, wenn es um Leckerchen geht, unhöflich (normalerweise Siri) und stupst mich an oder sucht schnüffelnd nach dem Leckerchenbeutel, bekommt sie ihr Leckerchen erst, nachdem alle anderen ihre bekommen haben, und sie muss mehr dafür arbeiten, wieder mit mehr Signalen. Ich belohne niemals zu große Gier nach Leckerchen. Ich möchte, dass das Leckerchen eine Belohnung ist, keine Bestechung.

Den Clicker setze ich auf Spaziergängen ein, um in Situationen mit hoher Ablenkung Verhalten zu markieren, von dem ich mehr haben will. Er ist besonders hilfreich für alles, was Ihre Hunde allzu faszinierend finden könnten. Wir spielen das „Guck-mal-da-Spiel". Mehr darüber, wie man mithilfe des Clickers positive Verknüpfungen mit sehr erregenden Ablenkungen fördern kann, finden Sie in Leslie McDevitts Buch „Stressfrei über alle Hürden" (siehe Literaturverzeichnis). Ich achte sehr darauf, meinen Clicker nicht zu häufig für Signale zu verwenden, die die Hunde schon sehr gut kennen. Ich will, dass er ein wichtiger Marker bleibt, so dass sie besser aufpassen. Er ist auf Mehrhundespaziergängen sehr nützlich, wenn ein „Yes" als Marker nicht recht zu den Hunden durchdringen würde. Das Click-Geräusch setzt sich gegen alles durch.

Ich habe meinen Hunden einige Signale beigebracht, die auf Spaziergängen praktisch sind, so wie „Gee“ und „Haw“. Dies sind Signale der Schlittenhundeführer, und sie bedeuten „Geh links“ und „Geh rechts“ (von mir, dem Hundeführer). Ich habe ihnen „Front“ beigebracht für „Geh vor mir“, weil ich es nicht mag, wenn die Leine hinten gegen meine Beine klatscht. Ich habe ihnen beigebracht, ihre Beine selbst aus der Leine zu befreien, wenn sie sich darin verheddert haben, sowohl auf Signal als auch selbständig, bevor ich sie auffordern muss. Mein Signal heißt „Fix“. Sie heben ihre Beine an und gehen der Leine aus dem Weg.

Siri (2. v. r.) demonstriert ein „Fix“, während die anderen dahinschlendern.

Natürlich kennen sie „Drüber“, „Rauf“, „Runter“, „Komm“ und alle Grundsignale wie „Sitz“, die man draußen braucht. Ich benutze „Guck mal da“ ziemlich häufig oder clicke und füttere sogar einfach dafür, dass sie unaufgefordert ruhig bestimmte „Dinge“ angucken wie Fahrräder, Jogger, Menschen mit auffälligem Gang oder andere Hunde.

Diese Übung („Guck mal da") war meiner Erfahrung nach die schnellste Kur für viele Formen von Reaktivität mit und ohne Leine. Wenn Sie „Stressfrei über alle Hürden" noch nicht gelesen haben, empfehle ich es sehr. Es wird auf vielerlei Weise beim Training von Hunden helfen, die in irgendeiner Form reaktiv sind, aber ich finde, es hilft besonders in einem Mehrhundehaushalt. Ein weiteres wundervolles Buch mit dem Schwerpunkt auf vielschichtiger, angstbasierter Reaktivität bei Hunden ist „Scaredy Dog!" von Ali Brown. Dieses Buch ist von unschätzbarem Wert, wenn man mit reaktiven Hunden arbeitet. Falls das für Ihre Mannschaft von Belang ist, finden Sie diese und andere Buchempfehlungen im Literaturverzeichnis dieses Buches.

Eines der interessanteren Dinge, die ich mit meinen Hunden als Gruppe tue, passiert, wenn wir auf dem Weg zu unserem Lieblingspark sind. Meine Weiße Schäferhundmixhündin, Kera, liebt es, aus dem Auto heraus alles mögliche anzubellen; besonders andere Hunde. Es ist ihr einziges Laster. Jedes Mal, wenn wir an einem Hund vorbeifahren und sie bellt, belohne ich die anderen beiden Hunde und verwende für Kera einen „No Reward Marker". Das ist ein Satz, der im Grunde so viel bedeutet wie „Du hast es vermasselt!". Mein „No Reward Marker" ist ein „Too bad!" („Schade!"), in einem fröhlichen Tonfall gesprochen. Beim nächsten Hund, an dem wir vorbeifahren, bleibt sie leise, und alle bekommen ein „Yay!" und ein Leckerchen. Ich tue das auch, wenn ich alle vier Hunde dabei habe, aber Trent bellt im Auto noch mehr, so dass Kera mit ihrem Bell-Status auf den zweiten Rang absteigt. Dann sind wir alle nur sehr glücklich, wenn Trent nicht bellt. Wir haben dafür eine große Party! Ein Produkt, das bei manchen Formen von Reaktivität im Auto sehr hilfreich sein kann, ist ein „Calming Cap™".

Ein großes Repertoire an Signalen, die Ihre Hunde gut kennen, wird Ihnen in jeder Situation helfen, aber „die große weite Welt" wird Ihre größte Herausforderung sein. Wenn sie so gut geübt wurden, dass sie überall zuverlässig funktionieren, werden diese Signale draußen von unschätzbarem Wert sein.

Eine Entspannungsübung, die ich sehr hilfreich finde, ist Dr. Karen Overalls „Relaxation Protocol" (im deutschsprachigen Raum bekannt als „Konditionierte Entspannung" - Anm. d. Übers.). Vereinfacht gesagt verschafft diese Übung Ihren Hunden eine Art Standard-Entspannungs-Verhalten, das ihnen hilft, wieder ruhig zu werden, wenn sie außer Kontrolle geraten sind. Es kann Ihnen helfen, Ruhe aus dem Chaos zu schaffen. Ich habe es bei Trent draußen an Orten angewandt, an die wir auf Spaziergängen gehen, wenn niemand in der Nähe ist. Obwohl der Plan vorsieht, im Haus zu beginnen und sich von dort aus vorzuarbeiten, ist Trent im Haus völlig entspannt. So haben wir draußen begonnen. Wir sind schon zum Auto aufgestiegen, da dies der Ort ist, an dem er normalerweise explodiert. Zusammen mit dem „Guck-mal-da"- und einem „Geh-weg-"Signal hat die Konditionierte Entspannung seine Leinenreaktivität drastisch reduziert. Es ist eine gute Idee, ein großes Repertoire an Signalen und Aktionen zu haben, die Sie einsetzen können, wenn Sie einen Hund haben, der auf irgendeine Art reaktiv ist. Dies gilt besonders, wenn Sie planen, mit Ihrer ganzen Mannschaft zusammen spazieren zu gehen!

Die Konditionierte Entspannung ist eines der besten Hilfsmittel, das Sie anwenden können, um einem Mitglied Ihrer Mannschaft zu helfen, sich in jeder Situation entspannen zu lernen. Wo Sie dieses Juwel im Internet finden, steht im Literaturverzeichnis.

Solange Sie Ihre Hunde noch trainieren, sicher und ruhig gemeinsam spazieren zu gehen, halten Sie sich besser an weniger belebte Gebiete und/oder Zeiten. Sie können allmählich darauf hinarbeiten, auch an betriebsamen Orten und zu belebteren Zeiten spazieren zu gehen, aber je häufiger Sie Ihre Hunde auf einem Gruppenspaziergang irgendein schlechtes Verhalten ausführen lassen, desto mehr wird ihnen dieses in Fleisch und Blut übergehen und desto schwieriger wird es, das Verhalten später noch zu ändern.

Wie bei jeder Gruppenübung müssen Sie auch hier zuerst jedem einzelnen Hund das jeweilige Verhalten beibringen, bevor Sie sie zusammentun. Gruppenspaziergänge sind vielleicht die Gruppenaktivität, bei der dies am wichtigsten ist. Als ich begann, mit mehr als einem Hund gleichzeitig spazieren zu gehen, (tatsächlich waren es sogar mehr als zwei), habe ich dafür gesorgt, dass zuerst alle einzeln mit mir gut an lockerer Leine gingen. Aber diese Tatsache allein war noch keine Garantie dafür, dass sie auch an lockerer Leine gingen, wenn wir alle zusammen unterwegs waren.

Lilian auf dem Spaziergang mit Titan, JJ und Phoenix. Titan trägt einen Gentle Leader® zur Unterstützung des Managements, und Phoenix trägt sein eigenes Management-Hilfsmittel (einen Ball) im Fang.

Anfangs verwendete ich Hilfsmittel, z. B. Kopfhalfter*. Ich habe auch jedes zu der Zeit auf dem Markt befindliche Anti-Leinezieh-Geschirr ausprobiert und kann ehrlich sagen, dass keines davon funktioniert hat, bis die Geschirre herauskamen, bei denen die Leine vorn eingehakt wird. Als ich diese entdeckt hatte, verwendete ich sie anfangs für all meine Hunde, stellte aber schnell fest, dass zwei meiner Hunde wunderbar mit ihren einfachen Martingale-Halsbändern zurechtkamen,

* siehe Vorwort

und Siri brauchte nur so lange ein Hilfsmittel, bis sie gelernt hatte, sich besser zu konzentrieren. Inzwischen ist sie längst „befördert worden" zum Tragen ihres einfachen Martingale-Halsbands. Merlin trug anfangs ein Kopfhalfter*, aber manche Hunde kümmern sich einfach nicht darum, wenn etwas ihr Gesicht einengt, und drehen und winden sich trotzdem. Solche Hunde sind keine guten Kandidaten für dieses Hilfsmittel. Bei ihm habe ich einfach sehr darauf geachtet, mich konsequent nicht vorwärts zu bewegen, solange die Leine gespannt war. Er war meine größte Herausforderung beim Gehen an lockerer Leine. Es gab viele Tage auf unseren Lieblings-Waldwegen, an denen ich für mindestens gut fünf Minuten am Stück stillstand und darauf wartete, dass Merlin sich erinnerte, dass ich auch noch da war. Diese Zeit war gut investiert. Kera trug kurzfristig ein Kopfhalfter, aber es wurde sehr schnell klar, dass sie ein beinahe vollkommener Engel ist (außer im Auto!), der auf Spaziergängen selten irgendetwas Unangemessenes tut.

Mit verschiedenen Hilfsmitteln für Gruppenspaziergänge zu experimentieren wird helfen, den Prozess leichter ins Rollen zu bringen. Aber lassen Sie mich etwas sehr Wichtiges über Hilfsmittel sagen: Ich befürworte keinerlei Hilfsmittel, weder für Management noch im Training, die Schmerzen verursachen oder die speziell entworfen wurden, Schmerzen zu verursachen, wenn der Hund nicht tut, was er soll. Einige Hilfsmittel, die in diese Kategorie fallen sind Kettenwürger, Stachelhalsbänder oder Schockhalsbänder aller Art. Verwenden Sie diese Hilfsmittel nicht. Ihr Hund verdient Besseres. Es ist viel besser, die nötige Zeit zu investieren und Ihren Hunden das gewünschte Verhalten beizubringen, als sich auf aus Bequemlichkeit auf Hilfsmittel zu verlassen, die schlechtes Verhalten durch Schmerzen unterdrücken. Auf Strafe beruhende Hilfsmittel können oftmals schlimmeres Verhalten verursachen als das, das Sie ursprünglich damit ändern wollten.

Kettenwürger können Schäden an der Luftröhre verursachen, und die meisten Hunde werden immer noch ziehen, wenn sie sie tragen. Kettenwürger (häufig auch als Trainingshalsbänder oder Gliederhalsbänder bezeichnet) haben keinerlei Nutzen, wenn es Ihnen darum geht, nicht umgerissen zu werden. Das Stachelhalsband kann viel oder wenig Schmerzen verursachen, abhängig davon, wie es gebraucht wird. Dies kann dafür sorgen, dass der Hund den gefühlten Schmerz mit dem verknüpft, was er gerade im Moment des Schmerzes sieht. Wenn Sie dazu noch den möglichen Vertrauensverlust zwischen Ihnen und

* siehe Vorwort

Ihrem Hund hinzuaddieren, haben Sie mehr verloren als Sie gewonnen haben. Und viele Hunde ziehen mit Stachelhalsband immer noch; sie lernen, so daran zu ziehen, dass der Schmerz möglichst gering ist. Also bekommen Sie nicht das gewünschte Ergebnis.

Die schnellste Art, das Vertrauen zwischen Ihnen und allen Mitgliedern Ihrer Mannschaft aufs Spiel zu setzen, ist der Einsatz von Hilfsmitteln, die Schmerzen verursachen. Sie werden dann als unberechenbar betrachtet werden. Ihre Hunde werden nicht verstehen, warum sie dem Schmerz ausgesetzt werden, den Kettenwürger, Stachelhalsbänder oder Schockhalsbänder verursachen können. Sehr häufig werden sie diesen Schmerz mit etwas anderem verknüpfen als mit dem, was Sie ihnen beibringen wollten. Wenn Sie einmal einen Schritt in die Welt der strafenden Hilfsmittel riskieren, kann es oft sogar noch schwieriger werden, das Verhalten zu bessern, das Sie korrigieren wollten. Es ist insgesamt sehr viel sicherer (ganz zu schweigen von einfacher), sich schlicht auf wissenschaftlich fundierte und hundefreundliche positive Verhaltensänderung zu konzentrieren.

Woher ich das weiß? Ich bin das, was man in Trainerkreisen als Crossover-Trainer bezeichnet. Ich habe früher Kettenwürger und Stachelhalsbänder benutzt, und ich werde nie vergessen können, dass ich meine Hunde so etwas ausgesetzt habe. Ich werde auch niemals den Schrei vergessen, den Siri machte, als das Stachelhalsband ihr Schmerzen zufügte. Das war das letzte Mal, das ich dieses Hilfsmittel benutzt habe. Heute hält es mein hinteres Gartentor geschlossen, wenn das Holz aufgequollen ist. Und über Schockhalsbänder kann ich überhaupt nichts Gutes sagen. Dieses Buch wäre viel länger, wenn ich anfinge, meine Gedanken dazu aufzuschreiben, aber stattdessen möchte ich Ihnen empfehlen, die Website „Truly Dog Friendly" zu besuchen und die Fülle an Informationen zu lesen, die es dort gibt. (www.trulydogfriendly.com)

Hier sehen Sie, wie andere Leute Spaziergänge mit mehreren Hunden handhaben:

Gruppenspaziergänge im wirklichen Leben

Joyce *hatte schon bis zu vier Hunde gleichzeitig; zurzeit hat sie drei. Als sie vier hatte, wurden die beiden mit dem besten Benehmen an ihrem selbstgemachten Leinengurt angeleint (ein stabiler Gürtel, durch den die Leinen gezogen wurden). Die Leinen der anderen beiden hielt sie in der Hand. Jetzt, wo sie drei Hunde hat, führt sie Jessie an ihrem Leinengurt und hält Kendras und Baxters Leinen immer noch in der Hand. Sie sorgt dafür, dass alle sehr zuverlässig auf „Warte", „Los geht's", „Komm", „Hier lang" und „Liegenlassen" reagieren, bevor sie sie auf einen Gruppenspaziergang mitnimmt.*

Chris *hat eine neugeborene Tochter und schafft es, drei Hunde am Kinderwagen mitzunehmen. Chris hatte auch schon mehr als drei Hunde gleichzeitig, und so sind nur drei ein Kinderspiel für sie! Sie benutzt eine Koppel, um alle Leinen zu verbinden, und los geht's.*

Jen *geht momentan in der Regel nur mit zweien ihrer vier Hunde auf einmal spazieren, da einer ein Junghund ist und nicht so ruhig wie er einmal sein wird, und einer ist neu bei ihr und braucht noch mehr Training. So teilen sie und Jeff sich die Spaziergeh-Pflichten; Jeff nimmt Takoda und Jasmine, und Jen nimmt Oskar und Ruby.*

Cheri *geht manchmal mit allen ihrer derzeit drei Hunde zusammen spazieren, aber nach ihrer eigenen Aussage könnten sie mehr Training gebrauchen, da die Rüden dazu neigen, einander zu zwicken, wozu Jungen vieler Spezies neigen. Ihre Hündin Delanie geht jedoch wie eine perfekte Dame – es sei denn, natürlich, es ist ein fremder Hund oder eine fremde Katze in der Nähe. Dann vergisst sie ihre guten Manieren. Cheri gibt zu, dass ihre Hunde sie manchmal hinter sich her gezogen haben.*

Lilian *geht mit all ihren drei großen Hunden zusammen spazieren. Wenn sie einen langen Spaziergang macht, trägt sie einen Leinengurt, an dem alle Hunde jeweils an einer viereinhalb Meter langen Leine befestigt sind. Auf Spaziergängen in der Nachbarschaft trägt Titan ein Kopfhalfter, und die übrigen Hunde werden an ihren Martingale-Halsbändern geführt. Sie versucht, Titan links, Phoenix in der Mitte und JJ auf der Seite zu halten. JJ liebt es, die Seiten zu wechseln und hinter ihr zu gehen. Sie gesteht, dass ihre*

Spaziergänge glatter verlaufen würden, wenn er lernen würde, vor ihr zu bleiben!

***Susan** führt manchmal zwei ihrer Hunde gleichzeitig aus, aber typischerweise geht sie eher einzeln mit ihnen spazieren, um mehr Zeit mit jedem einzeln zu verbringen.*

Bewegung und der Mehrhundehaushalt

Manches hiervon habe ich schon in einem früheren Kapitel erwähnt, aber ich kann es nicht oft genug wiederholen. Sie waren hoffentlich schon überzeugt davon, Ihren Hund täglich auszuführen, bevor Sie sich in die Welt der Mehrhundehaltung gewagt haben. Sie täten gut daran, diese Praxis auch jetzt, da Sie Ihre Mannschaft vergrößert haben, fortzuführen. Wenn Sie Ihre Hunde bislang nicht täglich ausgeführt haben, empfehle ich Ihnen, dies sehr ernsthaft in Erwägung zu ziehen. Einen eingezäunten Garten zu haben bedeutet nicht, dass Sie Ihre Hunde nicht ausführen müssen. Einfach im Garten zu spielen, selbst mit Spielgefährten, Mensch wie Hund, ist für die meisten Hunde nicht

Die Bates-Mannschaft beim Training ihrer Muskeln und Herzen

ausreichend, besonders nicht in einem Mehrhundehaushalt. Der Nutzen einer angemessenen Menge an Bewegung kann nicht überbewertet werden. Sie ist eine weitere Grundlage, um ein starkes Fundament für Ihre Mannschaft aufzubauen.

Bewegung und Ernährung gehen direkt miteinander einher, wenn es darum geht, ein ruhigeres Grundverhalten zu schaffen, so dass Sie zunächst einmal weniger Probleme haben. Trotzdem müssen Sie nicht den ganzen Tag damit zubringen, Ihre Hunde zu bewegen. Selbst die fittesten Leute auf der Welt tun das nicht. Legen Sie also Ihre Messlatte nicht so hoch. Streben Sie dreißig bis sechzig Minuten an den meisten Wochentagen ein; wenn möglich, länger, und für die besten Ergebnisse täglich. Schlechtes Wetter sollte Sie nicht davon abhalten. Und wenn Sie die Möglichkeit haben, machen Sie am Wochenende längere Spaziergänge. Ihre Hunde und Ihre eigene Gesundheit werden davon profitieren. Wenn nötig, können Sie wochentags Ihre Spaziergänge in zwei kürzere Einheiten teilen, oder wenn Sie normale Arbeitszeiten haben, können Sie einen längeren Spaziergang machen, wenn Sie von der Arbeit nach Hause kommen.

Alle Hunde profitieren von Bewegung. Selbst ältere Hunde brauchen regelmäßige Bewegung, die die Lungen füllt. Zur Zeit wo ich dies schreibe, habe ich zwei Hunde, die elf Jahre alt geworden sind. Sie gehen genauso lange spazieren wie der Acht- und der Fünfjährige. Der einzige Unterschied zwischen ihren körperlichen Trainingsprogrammen ist, dass der Jüngste mehr herumrennt, wenn er abgeleint ist, aber bei kälterem Wetter rennen alle ziemlich viel herum! Bewegung als solches ist nur einer der Gründe, mit Ihren Hunden außerhalb Ihres Gartens spazieren zu gehen oder sogar zu laufen.

Vergessen Sie nicht die Gerüche! Die Hunde müssen ihre „Pipi-Nachrichten" checken. Das Aufnehmen der Gerüche außerhalb des eigenen Areals kann den Kopf eines Hundes viel länger beschäftigen als einfach nur die Länge des Spaziergangs. Diese Anregung aus der Umgebung, die die Hunde brauchen, um eine ruhige und friedliche Mannschaft zu sein, trägt sehr dazu bei, Langeweile zu verringern. Denken Sie daran, wie Sie selbst sich fühlen, wenn Sie außerhalb Ihrer täglichen Routine irgendwo hin gehen. Zufrieden, ein bisschen müder, je nachdem, wo Sie waren, normalerweise hoffentlich glücklicher! Dies ist es, was Sie für Ihre Mannschaft tun werden. Natürlich heißt das nicht, dass Sie nicht mit Ihren Hunden spielen müssen, wenn Sie mit ihnen spazieren gehen. Hören Sie nicht mit dem Spielen auf; Spielen ist gut! Aber Spaziergänge sind wichtig. Spaziergänge sind das Fleisch, Spielen ist der Nachtisch.

Regelmäßige Bewegung wird dafür sorgen, dass Ihr Mehrhundehaushalt viel reibungsloser läuft. Regelmäßiges interaktives Spiel ist gleichermaßen wichtig. Beides stimuliert Kopf und Körper Ihrer Hunde. Bewegung, die außerhalb des Zuhauses stattfindet, ist sehr wichtig. Abwechslung ist die Würze des Lebens. Regelmäßig einer Vielzahl von Anblicken und Gerüchen ausgesetzt zu werden, hilft, den Kopf Ihres Hundes anzuregen. Dadurch wird ein Hund ruhiger und zufriedener. Bei schlechtem Wetter ist es genauso wichtig wie bei gutem.

Achten Sie auf jeden Ihrer Hunde. Haben Sie einen Hund mit gesundheitlichen Problemen, für den längere Spaziergänge schmerzhaft oder schwierig werden, dann nehmen Sie diesen Hund nur auf kurze Spaziergänge mit. Wenn für einen speziellen Hund jeder Spaziergang, lang wie kurz, ein Problem ist, dann finden Sie eine Möglichkeit, ihn aus seiner heimischen Umgebung herauszunehmen. Ein Tapetenwechsel wird ihm emotional guttun. Tun Sie Ihr Bestes, um all Ihren Hunden regelmäßige Bewegung im Freien zu verschaffen. Wenn Sie es sind, der mit dem Gehen Schwierigkeiten hat, dann bitten Sie einen bereitwilligen Freund oder Nachbarn, oder engagieren Sie für einige Tage in der Woche einen Hunde-Spaziergänger, wenn das finanziell möglich ist. Falls nicht, geben Sie nicht auf. Überlegen Sie, wie Sie möglicherweise andere Dienstleistungen eintauschen können; besonders, wenn Ihre Hunde sehr freundlich sind und ein Kind aus der Nachbarschaft sich sehr für Tiere interessiert.

Ich gehe mit meinen eigenen Hunden bei jedem Wetter spazieren, außer bei starkem Wolkenbruch. Bei normalem Regen gehen wir spazieren, obwohl wir uns natürlich schon sehr bemühen, die Zeiten, in denen der Regen am schwächsten ist, abzupassen, soweit es von meinem Zeitplan her möglich ist. Wir gehen im Schnee, und wir finden, Schneestürme machen riesigen Spaß. Wenn Sie kurzhaarige Hunde haben, besorgen Sie Mäntel und evtl. Pfotenschuhe, je nachdem, wie viel Salz auf Ihren Straßen liegt. An Tagen mit sintflutartigem Regen, wenn wir wirklich gar nicht spazieren gehen können (was wirklich selten ist), gehe ich mit allen Hunden auf meinen ausgebauten Dachboden, der groß genug ist, dass alle herumrennen und toben können. Ich renne mit ihnen herum und lasse sie miteinander ringen und spielen; ungefähr eine Stunde lang, bis sie alle hecheln und zufrieden sind. Sie spielen manchmal sogar dort oben, obwohl wir spazieren gehen. Dafür, dass wir in der Stadt wohnen, habe ich einen ziemlich großen eingezäunten Garten. Sie sehen also, meine Hunde bekommen ziemlich viel Bewegung, und sie würden auch zu noch mehr nicht nein sagen. Wenn Sie nach einem Fitnessprogramm suchen, um sich selbst in Form zu bringen, hören Sie auf zu suchen. Mehrhundehaltung ist genau das Richtige!

Die Mannschaft transportieren

Während einige von Ihnen vielleicht einfach zur Haustür hinaus und die Straße hinuntergehen müssen, um mit Ihren Hunden das Spaziergeh-Gelände zu erreichen, werden viele andere, wie ich, ihre Mannschaft zum Spazierengehen in den Park oder an andere Orte fahren müssen. Hoffentlich nehmen Sie sie im Auto auch zu anderen spaßigen Orten mit, so dass sie gut sozialisiert sind und Anregungen aus der Umwelt bekommen. Wie also geht diese Autofahrt mit mehreren Hunden? Die meisten Leute, die mehrere Hunde haben, haben größere Fahrzeuge. Ich auf jeden Fall! Auch wenn das nicht die „grünste" oder preisgünstigste Option ist, ist es sicherlich die praktischste, wenn Sie eine große Mannschaft haben; besonders, wenn zu Ihrem Haushalt auch mehrere Personen gehören.

Sollen die Hunde in Transportboxen oder nicht? Es gibt für beides Pro und Contra. Ich persönlich benutze unterwegs keine Boxen, aber das bedeutet nicht, dass Sie das nicht tun sollten. Es hängt ganz von Ihrer Situation ab. Meine eigenen Hunde kommen auf Reisen gut miteinander aus. Niemand giftet einen anderen an, und dadurch kann ich sie größtenteils frei in meinem Auto mitfahren lassen. Wirklich frei sind

Schränken Sie besonders auf längeren Fahrten die Hunde bei Bedarf mit Sicherheitszubehör in ihrer Bewegungsfreiheit ein. Für Hunde, die im Auto abenteuerlustiger sind, sollte dies immer gelten.

sie allerdings nur auf kurzen Strecken. Und ehrlicherweise sollte ich meine Hunde auf allen Fahrten, die über unsere 800 Meter zum Park hinausgehen, anschnallen. Sie können die Fahrweise Anderer nicht beeinflussen, und was ist, wenn Ihnen jemand ins Auto fährt und eine Tür geöffnet wird? Ihre Hunde könnten in den Straßenverkehr geraten und schwer verletzt werden. Sie könnten auch durch den Innenraum Ihres Fahrzeugs geschleudert werden und sich dabei nicht nur selbst verletzen, sondern auch eine Gefahr für die menschlichen Fahrzeuginsassen darstellen. Ich sehe viele Menschen mit kleinen Hunden auf dem Schoß Auto fahren. Das ist so eine schlechte Idee für alle, sowohl im Fahrzeug als auch außerhalb. Bitte reisen Sie mit Ihren Hunden verantwortungsvoll.*

Für die Sicherheit Ihrer Hunde (und Menschen) haben Sie zwei Haupt-Optionen. Sicherheitsgurte für Hunde sind eine sehr gute Möglichkeit, einen Hund sicher zu transportieren, und es gibt viele auf dem Markt. Mein persönlicher Favorit ist der Ruff Rider Roadie. Meine Hunde tragen auf längeren Fahrten Sicherheitsgurte. Ich rate Ihnen dringend davon ab, Ihre Hunde am Hals irgendwo im Auto festzubinden. Sicherheitsgurte basieren normalerweise auf Brustgeschirren (oder sollten das jedenfalls), und so wird bei einem Unfall nicht der Hundehals verletzt. Es ist immer praktisch, Karabiner im Auto zu haben, besonders, wenn Sie einen SUV haben. SUVs haben meist mehrere Schlaufen oder Riemen im Innenraum, an denen man Karabiner und Leinen befestigen kann.

Die andere Möglichkeit ist die Unterbringung in Transportboxen. Eine Transportbox bietet Ihrem Hund bei einem Unfall mehr Sicherheit.

---

* Bitte beachten Sie auch die in Ihrem Land geltenden Vorschriften zum Transport von Hunden in Kraftfahrzeugen.

Merlin, Siri, Kera und Trent nach einem Spaziergang. So transportiere ich meine Mannschaft auf sehr kurzen Strecken, wie z. B. zum 800 m entfernten Park. Auf längeren Strecken ist mehr als das nötig, um die Sicherheit zu gewährleisten.

Falls Ihre Hunde Probleme mit Nähe haben und daher nicht gut gemeinsam fahren, ist eine Box auf jeden Fall eine gute Option. Viele SUVs und Lieferwagen haben Platz für mehrere Boxen, besonders, wenn Sie kleinere Hunde haben. Es ist sicherlich auch zulässig, einen oder zwei Hunde in der Box unterzubringen und die anderen Hunde entweder frei (auf kurzen Strecken) oder angeschnallt mitfahren zu lassen. Dies ist wieder ein Fall von „Das Leben ist nicht fair". Wenn der Hund, der Probleme mit Nähe hat, in die Box kommt, bekommt er dadurch eine Botschaft. Wenn Sie es wünschen, können Sie diesem Hund nach und nach beibringen, stattdessen angeschnallt mitzufahren. Aber wenn auch nur das kleinste Risiko besteht, dass Ihre Hunde während der Fahrt eine Rauferei anfangen, ist es unbedingt erforderlich, dass Sie eine Möglichkeit finden, Ihre Mannschaft sicher zu transportieren. Fahren ist schon schwer genug, ohne sich gleichzeitig um kämpfende Hunde kümmern zu müssen!

Kapitel 7

Gruppenchoreografie

Gruppentraining

Innerhalb Ihrer Gruppe gibt es vielleicht einen oder zwei Hunde, die auf bestimmte Aufforderungen von Ihnen besser reagieren als die anderen. In mancherlei Hinsicht wird das immer der Fall sein. Genau wie Menschen haben alle Hunde einzigartige Persönlichkeiten und Eigenarten; und so werden manche ein wenig pfiffiger oder folgsamer sein als andere. Aber die Unterschiede in der Folgsamkeit werden durch Training Ihrer Mannschaft kleiner werden. Wie Sie dies erreichen können? Nun, das ist einfach: Zuerst trainieren Sie jeden Hund einzeln, und dann fügen Sie zunächst einen Hund hinzu, dann noch einen und so weiter, und schließlich trainieren Sie alle als Gruppe. Sie werden die Hunde für das Einzeltraining trennen müssen, aber wenn möglich, lassen Sie sie einander beim Training zuschauen. Meine Hunde sehen einander beim Training zu, wenn wir zuhause trainieren. Zu anderen Zeiten nehme ich einen einzelnen Hund mit zur Hundeschule oder auf eine Veranstaltung, um mit ihm allein Zeit zu verbringen. Jeder wird trainiert; manche Hunde bekommen mehr Training als andere, je nachdem, was Schwierigkeiten macht.

Drei meiner vier Hunde sind vollständig trainiert, sich in den meisten Situationen angemessen zu benehmen, und einer ist noch in Arbeit, was einige Situationen draußen betrifft. Dieser Hund, Trent, bekommt mehr Einzeltraining als die anderen drei, aber ich achte darauf, dass alle ein angemessenes Maß an Training bekommen.

Dabei baue ich ziemlich viel Training in unseren Alltag ein statt gesonderte Trainingszeit zu reservieren. Wenn nötig, tue ich das aber auch. Training macht den Hunden Spaß und hält ihre Köpfe beschäftigt. Training hört nie auf, selbst wenn Ihre Hunde an dem Punkt angelangt sind, an dem sie sich in der Öffentlichkeit und zuhause einigermaßen gut benehmen können. Jedesmal, wenn Sie mit Ihren Hunden interagieren, lernen Ihre Hunde irgendetwas. Je früher Sie daraus etwas

Positives machen, das Teil Ihres täglichen Lebens wird, desto besser. Es ist einfacher, im Alltag angemessenen Umgang zu pflegen als unangemessenen Umgang im Nachhinein auszubügeln.

Durch jede Ihrer Interaktion mit Ihren Hunden lernen diese etwas. Je eher Sie dafür sorgen, dass dies Dinge sind, die sie in Zukunft anwenden sollen, desto besser für alle Beteiligten.

Dennoch möchte ich noch einmal etwas zur Sprache bringen, das ich schon in einem früheren Kapitel erwähnt habe: Das Leben ist nicht immer fair. Ihre Hunde sollten das so früh wie möglich begreifen, da es auf vielen Ebenen hilft, Verhaltensproblemen vorzubeugen. Bedeutet das, einige Hunde bekommen mehr von manchen Dingen als andere? Es kann manchmal so scheinen, wenn Sie Hundesport, Obedience o. ä. mit einem Hund machen, mit anderen aber nicht. In solchen Fällen schlage ich allerdings vor, dass Sie mit den anderen Hunden einfach regelmäßig andere Dinge unternehmen, um dieses Ungleichgewicht aufzuheben. Selbst das Spiel mit einem besonderen Spielzeug zählt!

Extrazeit mit einem einzelnen Hund ist nicht das Einzige, was ich damit meine, das Leben sei nicht fair. Dazu gehört auch, zu verhindern, dass die anderen Hunde diese besondere Zeit übel nehmen. Ausbalancieren ist hier die Devise. So gehen Sie vielleicht mit einem Hund wöchentlich zum Agility; mit einem anderen machen Sie allein einen

Ihre Hunde müssen akzeptieren, dass das Leben nicht immer fair ist. Es wird immer wieder vorkommen, dass ein Hund etwas bekommt und ein anderer nicht, wie etwa einen Besuch in der Hundeschule, eine Fahrt zum Tierarzt usw. Bemühen Sie sich, diese Fälle gut auszubalancieren, so dass jeder Hund auf irgendeine Art besondere Zeit bekommt. Wenn Ihre Hunde zufrieden damit sind, dass all ihre Bedürfnisse regelmäßig erfüllt werden, laufen solche Gelegenheiten viel reibungsloser ab. Ein selbstverständlicher Umgang damit hilft, diese Zeiten normal wirken zu lassen, wie sie es auch sein sollten.

Spaziergang. Und mit wieder einem anderen spielen Sie regelmäßig ein besonderes Spiel, das er mag. Sie verstehen, worauf ich hinaus will. Ihre Hunde sollten sich sicher sein, dass sich um sie gekümmert wird und dass ihre Bedürfnisse erfüllt werden. Wenn Sie dann einmal mit einem Hund zu einer Ausstellung fahren, kommen die anderen gut damit klar, denn sie wissen, auch sie werden irgendwann irgendwie ihre besondere Zeit bekommen. Es hilft außerdem, ganz sachlich damit umzugehen, wenn Sie einem oder zwei Hunden etwas geben müssen, das die anderen nicht bekommen. Es liegt bei Ihnen, dies häufig genug und auf eine Art zu tun, dass es kein Schock oder Ressourcenproblem ist. Extras, die zum Konzept „Das Leben ist nicht immer fair" gehören, können Dinge sein wie besondere Streicheleinheiten, Küsse, Spaziergänge, Tabletten, besondere Leckerchen, in denen Tabletten versteckt sind, besondere Aufmerksamkeit wegen eines gesundheitlichen Problems, eine Fahrt zur Hundeschule mit einem einzelnen Hund usw. Die Möglichkeiten sind unendlich. Denken Sie einfach daran, Ihren Hunde dieses Konzept „Das Leben ist nicht fair" sehr früh zu vermitteln, und Sie reduzieren damit potenzielle Probleme deutlich.

Bekommt einer Ihrer Hunde von Ihnen ein wie auch immer geartetes Extra, dann vermeiden Sie es, dies besonders herauszuheben. Ein ganz selbstverständlicher Umgang damit ist wichtig, um es durchzuziehen. Wenn ein Hund ein Extra bekommt und Sie sich deshalb schuldig fühlen, wird es dadurch nur auffälliger. Hunde bekommen das mit. Wie in einem früheren Kapitel erwähnt, wird es Probleme verursachen, wenn ein Hund ständig den anderen vorgezogen wird. Etwas ganz anderes ist es dagegen, damit abzuwechseln, wer je nach Situation und aufgrund unterschiedlicher Bedürfnisse jeweils ein Extra bekommt. Streben Sie ein Gleichgewicht an. Wenn etwas auch im Moment nicht fair scheint, wird es sich zu anderer Zeit wieder ausgleichen. Es ist an Ihnen, Ihren Hunden dies zu vermitteln. Wohlwollende Führung (im Kapitel *Nützliche Übungen für jeden Tag* erklärt) wird diesen Prozess sehr unterstützen.

Zurück zum Training in der Gruppe. Wenn ich mir extra Zeit nehme, um meine Hunde zu trainieren, trenne ich meine Küche mit einem Kindergitter ab. Drei Hunde sind auf der einen Seite des Gitters, und ein Hund ist bei mir. Wir nutzen diese Zeit, um alles mögliche zu trainieren, was dieser Hund lernen muss, ebenso für spaßige Dinge wie Tricks.

Trent, Siri und Kera warten darauf, beim Training dranzukommen.

Die Anforderungen werden sich von Hund zu Hund unterscheiden, und dadurch wird dies zu einer guten Gelegenheit, mit der Lektion „Das Leben ist nicht immer fair" zu beginnen. In diesem Fall kommt allerdings jeder dran. Meine Hunde schauen einander sehr begeistert beim Training zu, und es steigert auf positive Art ihr Verlangen, selbst dran zu kommen. Es gibt kein Gedränge darum, wer als nächstes drankommt. Sie benehmen sich angemessen, wenn das Gitter für den nächsten Hund geöffnet wird. Dies führt zu lernbegierigen Hunden.

Sie können und sollten die Reihenfolge, in der die Hunde trainiert werden, variieren. Aber Vorsicht: Wenn Sie einen Hund haben, der viel „drängeliger" ist oder immer gleich die ganze Hand nimmt, wenn Sie ihm einen Finger reichen, dann sollte dieser Hund zuletzt drankommen, bis sich seine Impulskontrolle und Penetranz verbessert haben.

Wenn dieses Verhalten von Tag zu Tag unterschiedlich ausfällt, dann kommt der geduldigste Hund als erstes dran und so weiter. Belohnen Sie angemessenes Verhalten und von da an geht es bergauf!

Variieren Sie die Belohnungen, die Sie während des Trainings benutzen. Leckerchen sollten natürlich ganz oben auf Ihrer Liste stehen, aber benutzen Sie innerhalb jeder einzelnen Trainingseinheit verschiedene Leckerchen. Damit nicht genug: Spielzeug, Streicheln, Zerrspiele, Knuddeln usw. – machen Sie für jeden einzelnen Hund eine Liste dessen, was er als Belohnung empfindet und verwenden Sie alle geeigneten im Training.

Beginnen Sie Ihre Trainingseinheiten damit, an den Fähigkeiten zu arbeiten, die Ihr Hund in einer Gruppensituation am nötigsten braucht, wie etwa schnelles Reagieren auf seinen Namen, ein „Warte", „Sitz", „Platz", ein Aufmerksamkeitssignal („Schau mich an"), „Komm", „Liegenlassen" und alles, was Ihnen sonst noch einfällt. Vergessen Sie nicht, hin und wieder zwischendurch auch einmal ein paar Tricks zu machen. Diese werden sich definitiv von Hund zu Hund unterscheiden. Bevor Sie einen weiteren Hund zu einer Trainingseinheit dazunehmen, sollten alle wichtigen Alltags-Übungen schon ziemlich gut sitzen.

Wie lange Sie jeweils mit den einzelnen Hunden trainieren ist Ihnen überlassen. Wenn Sie die Einheiten jedoch kurz halten und aufhören, wenn der Hund noch weitermachen möchte, ist dies eine sehr gute Möglichkeit, einen Hund lernbegierig zu halten, wann immer Sie Zeit zum Trainieren haben. Und diese Zeit sollten Sie sich nehmen. Ich will nicht lügen: All Ihre Hunde so zu trainieren, dass sie sich in der Gruppe gut benehmen, ist nicht an einem oder zwei Tagen zu erreichen. Geduld und Fleiß sind nötig. Aber es ist eine sehr dankbare Aufgabe! Im Kapitel *Nützliche Übungen für jeden Tag* habe ich einige grundlegende Schritt-für-Schritt-Anleitungen zusammengestellt, aber ich empfehle Ihnen dringend, so viel wie möglich zu lernen und sich die Bücher im Literaturverzeichnis anzusehen. Einige, die ich dort empfehle, können für jeden Mehrhundehaushalt hilfreich sein.

Um Ihrem/n Hund(en) mitzuteilen, wann eine Aufgabe beendet ist, möchte ich Ihnen wärmstens ein Auflösungssignal empfehlen. Egal, ob Sie gerade einen einzelnen Hund trainieren oder alle gleichzeitig; dies wird nützlich sein. Sie können das Auflösungssignal auch benutzen, wenn Ihre Trainingseinheit beendet ist. Für das Auflösungssignal gibt es unzählige Einsatzmöglichkeiten, von „Fertig mit Training" bis „keine Leckerchen vom Menschenessen mehr". Ja, dafür habe ich nach dem Abendessen ein Signal, und es ist sehr praktisch. Viele Hundehalter benutzen als Auflösungssignal das Wort „Okay" . Ich bin kein großer Freund davon, „Okay" zu verwenden. Warum? Weil dieses Wort so häufig im normalen Sprachgebrauch vorkommt, dass es auch für unsere Hunde schon zum Allerweltswort geworden ist. Außerdem, wenn Sie Ihren Hunden draußen ein Bleib-Signal gegeben haben und ein Passant geht in Hörweite vorbei und sagt „Okay", hat dieser Ihre Hunde freigegeben! Sagen Sie einfach nein zu „Okay".

Training in einem Mehrhundehaushalt beginnt damit, jeden Hund einzeln zu trainieren. Wenn möglich, sollten die Hunde einander beim Training zusehen. Hunde können lernen, indem sie anderen Hunden dabei zusehen, wie diese bestimmte Dinge ausführen; besonders, wenn die Belohnung Futter ist!

Ich benutze „Frei!" als Auflösungssignal. Sie können Ihr eigenes Wort wählen. Nehmen Sie, was immer Sie möchten. Achten Sie einfach darauf, dass es kein Wort ist, dass Sie häufig in anderem Kontext verwenden. Gebräuchliche Auflösungssignale sind „Fertig", „Geh spielen" oder „Lauf". Seien Sie kreativ! Eine Vorsichtsmaßregel: Einige meiner Kunden haben das Wort „Komm" als Auflösungssignal benutzt, und dasselbe Wort dann auch mit der Bedeutung „Komm sofort zu mir". Ich rate Ihnen dringend, diese Signale nicht austauschbar einzusetzen. Kein Wort, das Sie mit der Bedeutung „Komm sofort zu mir" gebrauchen, sollte

Ein Auflösungssignal ist wichtig, um Ihren Hunden mitzuteilen, dass Sie mit einer Übung fertig sind. So bleibt ihnen diese Entscheidung nicht selbst überlassen!

gleichzeitig dazu verwendet werden, ein Bleib-Signal für Ihre Hunde aufzulösen. Bleib-Signale sollten bedeuten, dass der Hund die Position, die Sie ihm angegeben haben, so lange beibehält, bis Sie zurückkommen und ihn freigeben. Dadurch gibt es für Ihren Hund niemals einen Grund zu denken, dass Sie ihn aus einem „Bleib" heraus abrufen könnten. Wenn Ihr Hund lernt, immer zu bleiben wo er ist, bis Sie zurückkommen, ist das Signal viel zuverlässiger als wenn er manchmal aus einer Bleib-Übung abgerufen wird.

Ein Wort zu Kindergittern: Kindergitter sind eine sehr gute Möglichkeit, um mit einem einzelnen Hund zu trainieren, während die anderen warten, bis sie drankommen. Dies wird nicht für jeden funktionieren; manche Hunde sind einfach zu überschwänglich, um hinter einem Kindergitter zu warten. Sie werden es wissen, wenn Sie einen solchen Hund haben! Wenn das nach einem Mitglied Ihrer Mannschaft klingt, dann müssen Sie diesen vielleicht wenigstens zu Anfang entweder anbinden oder in eine Box tun. Ich bin fest davon überzeugt, dass ein solches Training, bei dem die Hunde einander zusehen können, viel effektiver ist; alle profitieren davon. Wenn möglich, binden Sie selbst den lebhaftesten Hund im selben Raum wie die anderen an oder stellen Sie seine Box dorthin, so dass Sie jeden Hund in Sichtweite der anderen trainieren können.

Ein Hund in Ihrer Mannschaft, der bellt, um Aufmerksamkeit zu bekommen, ist eine besondere Herausforderung. Dieser Hund wird leichter zu trainieren sein als Sie denken, aber es werden zusätzliche Geduld und präzises Timing erforderlich sein. Es ist entscheidend, das NICHT-Bellen zu belohnen statt das Bellen auf irgendeine Weise zu beachten.

Was ist, wenn Sie einen Kläffer haben? Nun, hier müssen Sie einfach ein wenig kreativer sein. Durch das Training unter diesen Bedingungen werden Sie mehr Geduld lernen. Ein sehr guter Tipp: Sie können die Gruppenmentalität zu Ihren Gunsten nutzen. Blenden Sie den Kläffer aus und loben Sie den oder die anderen Hunde, die Sie gerade trainieren, umso mehr. Wenn die Bemühungen Ihres kleinen Schreihalses um mehr Aufmerksamkeit darin resultieren, dass ein anderer Hund weitaus mehr beachtet wird, wird er ziemlich schnell lernen, still zuzuschauen! Ihr kleiner Schatz mit den kräftigen Lungen wird ausschließlich dann beachtet, wenn er leise ist. In dieser Situationen ist es sehr wichtig, dass Sie dem Bellen auf keinerlei Weise Beachtung schenken. Negative Aufmerksamkeit ist immer noch Aufmerksamkeit.

Der Kläffer wird für diese Übung schrittweise von seiner Box entwöhnt. Sie werden lernen, diese Art des Wettbewerbs in jeder Situation zu benutzen, in der es nötig werden könnte. Aber Sie müssen vorsichtig sein, damit Sie nicht eine ganz neue Problematik schaffen. Mehr zum Thema Wettbewerb wird auch in anderen Kapiteln erörtert.

Jetzt haben Sie also jeden Hund einzeln sorgfältig trainiert, sich wunschgemäß zu verhalten. Sind Sie bereit, die Hunde zusammenzutun und zu sehen, wie das klappt? Nun, abhängig davon, wie gründlich Ihre Hunde die Dinge bis jetzt gelernt haben und wie viele Hunde Sie haben, haben Sie mehrere Optionen. Ich denke, im allgemeinen ist

Das Erhöhen, Senken und Ändern von Kriterien ist ein sehr fließendes Prinzip. Wenn Sie einen Hund trainiert haben, etwas in einer bestimmten Situation zu tun und dann versuchen, dasselbe Signal in einer anderen Situation zu verwenden, haben Sie die Kriterien verändert. Wenn Sie die Kriterien ändern, sollten Sie es dem Hund einfacher machen, damit er Erfolg haben kann. Zum Beispiel: Ihr Hund kann im Haus zu 100% zu Ihnen kommen. Wenn Sie dieses Signal mit nach draußen nehmen, tun Sie dies schrittweise. Vielleicht ist der nächste Schritt in Ihrem abgelegenen, eingezäunten Garten, wo Sie nur einen oder zwei Meter entfernt stehen. Sie senken jetzt die Kriterien, um den Erfolg sicherzustellen. Sobald dies erfolgreich gemeistert ist, könnten Sie einen oder zwei Meter weiter entfernt vom Hund stehen. Damit würden Sie die Kriterien erhöhen. Sie können die Kriterien in jedem Zeitrahmen häufig erhöhen oder senken. Erkennen Sie die Signale Ihres Hundes und verlangen Sie niemals zu viel. Das Training wird viel solider sein, wenn Sie sich nach dem Tempo Ihres Hundes richten.

es das Beste, immer nur einen Hund zur Zeit hinzuzufügen. Nehmen Sie also Ihren folgsamsten Hund und gesellen Sie den nächstfolgsamen dazu, und senken Sie Ihre Anforderungen ein wenig. Damit meine ich ganz einfach Folgendes: Setzen Sie die Kriterien weniger hoch an als Sie es mit einem einzelnen Hund im Training getan hätten. Warum? Nun, Sie haben gerade die Spielregeln geändert, und Sie können angesichts der zusätzlichen Ablenkung (in diesem Fall: der andere Hund) nicht dieselbe Folgsamkeit erwarten.

Dieses Grundprinzip ist bei jedem Hundetraining hilfreich, ganz besonders aber in einem Mehrhundehaushalt. Zusätzliche Informationen über diesen und andere Trainingsgrundsätze finden Sie im Kapitel *Nützliche Übungen für jeden Tag*. Auch das Lesen einiger im Literaturverzeichnis genannter Bücher wird Ihnen zu einem tieferen Verständnis verhelfen. Zusammenfassend gesagt: Jedes Mal, wenn Sie etwas Neues hinzufügen, verlangen Sie ein bisschen weniger als das, was Sie gerade erfolgreich trainiert haben.

Machen Sie diesen Schritt mit jedem Hund. Mischen Sie die Hunde, dann fügen Sie einen Hund nach dem anderen der Trainingseinheit hinzu, bis Sie sie alle erfolgreich zusammen trainieren können. Hier fängt der Spaß erst richtig an. Sie können den Wettbewerb gesund und spaßig gestalten und die Drängelei hinter sich lassen, indem Sie dafür sorgen, dass die Impulskontrolle jedes einzelnen Hundes sehr gut ist, bevor Sie dies in der Gruppe veranstalten. Sie können den Hund belohnen, der als erster sitzt, wenn Sie der Gruppe ein Sitz-Signal geben. Wie also gibt man der Gruppe ein Sitz-Signal? Fangen Sie damit an, jeden einzelnen Hund mit seinem Namen ansprechen und ihn zum Sitzen aufzufordern. Belohnen Sie das. Wählen Sie dann einen Namen für die gesamte Gruppe als Signalempfänger. Ich sage „Puppies“ (Welpen), wie etwa „Welpen: Sitz“, „Welpen: Schau“. Ich mache daraus ein einziges

> *Führen Sie ein Gruppen-Signal ein, das Sie künftig verwenden, wenn alle Ihre Hunde etwas tun sollen, was Sie ihnen sagen. Viele Hunde lernen schneller, wenn sie anderen Hunden dabei zusehen, wie diese erfolgreich etwas tun. Dies wird beim Einführen eines Gruppen-Signals hilfreich sein.*

Gesamt-Signal. Sie können sagen, was Ihnen gefällt, aber verwenden Sie es beständig. Es ist wichtig, dass die Hunde verstehen, dass das Signal für sie alle gilt.

Das ist der Grund, weshalb ich vorschlage, dass Sie beim ersten gemeinsamen Training in der Gruppe jeden einzelnen Hund mit seinem Namen ansprechen, wenn er etwas tun soll. Belohnen Sie jeden Hund für das Befolgen, und probieren Sie dann das Gruppen-Signal. Belohnen Sie Mitarbeit. Heben Sie durch besonderes verbales Lob den Hund hervor, der am schnellsten reagiert hat, aber belohnen Sie trotzdem alle Hunde, die das Signal befolgen, mit Leckerchen. Das erste Leckerchen sollte der bekommen, der am schnellsten reagiert hat, aber wenn ein Hund das Ganze nicht versteht, dann verstärken Sie Ihr verbales Lob auch, während Sie die Leckerchen verteilen. Benutzen Sie einen Marker, z. B. einen Clicker oder ein „Yes!", und stellen Sie sicher, dass Ihre Hunde wirklich verstehen, dass dieser Marker wichtig für den Gruppengehorsam ist.

Sammy, George, Sally, Dover und Toby bei einem fröhlichen Gruppen-„Bleib"

Neben anderen Lernmethoden lernen die meisten Hunde wirklich durch Zuschauen. Allen anderen beim Befolgen eines „Sitz" zuzusehen und zu beobachten, wie Sie dies markieren und belohnen, wird ihnen sehr dabei helfen, in ihrem erstaunlichen kleinen Hirn zu registrieren, was Sie wollen. Sobald sie zu begreifen scheinen, dass Sie alle Hunde meinen, beginnen Sie, Marker und Leckerchen für alle zu verwenden, so nah beieinander wie möglich.

Ein wichtiger Hinweis: Wenn alle Hunde ungefähr gleich schnell reagieren, variieren Sie die Leckerchen-Reihenfolge. Sie wollen, dass die Hunde als Gruppe flüssig handeln, und wenngleich Sie ein wenig Wettbewerb nutzen, um ein solches Gruppen-Signal aufzubauen, fahren Sie nicht mit dem Wettbewerb fort, nachdem die Hunde es verstanden haben, es sei denn, ein oder zwei Hunde sind abgelenkt. Und das wird passieren. Schließlich sind es Lebewesen, keine Roboter, und obwohl das Training dafür sorgt, dass die Dinge viel präziser ablaufen als ohne, wird es immer große und kleine Herausforderungen geben. Aber mit Routine wird es in Fleisch und Blut übergehen.

Wann sind Gruppen-Signale praktisch? Die Beispiele sind beinahe unendlich. Ich benutze „Warte" an der Tür zum Garten, an der Pforte, wenn wir im Auto irgendwo hinfahren wollen, wenn ich unterwegs Besorgungen mache und sie im Auto lasse, „Sitz" fast überall, häufig in Verbindung mit anderen Signalen, „Schau" auf Spaziergängen, „Komm" im Haus wie beim Spiel ohne Leine. Sie werden reichlich Gelegenheit haben, diese einmal trainierten Signale zu üben. Wie beim Training eines einzelnen Hundes werden Sie häufig belohnen müssen, besonders beim anfänglichen Training der Gruppen-Signale. Die offensichtlichste Belohnung sind wohl hochwertige Leckerchen, aber Sie kennen Ihre Hunde am besten. Unterschätzen Sie daher nicht den Wert anderer Belohnungen wie beispielsweise Spielzeug, Lob, Streicheln usw.

Sogar die Anwendung des Premack-Prinzips kann hier geeignet sein. Zum Beispiel wende ich dieses Prinzip auf Spaziergängen an. Meine Hunde jagen gern Eichhörnchen, wie viele Ihrer Hunde auch, da bin ich sicher. Ich verwende ein Gruppen-„Schau", und wenn ich mehr als ein nur flüchtiges Befolgen bekomme, gebe ich sie (angeleint) frei, damit sie so tun können, als würden sie versuchen, auf den Baum mit dem Eichhörnchen zu klettern und ein bisschen zu winseln. Sie bekommen was sie wollen und ich bekomme was ich will. Es ist eine Win-win-Situation.

Wenn nicht alle Hunde mein Signal befolgen, mache ich ein RIESEN-Trara um diejenigen, die auf mich achten und überhäufe sie mit Leckerchen. Das führt normalerweise zum gewünschten Ergebnis. Sie können diese „Belohnungen aus dem Leben" in vielen Situationen, drinnen wie draußen, anwenden. Im Kapitel *Mit den Hunden unterwegs* behandle ich das Thema Gehorsam und Training im Zusammenhang mit Spaziergängen ausführlicher.

Das Premack-Prinzip in aller Kürze: Etwas, das der Hund tun will, wird als Belohnung dafür benutzt, wenn der Hund etwas tut, was Sie von ihm wollen. Ein Beispiel steht im letzten Abschnitt der vorigen Seite. Hier ein weiteres: Ihr Hund möchte an einer bestimmten Stelle schnüffeln. Halten Sie an und warten Sie geduldig, bis er sich zu Ihnen umdreht und Sie anschaut, markieren Sie diesen Moment („Yes!"), und erlauben Sie ihm anschließend, zu der Stelle zu gehen, an der er schnüffeln will.

Im Haus können Sie beginnen zu experimentieren, sobald Sie mit den einzelnen Hunden genug Einzeltraining gemacht, anschließend jeweils einen oder zwei Hunde dazugenommen und dann das Training gefestigt haben. Sind zum Beispiel alle Hunde im selben Raum wie Sie, aber nicht auf Sie konzentriert, nutzen Sie diese Gelegenheit, um einen Gruppen-Abruf zu versuchen. Wenn Sie gerade damit anfangen, dies in der Gruppe zu machen, verwenden Sie dazu noch kein Abruf-Signal. Klingen Sie einfach nur SEHR fröhlich und benutzen Sie, welche Kosenamen Sie auch immer für Ihre Hunde verwenden, um ihre Aufmerksamkeit zu bekommen. Belohnen Sie sie großzügig, wenn sie zu Ihnen kommen. Benutzen Sie hin und wieder Leckerchen, selbst wenn Sie aufstehen und in die Küche gehen müssen, um diese zu holen. Sie wollen dies unvergesslich machen. Sobald die Hunde im selben Raum zuverlässig zu Ihnen kommen, beginnen Sie, Ihr Gruppen-Signal zu benutzen („Welpen", „Jungs", „Mädels", „Hunde" o. ä.). Sie wissen, was gemeint ist.

Wenn Ihre Hunde Fortschritte im Training machen, gehen Sie langsam vor. Es ist besser, langsam voranzugehen als zu schnell, bevor ein Hund bereit ist, am Fortschritt teilzunehmen. Stellen Sie für Ihre

Hunde den Erfolg sicher. Seien Sie ganz sicher, bevor Sie weiter fortschreiten. Nachdem die Hunde erfolgreich auf Signal zu Ihnen kommen, fangen Sie an, das Abruf-Signal nach dem Gruppen-Signal hinzuzufügen. Ein Tipp für das Abruf-Signal: Genau wie beim ursprünglichen Training dieses Signals sollten Sie sehr sorgfältig darauf achten, wie Sie dieses Abruf-Signal einsetzen. Sollten Sie irgendeinen Zweifel daran haben, dass es sofort befolgt wird, dann denken Sie sich ein Wort aus, das so viel bedeuten soll wie „Fangt an, euch in meine Richtung zu bewegen“ im Gegensatz zu „Lasst alles stehen und liegen und KOMMT JETZT SOFORT“. Sie können mit der Gruppe an diesem zweiten, dringlicheren Signal arbeiten, nachdem Sie das erste gemeistert haben.

Wenn Sie mit Ihren Hunden dieses dringlichere Signal noch nicht gemeistert haben, sollten Sie so bald wie möglich daran arbeiten, bevor Sie versuchen, ein Wort für dieses Verhalten einzuführen. Wenn einer oder mehrere Ihrer Hunde Ihr Abruf-Wort nicht sofort befolgt, obwohl Sie dieses Signal sehr lange trainiert haben, dann müssen Sie sich ein neues Wort überlegen, bevor Sie anfangen, einen Gruppen-Abruf zu trainieren. Auch hier wieder müssen Sie das neue Signal zuerst einzeln, erst danach in der Gruppe trainieren. Verwenden Sie das alte Abruf-Signal nun als das „Fangt an, euch in meine Richtung zu bewegen“-Signal, und verwenden Sie ein neues Signal für „Lasst alles stehen und liegen und KOMMT JETZT SOFORT“.

Ein solides Abrufsignal zu trainieren sollte eines Ihrer wichtigsten Vorhaben sein. Machen Sie für die Hunde das Kommen zu Ihnen zum Besten, das man überhaupt tun kann. Es sollte eine regelrechte „Hunde-Party“ sein! Wenn Sie unbeabsichtigt bereits ein zuverlässiges Abrufsignal geschaffen haben („Willst du ein Leckerchen?“ o. ä.), benutzen Sie dies als Ihr Notfall-Rückrufsignal. Belohnen Sie die Hunde fürstlich für das Befolgen.

In meinen Jahren als Mehrhundehalterin habe ich festgestellt, dass die meisten Leute ihren Hunden unbeabsichtigt ein Signal beibringen, bei dem sie aus dem hintersten Winkel des Hauses sofort angerannt kommen. Bei mir ist es „Wer will ein Stück?“, wie ich es zum Beispiel nach dem Abendessen sage, wenn ich verteile, was ich ihnen von meinem Essen aufgehoben habe. Ich habe auch schon andere gehört, wie etwa „Leckerli!", „Wollen wir rausgehen?", „Essen!" usw. Überlegen Sie, ob Sie eines haben. Wenn ja, haben Sie damit jetzt ein, wie ich es nenne, „Notfall-Rückruf-Signal". Dieses können Sie benutzen, wenn draußen ein Hund ohne Leine nicht kommt, wenn er gerufen wird, oder wenn ein Hund wegläuft. Verwenden Sie es nicht zu oft, sonst verliert es seine Effektivität und Bedeutung. Denken Sie einfach nur daran, dass es da ist, wenn Sie es brauchen, wie der Feuerlöscher in Ihrer Küche. Nur im Notfall, okay?

Zurück zum Trainieren des Gruppen-Rückrufs: Ihr nächster Schritt ist es, Ihre Hunde zu rufen, wenn sie sich nicht im selben Raum befinden wie Sie. Rufen Sie sie mit Ihrer fröhlichsten Stimme (der, die so klingt, als wollten Sie gerade die beste Hunde-Party aller Zeiten starten) mit ihrem Gruppen-Signal (noch kein Abruf-Signal, weil Sie die Kriterien geändert haben), und wenn Sie einen von ihnen kommen hören, ermuntern Sie ihn fröhlich mit Ihrer Stimme, seinen Weg zu Ihnen fortzusetzen. Halten Sie Ihre besten Leckerchen parat und belohnen Sie alle, die zu Ihnen kommen, laut und enthusiastisch. Belohnen Sie sie alle gleichmäßig, wenn sie ungefähr zur selben Zeit angekommen sind. Verteilen Sie die Leckerchen und Streicheleinheiten und machen Sie es zu einer spaßigen Erfahrung! Zählen Sie bis fünfzehn, und nutzen Sie jede einzelne dieser fünfzehn Sekunden für die allerbeste Hunde-Party. Wenn Sie einen Nachzügler haben, gestalten Sie Ihre Bestätigung für die folgsamen Hunde noch enthusiastischer, wenn das möglich ist.

Wenn man die (wie ich es nenne) „Cheerleader-Stimme" benutzt, wollen normalerweise alle Hunde herausfinden, was sie verpassen. Haben Sie also einen Nachzügler, achten Sie darauf, dass Sie wirklich so fröhlich und aufmunternd klingen wie Sie denken. Ich sage immer, wenn es Ihnen peinlich ist, wie Sie klingen, dann machen Sie es richtig. Nochmals zu Ihrem Nachzügler: Sobald er bei Ihnen ankommt, belohnen Sie ihn unbedingt verbal. Es ist aber in Ordnung, dies in etwas gemäßigterer Form zu tun als bei den übrigen Hunden. Wenn Ihre Hunde dann wieder entspannt sind, verlassen Sie ruhig den Raum (wenn Sie ein „Warte"-Signal haben, wäre dies eine sehr gute Gelegenheit, es einzusetzen), und im anderen Raum angekommen wiederholen Sie, was Sie gerade getan haben. Wenn Sie dies ein paarmal geübt haben, fangen Sie an, nach dem Gruppen-Signal das Abruf-Signal hinzuzufügen, sobald sich die Hunde in Ihre Richtung bewegen.

Jedes Mal, wenn Sie die Kriterien ändern (andere Räume, größere Entfernung, auf irgendeine Art schwieriger), lassen Sie zunächst das Abruf-Signal wieder weg und gehen Sie zurück zum bloßen Benutzen des Gruppen-Signals. Geben Sie denjenigen, die schneller reagieren, bessere Leckerchen. Sie können für dies Szenario einen gesunden Wettbewerb nutzen. Belohnen Sie dabei jedoch kein ungesittetes Gedränge und dulden Sie dies auch nicht stillschweigend. Jedes unhöfliche Verhalten hat zur Folge, dass der „Übeltäter" als letztes belohnt wird, ruhig, sobald die Unhöflichkeit nachgelassen hat. Gar nicht zu belohnen hieße, das Befolgen des Abrufs nicht zu belohnen, und Sie müssen das richtige Verhalten bestätigen. Ich benutze viel verbale Belohnung für die Hunde, die sich angemessen verhalten und gebe ihnen mehr Leckerchen. Wenn der Drängler als Ergebnis seiner Drängelei weniger Belohnungen bekommt und die anderen Hunde mehr, lernt er schnell, sich angemessen zu verhalten.

Körpersprache hilft sehr dabei, diesen Punkt verständlich zu machen. Während ich auf schlechtes Verhalten in der Gruppe verbal nur dann reagiere, wenn es sofort unterbrochen werden muss, benutze ich sehr wohl meine Körpersprache, um auf andere Weise etwas auszudrücken. Beispielsweise kann dies bedeuten, dass ich mich von dem unhöflichen Hund wegdrehe und ihn so von der Gruppe ausschließe, die ich anspreche. Mit dieser Technik gelingt es mir normalerweise, meinen Standpunkt deutlich zu machen, wenn das überschwängliche Loben der anderen nicht ausreicht.

Machen Sie täglich Gruppenübungen in verschiedenen Teilen des Hauses, bei denen Sie allmählich neue Kriterien hinzufügen und die Schwierigkeit steigern. Sobald dies in vielen verschiedenen Bereichen des Hauses mit dem Abruf-Signal gelingt, gehen Sie damit in den Garten. Wenn Sie keinen Zaun haben, gehen Sie draußen an einen sicheren Ort, wie etwa einen Tennisplatz oder ein leeres Hunde-Auslaufgebiet oder irgendwo sonst in Ihrer Umgebung zu einer Zeit und an einem Tag mit wenig Ablenkungen. Den Rückruf kann man nie zu viel trainieren.

Ich kann Ihnen nur wärmstens empfehlen, auch Trainingsstunden in positiver Bestärkung zu nehmen, um direkte persönliche Hilfe im Umgang mit allen möglichen Situationen zu erhalten. Dies habe ich an einigen Stellen dieses Buches erwähnt; ich kann es gar nicht genug wiederholen. So etwas wie zu viel Training gibt es nicht. Zusätzlich dazu, die Entwicklung einer starken Bindung zwischen Ihnen und jedem einzelnen Hund zu fördern, werden solche Stunden Ihren Hunden helfen, sich inmitten von Ablenkungen auf Sie zu konzentrieren. Im Abschnitt *Quellen und Literaturhinweise* finden Sie Hilfe bei der Suche nach einem positiv arbeitenden Trainer.

Wenn einer oder zwei Ihrer Hunde starke Probleme mit Reaktivität haben, Sie aber glauben, dass Sie dieses Verhalten in einer Gruppenstunde ändern können, dann sehen Sie sich auch nach Gruppen um, die diesem Thema gewidmet sind. Diese haben oft Namen wie „Rüpelgruppen" oder ähnlich, oder das Word „reaktiv" steht in der Beschreibung dieser Klassen. Sehen Sie auch ins Literaturverzeichnis; dort finden Sie Buchtipps zu diesem Thema. Aber bitte lassen Sie es nicht bei einem Buch bewenden, wenn Sie das Gefühl haben, dass Ihr Hund mit seinem Verhalten eine Gefahr für Mensch oder Tier darstellen könnte. Holen Sie sich so schnell wie möglich professionelle Hilfe. Es wird sich sehr lohnen. Eine weitere Art von Gruppenstunden, nach denen Sie sich umsehen können, ist speziell auf Umwelt-Ablenkungen ausgerichtet. Diese Stunden enthalten oft etwas wie „im wirklichen Leben" oder „alltagstauglich" im Namen.

Jede Hundestunde mit positiver Verstärkung, die Sie mit Ihrem Hund besuchen, kann mehrere Dinge für Sie beide tun. Hundestunden können Sie dabei unterstützen, die Bindung zwischen Ihnen und jedem Hund, mit dem Sie teilnehmen, zu stärken. Die Stunde wird Ihnen auch helfen, jeden Hund an neue Situationen zu gewöhnen. Ich nehme meine Hunde abwechselnd zu verschiedenen Hundeveranstaltungen wie auch zu Gruppenstunden mit. Solche Aktivitäten verschaffen Ihnen nicht nur Zeit allein mit jedem einzelnen Hund; sie helfen auch jedem Hund dabei, zu lernen, dass es mehr gibt als Teil einer Mannschaft zu sein. Es ist wichtig, dass jeder Hund lernt, sich mit und ohne seine Mannschaft wohl zu fühlen. Das stärkt sein Selbstvertrauen.

Gruppentraining im wirklichen Leben

*Wenn **Lilian** einzeln mit ihren Hunden arbeitet, nimmt sie sie je nach Wetter einzeln mit auf die Veranda, in den Garten hinter dem Haus oder in ihren ausgebauten Keller. Die anderen sind normalerweise außer Rand und Band und jaulen, bis sie dran sind. Lilian zieht es eigentlich vor, ihr Gruppentraining in normalen Alltagssituationen zu absolvieren.*

***Crystal** macht meistens Gruppentrainings-Einheiten mit ihrer großen Mannschaft, Pflegehunde eingeschlossen.*

***Susan** trainiert ihre Mannschaft sowohl einzeln als auch in der Gruppe, je nachdem, woran sie arbeiten muss. Sie benutzt für Gruppenübungen ihren eingezäunten Garten. Sie nutzt auch Alltagssituationen, wie etwa ankommende Besucher, für Gruppen-Signale wie „Sitz" und „Bleib".*

Kapitel 8

Spiel

Sie wollen nur Spaß haben

Hunde-Spiel: Wichtig oder belanglos? Manche Leute denken vielleicht, es sei unwichtig, Hunden die Möglichkeit zum Spielen zu geben. Aber Spiel ist sehr wichtig für das Wohlbefinden eines Hundes. Hunde brauchen das Spiel als Ventil, genau wie Menschen. Allermindestens hilft das Spielen, Anspannung zu mindern und Stress abzubauen. Ein Hund, der regelmäßig die Möglichkeit zum Spielen hat, ist ein zufriedenerer, gesünderer Hund. Wenn Sie jedoch mehrere Hunde haben, müssen Sie während des Spiels achtsam sein.

Haben Sie aktuell keine Probleme beim Spiel in Ihrem Mehrhundehaushalt, dann lassen Sie alles so wie es ist. Die meisten Hunde, die schon länger zusammenleben, werden wahrscheinlich auch ohne viel Aufsicht gut miteinander spielen. Aber behalten Sie im Hinterkopf, dass Veränderungen der äußeren Umstände, und seien sie noch so klein, manchmal die Dynamik innerhalb des Haushalts verändern können. Diese Veränderungen kommen häufig im Spiel zum Vorschein. Dies gilt besonders, wenn Sie Ihrer Mannschaft einen neuen Hund hinzugesellen.

Sofern es zwischen bestimmten Hunden keine Probleme in einem anderen Verhaltensbereich gibt, werden sie normalerweise ohne Anwesenheit von Menschen keine Probleme im Spiel haben. Gibt es Publikum, erhöht dies immer den Einsatz und steigert die Aufregung. Dies gilt insbesondere dann, wenn Ihre Hunde in Anwesenheit menschlicher Besucher spielen. Seien Sie sich dieser Möglichkeit bewusst.

Ich neige dazu, das Spiel von Zeit zu Zeit zu unterbrechen, um die Aufregung im kontrollierbaren Rahmen zu halten. Ich tue das, wenn nur meine Hunde da sind, aber erst recht, wenn Menschen und/oder Hunde zu Besuch sind. Es hilft wirklich dabei, die Hunde daran zu erinnern, dass Sie auch noch da sind.

Sind menschliche Besucher anwesend, wird Ihre Mannschaft verspielter sein. Auch das Risiko einer Auseinandersetzung steigt, weil die Aufregung auf einer höheren Stufe ist. Spielverhalten, das normalerweise in Ordnung wäre, wenn nur die Familie anwesend ist, kann leicht in einen Kampf umschlagen. Unterbrechen Sie in diesen Szenarien das Spiel häufig. Wenn man sich um das Spiel kümmert, bleibt es lenkbar.

Wenn das Spiel einen extremen Aufregungs-Level erreicht, können Sie Ihren Hunden helfen, sich wieder zu konzentrieren, indem Sie mit ihnen einige bekannte Übungen machen. Sobald sie sich wieder konzentrieren, können Sie sie einfach weiter spielen lassen. Gerade jüngere Hunde werden scheinbar nie müde zu rangeln und zu spielen. Dies kann zu einem dauernd erhöhten Adrenalinspiegel führen. Obwohl ständiges Spielen wie eine gute Möglichkeit scheint, Ihre Junghunde müde zu machen: In Wirklichkeit ist das Gegenteil der Fall. Ein ständig erhöhter Cortisolspiegel lässt einen Hund nicht zu einem normalen Ruhezustand zurückkehren. Je länger der Cortisolspiegel erhöht bleibt, desto schwieriger wird es für den Hund, wieder zur Ruhe zu finden.

Wenn Sie Ihre Hunde allzu viel spielen lassen, bewirken Sie damit unter Umständen das Gegenteil dessen, was Sie wollten: Die Hunde werden ständig in einem Zustand hoher Erregung sein, was es ihnen erschwert, sich zu entspannen. Balancieren Sie daher Spiel mit Ruhephasen aus, und Ihre Hunde werden emotional stabiler sein.

Dies ist der Grund, warum Sie bei einem Hund, der kürzlich einer sehr aufregenden Situation ausgesetzt war, eine gesteigerte Reaktivität vorfinden. Sein Geist und Körper haben sich noch nicht vollständig erholt, und dadurch ist er prädestiniert für einen weiteren Zwischenfall hoher Aufregung. Dies kann ein Szenario schaffen, in dem schon der geringste Anlass eine Reaktion hervorruft.

Penny, Toby und Sally spielen grob. Es sieht furchterregend aus, aber es ist nur Spaß und Spiel.

Es ist besser, häufige Pausen zu machen und die Hunde beim Spiel zwischendurch Ruhe üben zu lassen. Dadurch lernen sie auch, das Spiel abzubrechen wenn nötig. Sie können die Hunde anfangs zwischen den Spieleinheiten anbinden, wenn sie es noch nicht schaffen, liegen zu bleiben, wenn Sie es verlangen. Binden Sie sie an und belohnen Sie sie für Ruhe. Die Belohnung für angemessenes ruhiges Verhalten kann darin bestehen, sie weiterspielen zu lassen.

Toby und George machen eine Spielpause.

Vielleicht sind in Ihrer Mannschaft Vertreter unterschiedlicher Rassen mit unterschiedlichen Spiel-Stilen. Machen Sie sich mit den unterschiedlichen Spiel-Stilen Ihrer Rassen vertraut, damit Sie leichter einschätzen können, was angemessen ist und was nicht. Ich habe sowohl Hüte- als auch Wach-/Gebrauchshunde mit einem Schuss einer nordischen Rasse, um es interessant zu halten. Zwei meiner Hunde haben einen sehr groben, körperbetonten Spiel-Stil mit viel Vorderpfoten-Einsatz, und die anderen beiden haben eher einen Hütehund-typischen Spiel-Stil mit viel Bellen und Verfolgen, Anstoßen/Zwicken und Schnappen nach den Beinen. Sie spielen gut miteinander und haben beinahe die beiden Stile untereinander kombiniert. Dies kann bei miteinander sehr vertrauten Hunden vorkommen, und es ist eine gute Sache.

Wenn Ihre Hunde die Spielsignale untereinander verstehen, ist das ein Zeichen für eine gute Gruppenzusammensetzung. Seien Sie dankbar, wenn Sie es erreichen.

Die Bray-Mannschaft scheint den Welpen gerade zu quälen. In Wirklichkeit genießt der Welpe seinen Schein-Ringkampf.

Wie in einem früheren Kapitel erwähnt, wäre es für jeden Mehrhundehalter sehr hilfreich, sich mit Körpersprache vertraut zu machen. Es gibt DVDs und Bücher, die Sie ansehen und lesen können, um zu lernen, was die Hunde mit ihren Körpern und Gesichtsausdrücken sagen. Vorschläge finden Sie im Literaturverzeichnis; bitte sehen Sie dort nach. Ihre Interpretation aus der Beobachtung des Spiels ist vielleicht nicht korrekt. Manche Hunde können sehr aggressiv wirken, wenn sie einfach nur spielen. Ein gutes Beispiel hierfür ist auf dem ersten Bild dieses Kapitels zu sehen, das Toby mit gefletschten Zähnen und Sally mit ihrem Fang auf Tobys Ohr zeigt. Auch das Gegenteil ist möglich. Die negative Reaktivität mancher Hunde ist so subtil, dass Sie die Warnsignale vielleicht übersehen, bis sie tatsächlich zuschlagen, und dann haben Sie es mit einer Rauferei zu tun. Wenn Sie lernen, wonach Sie Ausschau halten müssen, wird Ihnen das dabei helfen, die Kontrolle zu behalten und Kämpfen vorzubeugen.

Luna und Raven beim spielerischen Raufen. Dieser kämpferische Spiel-Stil kommt bei Gebrauchshunderassen häufig vor und kann furchterregend aussehen. Solange Sie wissen, was tatsächlich Spiel ist, macht es Ihren Hunden Spaß.

Merlin und Siri tun so, als würden sie sich über Trent stellen, der so tut, als unterwerfe er sich ihnen. Dies ist ein konfrontativer Spiel-Spiel, wie er häufig bei den Gebrauchshunderassen vorkommt.

Keema versucht, Zeke zum Spiel zu animieren, während Nikko versucht, einzuschreiten. Raven sieht dem Treiben zu, während Nicolai es ignoriert.

Penny, Toby, Sally und Brandi (im Uhrzeigersinn von links nach rechts) jagen einander, während George die Umgebung patroulliert. Spielerisches Jagen ist bei vielen Rassen verbreitet, besonders bei Hüte- und Jagdhunderassen.

Wenn sportliche Rassen im Schnee herumtollen, kann es etwas rau zugehen. Viele Hunde können ausgelassener sein, wenn sie im Schnee spielen.

Kira zeigt Keema ein scheinbar sehr drohendes Gesicht; ein normaler Spiel-Stil bei Sibirischen Huskys und anderen Arbeitshunderassen.

Mia und Zeke rotten sich gegen Nikko zusammen (der das genießt!), während Jenna sie „anfeuert".

Mia und Nicolai kauen im Pool an Nikko herum. Viele Rassen spielen nicht gern im Wasser. Tatsächlich ist es für Sibirische Huskys ungewöhnlich, dies zu tun. Aber es kann sehr hilfreich sein, Ihren Hunden ungeachtet ihrer Rasse im Sommer Wasser zum Spielen zur Verfügung zu stellen.

Machen Sie sich mit den unterschiedlichen Spiel-Stilen der Rassen vertraut, die Sie in Ihrer Mannschaft haben. Es ist wichtig, dass Sie erkennen, was in Ordnung ist und was nicht, wenn Sie es sehen. Dies ist besonders wichtig, wenn Sie planen, mit Ihrer Mannschaft Hunde-Auslaufgebiete zu besuchen. Wenn Ihre Mannschaft aus lauter selbstsicheren Hunden besteht, dann ist der Hundepark zur Spitzennutzungszeit vielleicht nicht der beste Ort, um ihr Spiel-Pensum zu erfüllen. Schätzen Sie das Einschüchterungs-Potenzial Ihrer Mannschaft anderen Hunden gegenüber ein, um Probleme im Hunde-Auslauf zu vermeiden. Seien Sie dabei ehrlich zu sich selbst.

Ein Wort zu Hundeparks: Ich bin überhaupt kein Fan davon, alle Hunde eines Mehrhundehaushalts gemeinsam mit in einen Hundepark zu nehmen, außer Sie gehen hin, wenn sonst niemand da ist. Hundeparks haben natürlich den Vorteil, eine größere Freilauffläche zu bieten als die meisten Leute zuhause haben, um die Hunde innerhalb der sicheren Grenzen einer Einzäunung rennen zu lassen. Sind jedoch andere Hunde im Hundepark, kann es Probleme bereiten, Ihre komplette Mannschaft an die Situation heranzuführen. Mehrere Hunde eines Haushalts zusammen neigen dazu, sich wie ein Rudel zu verhalten. Für Sie mögen es Einzel-Individuen sein, aber für andere Hunde, die dort vielleicht allein oder nur zusammen mit einem weiteren Hund sind, hat Ihre Mehrhundemannschaft Rückendeckung. Ihre Hunde werden sich in dieser Situation weitaus selbstsicherer fühlen als es unbedingt wünschenswert ist.

Ein Beispiel für Rudelverhalten, das eskalieren könnte, wenn Ihre Hunde als Gruppe auf fremde Hunde treffen.

Wenn Sie unbedingt darauf bestehen, einen Hundepark zu besuchen, wenn andere Hunde dort sind, dann nehmen Sie nicht Ihre gesamte Mannschaft auf einmal mit. Beschränken Sie sich auf einen oder zwei Hunde zur Zeit. Wie Sie sich vielleicht schon gedacht haben, bin ich eigentlich überhaupt kein Fan von Hundeparks. Sie können zwar manchen Hunden die Möglichkeit bieten, Kontakte zu knüpfen und Bewegung zu bekommen, aber sie können auch von Hundehaltern besucht werden, die sich nicht mit angemessenem Hundeverhalten auskennen oder schlimmer, die sich nicht einmal die Mühe machen, ihre Hunde zu beaufsichtigen. Wenn Sie also wirklich mit Ihrem/n Hund(en) in einen Hundepark gehen, beaufsichtigen Sie unbedingt ihr Spiel und halten Sie nach Anzeichen für Ärger Ausschau.

Kira, Keema und Nanook genießen ein wenig Spiel-Zeit im Haus.

In Ihrem Zuhause ist es Ihnen überlassen, wo Sie Ihren Hunden erlauben zu spielen. Diese Entscheidung sollte zu einem gewissen Teil davon abhängen, wie sie spielen.

Wenn Sie in Ihrem Haus kein Spiel gestatten und keinen eingezäunten Garten haben, ist es wirklich wichtig, Ihren Hunden regelmäßig einen Ort zum Spielen zu geben. Die bereits erwähnten Hundeparks zu nicht frequentierten Zeiten sind eine Möglichkeit. Aber wenn Sie Ihre Mannschaft geschlossen an einen solchen Ort bringen, wählen Sie eine Zeit, zu der Sie sicher sind, dass außer Ihnen niemand dort ist.

Wenn Ihre Hunde Hunde-Freunde haben – und das sollten sie, – dann hat vielleicht einer dieser Hunde-Freunde einen eingezäunten Garten, in dem man spielen kann. Ich nehme meine Hunde oft zu einem hundefreundlichen Friedhof nicht weit von meinem Zuhause mit, um spazieren zu gehen. Nach dem Spaziergang, wenn niemand dort ist, erlaube ich ihnen, in einem bestimmten Bereich, den ich gut übersehen kann, ohne Leine zu laufen und zu spielen. Meine Hunde haben einen sehr gut trainierten Rückruf. Wenn Sie einen solchen Ort zur Verfügung haben, benutzen Sie ihn verantwortungsvoll. Das bedeutet, seien Sie sich über die Grenzen Ihres Hundetrainings im Klaren und lassen Sie Ihre Hunden nicht unbeaufsichtigt herumlaufen, besonders nicht in Gegenwart anderer. Ich treffe andauernd Leute, die ihre nicht trainierten Hunde unangeleint zu anderen, angeleinten Hunden laufen lassen. Das ist nicht höflich und kann zu einer Rauferei führen. Seien Sie ein verantwortungsvoller Mehrhundehalter und bewegen Sie sich mit Ihren Hunde innerhalb der Grenzen dessen, was ihr Trainingsstand sicher zulässt.

Schaffen Sie an einem sicheren Ort regelmäßig Spielmöglichkeiten für Ihre Hunde . Wenn Sie keinen eingezäunten Garten besitzen und nicht möchten, dass Ihre Hunde wild im Haus spielen, suchen Sie für Ihre Hunde einen geeigneten Ort zum Spielen. Tun Sie dies innerhalb der Grenzen des Trainingsstands Ihres Mannschaft. Ein Spiel an der Leine ist in Ordnung, solang es unter Aufsicht stattfindet.

Wenn Ihr Heim nicht an einer gefährlichen, stark befahrenen Straße liegt und Ihre Hunde gelernt haben, in einem bestimmten Radius zu bleiben, dann ist beaufsichtigtes unangeleintes Spiel in Ihrem Garten keine schlechte Sache. Wenn dies Ihre Spiel-Lösung ist, denken Sie daran, dass Ihre Hunde bereits gelernt haben sollten, innerhalb der Grenzen Ihres Gartens zu bleiben. Menschliche Aufsicht ist hier wichtig, da zu Spielzeiten, was Ablenkungen angeht, eine ganz andere

Dynamik herrscht. Was Ihre Hunde sonst jederzeit können, trifft vielleicht nicht immer zu, wenn sie ins Spiel vertieft sind. Dies gilt insbesondere, wenn eine Gruppenmentalität eingesetzt hat. Der beste Schutz dagegen, dass Ihre Hunde Sie vergessen, wenn sie sehr aufgeregt sind, ist das schon so häufig erwähnte Vertrauen. Je besser die Beziehung ist, die Sie zu Ihren Hunden, einzeln und als Gruppe, entwickeln, desto besser werden diese Sie auch hören, selbst wenn sie anderweitig beschäftigt sind. Alle guten Dinge kommen von Ihnen, denken Sie daran!

Wenn Sie einen neuen Hund in Ihre Mannschaft einführen, ist Beaufsichtigung extrem wichtig. Meiner Meinung nach ist es angemessen, Hunde angeleint miteinander spielen zu lassen, wenn Sie einen Neuzugang haben. Das gilt natürlich nur, wenn das Spiel unter Aufsicht stattfindet. Ob alle Ihrer Hunde in dieser Situation angeleint sein müssen, wird von der Persönlichkeit jedes Einzelnen abhängen. Daher ist es wichtig, das Wesen jedes Hundes zu kennen.

Nicolai, Starbuck und Nikko spielen angeleint im Schnee.

Jasmine, Oskar und Takoda spielen in einem nicht eingezäunten Garten. Jasmine ist angeleint, weil ihr Training noch nicht abgeschlossen ist.

Sollten SIE mit Ihren Hunden spielen? Natürlich!! Es ist eine hervorragende Gelegenheit zum Herstellen oder Vertiefen einer Bindung. Wie Sie spielen wird von Ihrem eigenen Aktivitätslevel abhängen. Ihre Beteiligung könnte so aussehen, dass Sie einen Ball werfen, Zerrspiele machen, mit Ihren Hunden auf und ab rennen und viele andere Möglichkeiten. Das Spiel mit Ihren Hunden ist sowohl eine gute Anregung für den Kopf als auch Bewegung für den Körper. Genießen Sie diese Zeit mit Ihren Hunden, aber spielen Sie mit Regeln, damit nicht das Chaos die Oberhand gewinnt.

Rangeln Sie nicht mit Ihren Hunden, wenn es irgendwelche Probleme mit Folgsamkeit gibt. Spielen Sie Zerrspiele (wirklich ein nützliches Spiel!), so, dass fast immer Sie gewinnen, wenn Sie aufhören möchten. Tolerieren Sie während des Spiels (übrigens auch zu keiner anderen Zeit) keinerlei „Zähne-auf-Haut"! Wenn während des Spiels die Zähne eines Hundes Ihre Haut berühren, endet das Spiel. Lassen Sie Ihre Hunde nicht zu viel hinter Ihnen herjagen, besonders wenn unter ihren Vorfahren Hütehunde sind, denn dies kann leicht aus dem Ruder laufen. Und, wie bereits erwähnt, sorgen Sie dafür, das Spiel von Zeit zu Zeit zu unterbrechen, um den Grad der Aufregung kontrollierbar zu halten.

Mit Ihren Hunden zu spielen ist gut für alle Beteiligten! Es fördert die Bindung und verbessert die Beziehung zwischen Ihnen. Angemessenes Spiel zwischen Hund und Mensch ist wichtig. Seien Sie sich der Spiele bewusst, die einen Ihrer Hunde in zu starke Aufregung versetzen. Schätzen Sie Spiele richtig ein, die Zerren und Rangeln beinhalten oder bei denen Sie rennen.

Kapitel 9

Eingekniffene Ruten

Der Lack ist ab

Endlich haben Sie eine Hundezusammenstellung, die Sie als perfekt eingestuft haben, aber irgendetwas stimmt nicht. Sie spüren eine unterschwellige Spannung, können aber nicht genau den Finger darauf legen, warum Sie denken, es könnte etwas im Gange sein. Wir werden uns jetzt mit den Anzeichen dafür beschäftigen, dass Sie sich irgendwie einschalten müssen, um einer Verschlimmerung des Problems vorzubeugen.

Da Ihre Hunde nicht sprechen können, müssen Sie lernen, ihre Körpersprache zu lesen. Über Positionierung, (übertriebene) Handlungen, Gesichtsausdruck, Ohren- und Rutenhaltung usw. können sie Ihnen so viel sagen. Das Lesen der Körpersprache Ihrer Hunde ist wichtig, um die Dynamik zwischen Ihren Hunden zu verstehen. Es sind einige gute Bücher und DVDs dazu auf dem Markt. Wenn Sie sich auf einen Mehrhundehaushalt einlassen, ist es wichtig, dass Sie sich damit vertraut machen, wie Hunde kommunizieren; sowohl untereinander als auch mit Ihnen. Also erbetteln, leihen oder kaufen Sie sich eines dieser Bücher, damit Sie ihre Sprache lernen. Einige Empfehlungen finden Sie im Abschnitt *Quellen und Literaturhinweise*.

Machen Sie sich mit der Körpersprache von Hunden allgemein und der Körpersprache Ihrer Hunde im Speziellen vertraut. Wenn Sie das Verhalten verstehen, das Sie bei Ihren Hunde sehen, kann dies einer Vielzahl von Problemen vorbeugen.

Was könnte also darauf hindeuten, dass sich möglicherweise Ärger zusammenbraut? Einige Interaktionen in Ihrer Mannschaft sind vielleicht ganz normales Verhalten. Ich empfehle Ihnen, die Verhaltensweisen, die Sie stören, im Auge zu behalten, damit Sie besser entscheiden können, ob

Sie professionelle Hilfe in Anspruch nehmen sollten. Hier sind einige Anhaltspunkte dafür, dass Sie JETZT Hilfe brauchen:

- Ihre Hunde kämpfen regelmäßig miteinander, und Sie fragen sich besorgt, wann der nächste Kampf ausbrechen könnte.
- Unter Ihren Hunden kommt es häufig zu Knurren, Schnappen und Nach-vorn-Springen.
- Sie machen sich häufig Sorgen darüber, was passieren wird, wenn bestimmte Hunde zusammen sind.
- Einer oder mehrere Hunde verteidigen Futter oder andere hochwertige Ressourcen vor anderen, bis zu dem Punkt, an dem Sie um jemandes Sicherheit fürchten.
- Einer oder mehrere Ihrer Hunde starren einander regelmäßig an und ziehen die Lefzen hoch.

Ignorieren Sie KEINES der genannten Anzeichen, dass sich etwas zusammenbraut. Holen Sie sich schnellstmöglich professionelle Hilfe. Ihre Hunde sind die Sicherheit betreffend von Ihnen abhängig. Das beinhaltet auch die Sicherheit voreinander.

Die oben genannten Verhaltensweisen zeigen die Notwendigkeit an, dass sich sofort ein Profi darum kümmert. Gehen Sie nicht, sondern rennen Sie zum Telefon und bestellen Sie einen qualifizierten Profi, der zu Ihnen nach Hause kommt und Ihnen in dieser Sache hilft. Es ist wichtig, so etwas nicht zu lange laufen zu lassen, damit keine Tragödie geschieht. Denken Sie daran, Ihre Hunde sind von Ihnen abhängig, was ihre Sicherheit betrifft. Halten Sie Ihr Versprechen. Schauen Sie in den Abschnitt *Quellen und Literaturhinweise*, um einen Verhaltensberater in Ihrer Nähe zu finden.

Unten auf dieser Seite habe ich Verhaltensweisen aufgelistet, die der Aufmerksamkeit bedürfen, um sie im Keim ersticken zu können. Wenn Sie unsicher sind, wie Sie das Gleichgewicht wieder herstellen können, dann konsultieren Sie einen Profi. Jede dieser Verhaltensweisen hat das Potenzial, jederzeit schlimmer zu werden. Selbst wenn das Verhalten relativ gleichbleibend ist, sich jedoch fast unmerklich verschlechtert hat, handeln Sie, wenn Ihnen dabei nicht mehr wohl ist.

Wenn Sie also nicht selbst einer sind, rufen Sie einen Profi, wenn Sie eines dieser Anzeichen beobachten. Er sollte wenigstens einmal kommen, nur damit Sie genau wissen, was Sie da sehen. Sie werden entweder erfahren, dass alles in Ordnung ist, oder Sie werden zuverlässige Hilfe dabei bekommen, die Dinge zu ändern. Viele Interaktionen Ihrer Hunde können Sie durch Ihr eigenes Verhalten beeinflussen. Daher kann es sehr aufschlussreich sein und Ihnen die Gelassenheit zurückgeben, wenn ein objektiver Profi die Interaktion zwischen Ihnen und Ihren Hunden beobachtet. Nun zurück zu diesen Signalen...

- Einer oder mehrere Hunde sind die Ressourcen eines anderen Hundes betreffend aggressiv und unhöflich; z. B. indem sie ihm nicht gestatten zu spielen.

- Ein Hund drängt wiederholt die anderen beiseite, um Ihre Aufmerksamkeit zu bekommen.

- Einer oder mehrere Hunde werfen regelmäßig einem anderen Hund besorgte Blicke zu.

- Ein Hund verteidigt Sie den anderen gegenüber.

- Ein Hund versucht, sich in der Gegenwart eines anderen Hundes klein und unsichtbar zu machen.

- Einer Ihrer Hunde scheint die Bewegungen eines oder mehrerer der anderen zu kontrollieren.

- Einer oder mehrere Ihrer Hunde wirken in Gegenwart eines/der anderen sehr steif.

- Spielstunden arten ungemütlich aus, und Sie mussten schon wiederholt einschreiten, um das Spiel zu beenden.

Bis Sie diese Dinge besser unter Kontrolle haben, ist Management der Schlüssel. Natürlich werden Sie das Verhalten Ihrer Hunde immer zu einem gewissen Grad managen, aber bei vorhandenem Konfliktpotenzial ist ein solches Management von entscheidender Bedeutung. Einige Beispiele für Management sind es, einige Hunde separat zu füttern oder nur bestimmten Hunden ein oder zwei Privilegien einzuräumen. Diese Art des Managements kann den Frieden erhalten, während Sie das Training anpassen, um die Gruppendynamik zu verbessern. Management hilft zu verhindern, dass Ihre Hunde die Gelegenheit bekommen, schlechtes Verhalten einzuüben.

Holen Sie bei jedem der auf der vorigen Seite erwähnten Signale eine professionelle Meinung ein. Auch wenn sie nicht unbedingt akut sind; wenn sie eskalieren, könnten sie es schnell werden. Wenden Sie in beiden Fällen striktes Management an, bis die Probleme gelöst sind. Überlassen Sie nichts dem Zufall!

Nehmen wir also an, Sie haben zwei Hunde, die einander anstarren, und Sie machen sich Sorgen, ob sie auf eine Rauferei zusteuern. Halten Sie sie für eine Weile getrennt, oder halten Sie allermindestens den eigensinnigeren an der Leine. Gibt es Probleme mit Ressourcenverteidigung, dann geben Sie Ihren Hunden hochwertige Dinge nur, wenn sie in getrennten Räumen, in Boxen oder angebunden sind. Konkurrieren zwei Ihrer Hunde um Plätze auf dem Sofa, dann dürfen beide Hunde nicht aufs Sofa, bis die Probleme gelöst sind. Management ist eines der wichtigsten Werkzeuge in Ihrem Mehrhundehaushalt. Es ist einfacher, die Dinge in Ordnung zu bringen, bevor sie an ihrem furchterregendsten Punkt angelangt sind und schon die Hölle losgebrochen ist!

Was sollten Sie tun, wenn Ihr Management bisher nachlässig war und ein Problem auftaucht, etwa dass ein Hund einen anderen anknurrt und auf ihn zustürzt? Sie müssen sich darum kümmern, selbst wenn es noch nicht zu körperlichem Kontakt gekommen ist. Das nächste Mal könnte das Verhalten eskalieren, also schreiten Sie ein, sobald es geschieht. Schreien und brüllen Sie nicht, da das für unsere Hunde die menschliche Entsprechung zum Bellen und Knurren sein kann. Als

Mensch des Haushalts Aggressivität zu zeigen (z. B. durch Herumbrüllen) ist nicht der beste Weg, eine von den Hunden gezeigte Aggressivität umzulenken! Die Karte, die Sie hier ausspielen sollten, ist es, ruhig und selbstsicher aufzutreten und die Leitung zu übernehmen.

Wie können Sie ohne zu brüllen zeigen, dass Sie die Situation im Griff haben? Gute Körperhaltung ist nicht nur gut für Sie selbst, es ist gut für Ihre Hunde. Hunde respektieren selbstsichere Silhouetten. Haben Sie schon einmal bemerkt, wie ein Hund sich aufplustert, wenn er einen anderen Hund sieht? Er versucht, sich selbst groß zu machen. Hunde respektieren Größe. Selbst wenn Sie, wie ich, eine kleine Person sind, wird aufrechtes Stehen helfen, Ihre Hunde davon zu überzeugen, dass Sie „Die-der-gehorcht-werden-muss" sind! Ihren Körper zu benutzen, um Bewegungen Ihrer Hunde zu dirigieren, kann ebenfalls großen Eindruck machen. Körperliches Abblocken und abstandsvergrößernde Bewegungen, wie etwa „groß" zwischen Ihren Hunden hindurchzugehen, können häufig eine Situation schneller auflösen als es ein stimmliches Signal kann.

Es wird Ihnen den Respekt Ihrer Mannschaft einbringen, wenn Sie eine gute Körperhaltung haben und sich groß machen, selbst wenn Sie klein sind. Hunde respektieren selbstsichere Körpersprache. Sie können den Frieden leichter aufrechterhalten, wenn Sie selbstsicher und als Herr der Lage auftreten, selbst wenn Sie sich nicht so fühlen. Im Gegensatz dazu, was Sie vielleicht schon gehört haben, lassen Sie die Hunde es NICHT unter sich ausmachen! Das ist nicht ihre Aufgabe. ***Sie*** *sind der Teamchef.*

Korrekt eingesetzt können auch Time-Outs* eine brauchbare Option sein. Die „Missetäter" in ein Platz-Bleib zu bringen, bis sich die Dinge beruhigt haben, ist eine Form des Time-Outs, wenn Sie sich mit der Zuverlässigkeit der Ausführung des Platz-Bleibs wohlfühlen. Verlangen Sie nicht mehr als Ihre Hunde im Moment leisten können. Dies ist nicht der Moment, Signale für noch nicht vollständig trainierte Übungen zu geben oder solche, die Sie häufiger wiederholt als belohnt

* s. Seite 237

haben. Ihr Ziel ist es hier, dafür zu sorgen, dass Ihre Hunde Erfolg haben, damit Sie sie für gutes Verhalten belohnen können, statt sie zu bestrafen und ihnen nichts zu geben, das sie anstreben können. Falls dem Problem Eifersucht um Ihre Aufmerksamkeit (positiv oder negativ) zugrunde liegt, dann werden Sie Ihren Standpunkt damit deutlich machen.

Wenn Sie sich auch nur im geringsten unwohl dabei fühlen, dass sich die in Fehde liegenden Hunde gleichzeitig im selben Raum aufhalten, dann hören Sie unbedingt auf Ihr Bauchgefühl. Ihre Instinkte lügen nicht. Verwenden Sie Kindergitter und separate Räume, um für den Moment wieder Harmonie einkehren zu lassen. Für den Fall, dass Sie Hunde haben, die nicht an der ursprünglichen Auseinandersetzung beteiligt waren, aber gern einsteigen und sich auf die Seite des einen oder des anderen schlagen, sorgen Sie dafür, dass Sie diese Hunde mit einschließen, wenn Sie ihnen zeigen, was angemessenes Verhalten ist. Seien Sie weiterhin allen Hunden gegenüber, bei denen es nötig ist, „Die-der-gehorcht-werden-muss". Sicherheit ist wichtig, und selbst kleine Hunde können einander verletzen und auch Ihnen kleine, aber hässliche Bisse zufügen, wenn Sie zur falschen Zeit am falschen Ort sind. Und wenn Sie größere Hunde haben, ist dies noch wichtiger. Große Hunde haben große Zähne. Große Zähne verletzen alles, womit sie in Berührung kommen. Den Frieden zu wahren ist besser für alle Beteiligten.

Wenn Sie, sehr zu Ihrer Bestürzung, ein Signal übersehen haben und ein Kampf ausbricht, bleiben Sie ruhig. Es ist von unschätzbarem Wert, auf solche Vorkommnisse vorbereitet zu sein. Versuchen Sie, bestimmte Dinge zur Verfügung zu halten, um auf sichere Art Hundekämpfe trennen zu können. Ein Produkt namens Spray Shield® (ein Hundeabwehr-Spray auf Citronella-Basis, Anm. d. Übers.) oder eine Gasdruck-Fanfare beispielsweise können Streithähne oft trennen. Manche Tierheime verwenden ein so genanntes Beißholz. Das ist ein kurzes Stück Holz, das man dem Angreifer in den Fang stecken kann, um ihn von dem Hund, in den er sich verbissen hat, zu lösen. Wenn Sie das tun, müssen Sie schnell sein, damit keiner der Hunde nachfassen kann. Schicken Sie sie rasch in unterschiedliche Räume und konzentrieren Sie sich darauf, denjenigen, der mit größerer Wahrscheinlichkeit wieder anfängt, gut festzuhalten. Schicken Sie den anderen mit Worten in eine andere Richtung. Wenn Sie nahe an der Tür sind und eine Türklingel haben, probieren Sie, zu läuten. Wenn Ihre Hunde gut abrufbar sind, können Sie versuchen, einen nachdrücklich zu sich heranzurufen. Sollte das klappen, setzen Sie sofort Körperblocks ein, um einer Fortsetzung des Kampfes an anderer Stelle vorzubeugen. Wenn die Hunde Sie einfach überhaupt nicht hören, dann können das Citronella-Spray und die Gasdruck-Fanfare sich als nützlich erweisen.

Andere mögliche Lösungen sind, die Hunde mit Wasser zu besprühen oder zu übergießen, etwa aus einem Topf oder einem Schlauch (sogar der aus Ihrer Küchenspüle). Im Notfall funktioniert auch ein Feuerlöscher. Greifen Sie NICHT nach den Halsbändern, um zu versuchen, die Hunde auseinander zu ziehen. Ja ja, ich weiß, das ist Ihr erster Impuls. Aber lassen Sie mich ein paar Gründe anführen, warum das nicht die beste Option ist. Erstens könnte Ihr Hund seine Aggression auf Sie umlenken, und ganz sicher wollen Sie nicht, dass das geschieht. Zweitens könnten Ihre Hunde einander sehr fest halten, und Sie könnten aus noch nicht einmal verletzter Haut schlimme Risswunden in der Haut machen, die tierärztlich behandelt werden müssen.

Hat es auch nur den kleinsten Kampf innerhalb Ihrer Mannschaft gegeben, müssen Sie bestimmte Dinge zur Hand haben, um Raufereien zu beenden, falls Ihr Management einmal versagt: Gasdruck-Fanfare, Citronella-Spray, Beißholz, Feuerlöscher, Gartenschlauch usw. Es ist sehr wichtig, einen Notfallplan zu haben. Überlassen Sie dies nicht dem Zufall. Und holen Sie vor allen Dingen so schnell wie möglich professionelle Hilfe.

Müssen Sie die Kiefer eines Hundes ohne Beißholz öffnen, ist die folgende Vorgehensweise effektiv, sollte aber möglichst von jemandem angewandt werden, der selbstsicher genug ist, um ohne Zögern zu handeln. Dieses Verfahren ist nur sinnvoll, wenn nur einer der Hunde sich in den anderen verbissen hat. Greifen Sie die Haut direkt hinten am Hals, direkt hinter dem Kopf, zwischen den Ohren. Greifen Sie diese Haut fest und halten Sie sie so lange, bis die Kiefer loslassen. Dann bringen Sie die Hunde rasch an getrennte Orte.

Sie müssen auch hier wieder darauf vorbereitet sein, dass der Hund, wenn er losgelassen wird, versucht, sich erneut auf den Hund zu stürzen, den er gerade losgelassen hat. Aber der gerade befreite Hund wird hoffentlich einfach froh über diese Tatsache sein und von sich aus woanders hingehen. Sobald Sie sie in ihren getrennten Ecken haben, untersuchen Sie jeden Hund gründlich auf Verletzungen und behandeln Sie diese entsprechend.

Sobald Sie die Hunde getrennt und sich überzeugt haben, dass keiner eine Verletzung davongetragen hat, die nicht mit ein wenig Neosporin® zu beheben ist, nehmen Sie unbedingt mit Stimme und Körperhaltung Ihre „Die-der-gehorcht-werden-muss"-Rolle ein. Insbesondere, wenn die Rauferei aus einem Konflikt über Ressourcen wie z. B. Aufmerksamkeit heraus entstanden ist, müssen Sie Ihre Hunde an dieser Stelle ignorieren und dürfen ihnen keinerlei Aufmerksamkeit geben, sobald Sie sie sicher getrennt voneinander untergebracht haben. Und wenn ich ignorieren sage, meine ich, sie für eine beträchtliche Zeit komplett zu ignorieren. Verhalten Sie sich, als würden sie nicht existieren. Reagieren Sie selbst auf ein Winseln oder ein Grummeln nicht. Kein Schimpfen, wirklich gar nichts. Ist einer der Missetäter frei oder in Ihrer Nähe und stupst Sie an, um getreichelt zu werden, ignorieren Sie ihn; kein geistesabwesendes Streicheln, keine Aufmerksamkeit, Punkt. Sie wollen sehr deutlich machen, dass das soeben Geschehene inakzeptabel ist. Hunde hassen es, ignoriert zu werden. Ihre Lektion wird wahrscheinlich nicht vergessen werden, aber das heißt nicht, dass es nicht wieder geschehen könnte. Auch hier möchte ich Ihnen wieder nahelegen, professionelle Hilfe in Erwägung zu ziehen. Es ist eine kleine Investition, wenn so viel auf dem Spiel steht.

Kapitel 10

Die Fetzen fliegen

Was tun, wenn die Integration nicht gelingt?

Vielleicht haben Sie Ihrer Mannschaft einen neuen Hund hinzugesellt, und anfangs ging alles gut. Vielleicht dauerten die Flitterwochen sogar eine ganze Weile an. Aber jetzt scheinen Raufereien an der Tagesordnung zu sein und nichts was Sie tun bringt eine Verbesserung. Das Erste, was Sie in diesem Fall tun sollten, ist, professionelle Hilfe zu holen. Bücher werden dieser Situation einfach nicht gerecht. Wenn Sie zwei Hunde haben, die versuchen, einander körperlichen Schaden zuzufügen, ist dies für den gesamten Haushalt eine gefährliche Situation, die man nicht ignorieren kann. Wissen Sie noch, was ich darüber gesagt habe, dass Ihre Hunde Ihnen ihre Sicherheit anvertrauen? Das ist hier wirklich wichtig; besonders bei den Hunden, die zuerst da waren. Sie wollen ihr Vertrauen in Sie nicht zerstören, wenn der neue Hund Probleme macht.

Raufereien innerhalb Ihrer Mannschaft erfordern das sofortige Einschalten eines Profis. Halten Sie die beteiligten Hunde voneinander getrennt, bis Sie Hilfe bekommen. Wenn Hunde miteinander kämpfen, die für lange Zeit bestens miteinander ausgekommen sind, sollten zuallererst alle beteiligten Hunde medizinisch untersucht werden. Dokumentieren Sie für den Verhaltenstherapeuten die Begleitumstände eines jeden Vorfalls.

Schuldzuweisungen nützen natürlich niemandem, also halten Sie sich damit, wenn überhaupt, nicht lange auf. Holen Sie einfach Hilfe. Und bis Sie diese bekommen, halten Sie die kämpfenden Hunde mit Türgittern, sicher verschlossenen Türen usw. voneinander getrennt. Wenn Sie Kinder haben, ist dies sogar noch wichtiger. Handeln Sie vorausschauend und gehen Sie KEIN Risiko ein.

Nur ein Hundeverhaltensspezialist, der die Situation direkt vor Ort beobachtet, kann Ihnen sagen, was vor sich geht und wie man am besten vorgehen könnte. Suchen Sie unbedingt jemanden aus, der sich auf diese Arbeit spezialisiert hat. Schauen Sie in den Abschnitt *Quellen und Literaturhinweise*, um Websites zu finden, die Ihnen bei der Suche nach einem Trainer in Ihrer Nähe helfen können.

Wenn Ihre Hunde bislang wunderbar miteinander ausgekommen sind und dies jetzt plötzlich nicht mehr der Fall ist, sollten alle beteiligten Hunde gründlich medizinisch untersucht werden. Fertigen Sie für jeden einzelnen Hund eine Liste mit allen Verhaltensänderungen an und nehmen Sie diese mit zu Ihrem Tierarzt. Machen Sie eine zweite Liste, die alle Veränderungen im Tagesablauf enthält, egal wie gering. Man weiß nie, wodurch solche Änderungen im Verhalten ausgelöst werden; alles könnte wichtig sein. Die Liste mit den Informationen über Veränderungen im Tagesablauf sollte nicht nur den Tagesablauf des jeweiligen Hundes umfassen, sondern auch solche im Tagesablauf des Menschen, da sich dieser auch auf die Hunde auswirkt. Zeigen Sie diese Liste zusammen mit der Verhaltensliste Ihrem ausgewählten Trainer.

Was ist, wenn Sie mit dem Profi gearbeitet haben und die Dinge sich trotzdem nicht verbessern? Vielleicht gibt es einen gewissen Fortschritt, aber die Dinge laufen immer noch nicht besonders glatt? Dann ist es an der Zeit, eine Entscheidung zu treffen. Viele Leute leben mit zwei Hunden zusammen, die sich nicht vertragen oder tatsächlich nicht einmal im selben Raum sein können. Sie leben ein Leben voller Türgitter und stabiler Türen und Boxen und einander abwechselnder Hunde. Sie haben viel mehr zu tun als der durchschnittliche Mehrhundehalter, und sie kommen damit zurecht. Sie leben täglich mit dem Risiko einer Tragödie. Ist dies eine Wahl, die Sie bereit sind zu treffen?

Wenn es für Sie nicht in Frage kommt, einen Hund in ein neues Zuhause zu vermitteln, dann müssen Sie gründlich überlegen, ob Sie ein Leben mit abwechselnden Hunden führen können. Besonders wichtig ist dies, wenn Kinder im Haushalt leben oder wenn Ihr Partner oder andere Mitbewohner nicht solche Hundeleute sind wie Sie. Diese fühlen sich vielleicht nicht wohl mit den Regeln und der Struktur, die nötig sind, um ein solches Leben zu führen. Und sicherlich können Kinder Sand ins Getriebe eines jeden solchen Plans streuen. Man kann von Kindern einfach nicht erwarten, den Ernst der Lage zu verstehen, und sie sind diejenigen, die den größten Schaden erleiden können, falls die Dinge furchtbar schief laufen. Jeder, der mit der Situation nicht vertraut ist, kann die Wahrscheinlichkeit eines Fehlers erhöhen.

An dieser Stelle ist es auch wichtig zu sagen, dass eine so große Spannung auch einen hohen Tribut von den im Haushalt lebenden Hunden fordert. Es ist sehr aufreibend, ein Leben auf sehr dünnem Eis zu führen, stets in dem Bewusstsein, dass etwas sehr Schlimmes geschehen kann, wenn jemand einen Fehler macht. Ständig unter Stress zu leben bedeutet, einen erhöhten Cortisolspiegel zu haben. Dieser lässt jeden Menschen und/oder Hund, der ohnehin schon ein ängstlicher Typ ist, noch ängstlicher werden. Es wirkt sich auf die Lebensqualität aller Beteiligten aus. Leider können Hunde uns nicht mitteilen, wenn sie sich so fühlen. Daher ist es wichtig, dass Sie darauf achten, was ihre Körpersprache Ihnen sagt. Denken Sie daran: Ihre Hunde vertrauen auf Ihre wohlwollende Führung. Das bedeutet, Sie sind in allen Bereichen für ihr Wohlergehen verantwortlich. Hören Sie auf Ihr Bauchgefühl. Ihre Entscheidung darf nicht allein darauf beruhen, was am besten für die Menschen ist, sondern auch darauf, was am besten für die Hunde ist.

Wenn die medizinische Untersuchung keine Probleme ergibt und der Verhaltenstherapeut Ihnen wenig Hoffnung auf Erfolg macht, müssen Sie Entscheidungen treffen. Wenn Sie die räumlichen Voraussetzungen haben, können Sie mit Hunden leben, die einander bekämpfen, aber dies fordert auf emotionaler Ebene sowohl von den Menschen als auch von den Hunden einen Tribut. Denken Sie lange und gründlich darüber nach, ob Sie wirklich damit fertig werden wollen. Ihre Entscheidung sollte sich danach richten, was am besten für alle Beteiligten ist, vor allem für die Hunde. Sicherheit sollte an erster Stelle stehen.

Nun haben Sie also in Betracht gezogen, ein neues Zuhause für einen Hund zu suchen – Etwas, von dem Sie sich geschworen haben, es nie zu tun. Sie sind von Schuldgefühlen geplagt und zutiefst unglücklich, aber Sie sehen keine andere praktikable Möglichkeit. Es ist wichtig zu wissen, dass es nichts Schlechtes ist, einen Hund in ein neues Zuhause zu geben. Es ist kein Versagen. Schlecht wäre es, nicht zu erkennen, wenn dies die beste Möglichkeit für alle Beteiligten ist. Hunde sind sehr anpassungsfähig; besonders, wenn der Hund, der die Probleme ausgelöst hat, der neueste war. Für wen sollten Sie ein neues Zuhause suchen? Ich bin fest davon überzeugt, dass es immer der neueste Hund sein sollte. Der oder die Hunde, die schon vorher da waren, haben nicht darum gebeten, ein neues Mitglied in die Mannschaft aufzunehmen und verdienen es nicht, ihr Zuhause zu verlieren, weil das neue Mannschaftsmitglied ein Problem mit ihnen hat oder umgekehrt.

Denken Sie daran, dass Ihre Hunde nicht mit Worten sprechen können. Daher ist es wichtig, auf die Kommentare zu achten, die Ihre Hunde auf ihre eigene Weise machen. Es gibt nichts Frustrierenderes als missverstanden zu werden. Wenn der neue Hund derjenige ist, der das Verhalten anzettelt, dann würde man mit dem Weggeben des Hundes, der zuerst da war, das unangemessene Verhalten belohnen. Das sollte nicht Ihr Ziel sein. Ihr Ziel ist es, die Harmonie wiederherzustellen. Beziehen Sie Ihren Trainer in die Überlegungen zum Vermitteln in ein neues Zuhause ein; er kann Sie über die vorhandenen Möglichkeiten beraten. Abhängig davon, wie lange der neue Hund schon bei Ihnen ist und woher Sie ihn haben, könnten Sie dazu verpflichtet sein, ihn an eine Tierschutzvereinigung oder ein Tierheim zurückzugeben. Wenn Sie diesen Hund aus einem Tierheim haben: Viele Tierheime freuen sich über verantwortungsvolle Unterstützung bei der Vermittlung, falls Sie vielleicht ein geeignetes Familienmitglied oder einen Freund haben, der Interesse hat. Das ist immer eine sehr gute Möglichkeit, und manchmal können Sie Ihren Ex-Hund dann immer noch sehen.

Und wenn sich das nicht ergibt, sollten Sie Eines trotzdem nicht vergessen: Nur weil Sie die Entscheidung getroffen haben, einen Hund in ein neues Zuhause zu geben, heißt das nicht, dass Sie Ihrer Verpflichtung nicht nachkommen, die Sie diesem Hund gegenüber eingegangen sind, als Sie ihn bei sich aufgenommen haben. Sie sorgen immer noch für ein geeignetes und liebevolles Zuhause für ihn. Es wird einfach nur nicht Ihr Zuhause sein, weil das nicht mehr das Beste für ihn ist. Und das

Wichtigste ist schließlich, was rundherum das Beste ist. Behalten Sie vor allem diesen Gedanken im Kopf und vermeiden Sie die Schuldgefühle. So wird es sowohl für Sie als auch für die Hunde stressärmer sein. Ihre Sorgen sind für die Hunde wahrnehmbar. Je wohler Sie sich mit Ihrer Entscheidung fühlen, desto besser wird die gesamte Situation verlaufen.

Einen Hund in ein neues Zuhause zu geben ist kein Scheitern. Ein Versagen wäre es, einen Handlungsbedarf nicht zu erkennen. Hunde sind sehr anpassungsfähige Wesen. Lieben bedeutet, loslassen zu können, wenn nötig. Es ist ein Akt der Liebe, ein neues, besser passendes Zuhause für einen Hund zu finden. Ist ein Neuzugang an Raufereien beteiligt, dann ist dies der Hund, der in ein neues Zuhause gehen sollte. Denken Sie daran: Ihre Mannschaft vertraut Ihnen. Belohnen Sie dieses Vertrauen mit Sicherheit und Hingabe.

Kapitel 11

Die Tragödie in unserer Mitte

Der Verlust eines Teammitglieds

Für jeden Tierhalter gehört der Tod eines geliebten Haustiers wohl zum Schwersten überhaupt. Es wird auch für Ihren Mehrhundehaushalt schwer sein, weil Sie alle eine Familie sind, Tiere wie Menschen. Ob das verstorbene Tier ein Hund war oder auch eine Katze; beides wird oft gleichermaßen schwer für die Mannschaft als Ganzes sein, besonders, wenn Ihre Hunde den Katzen, die mit ihnen leben, so nahe stehen wie den anderen Hunden.

Der Einfachheit halber verwende ich im weiteren Verlauf dieses Kapitels das Beispiel eines Hundes, der stirbt. Derselbe Rat würde auch für andere Haustiere gelten, soweit praktikabel. Gleichgültig, ob der Tod aufgrund von Alter oder Krankheit abzusehen war oder unerwartet durch Unfall oder plötzliche Erkrankung eintrat – es ist eine aufwühlende Zeit.

Wenn Sie mehrere Hunde haben, kann dies sowohl Segen als auch Fluch sein. Es ist ein Segen, weil Sie in der Welt der Lebenden bleiben müssen, um sich um die restlichen Hunde zu kümmern, die Sie brauchen, und ein Fluch, weil Sie es jetzt neben Ihrer eigenen Trauer zusätzlich mit der Trauer der verbliebenen Hunde zu tun haben. Das kann sehr frustrierend sein, denn Sie können nie genau wissen, was Ihre Hunde verstehen, wenn Sie es versuchen zu erklären.

Im Allgemeinen halte ich sehr viel davon, in bestimmten Szenarien mit den Hunden in einer Art normalem Konversationston zu sprechen. Es ist wichtig, Ihre Hunde über das zu informieren, was sie Ihrer Meinung nach wissen sollten, oder sogar, sie einfach nur auf Dinge hinzuweisen, die Sie mit ihnen teilen möchten. Dieses Konzept trifft auch hier zu. Meinen Kunden empfehle ich, sich einfach mit ihrer verbleibenden Mannschaft hinzusetzen und ihr so freundlich wie möglich mit Worten zu erzählen, was passiert ist. Wenn der Hund, der gestorben ist, krank war und sie dabei waren, oder wenn es ein Unfall war oder etwas, das sie selbst gesehen haben, dann wissen sie sehr wahrscheinlich schon, was mit ihm geschehen ist. Das bedeutet aber nicht, dass er ihnen dadurch weniger fehlt.

Wenn der Rest der Mannschaft nicht aus erster Hand weiß, was passiert ist, wird es etwas schwieriger für sie sein. Wenn es möglich ist, den Körper des verstorbenen Hundes zu sehen, ist das eine gute Idee für das Wohl der verbleibenden Mannschaft. Hierdurch erfahren die Hunde alles, was sie wissen müssen, so dass der Trauer-Prozess beginnen kann. Wenn es nicht möglich ist, dass sie den Körper sehen können, können Sie ihnen das Halsband des Hundes zeigen und auch die Asche, wenn Sie diese abholen.

Wenn Sie sich dafür entscheiden, Ihren Hund selbst zu beerdigen, haben Sie hier die Möglichkeit, den Rest der Mannschaft an der Zeremonie teilhaben zu lassen. Gleichgültig, ob Sie den Körper oder nur die Asche begraben, empfehle ich Ihnen, eine Zeremonie zu vollziehen. Nehmen Sie die Besitztümer des verstorbenen Hundes dazu. Zeigen Sie sie dem Rest der Mannschaft und gestalten Sie die Zeremonie so, wie Sie sich dabei wohl fühlen, um den verstorbenen Hund zu würdigen. Lassen Sie die anderen an der Urne schnuppern und kombinieren Sie dies deutlich mit dem Halsband, dem Lieblingsspielzeug usw. des verstorbenen Hundes. Dies kann den Hunden helfen, die Verbindung zur Asche herzustellen.

Sie können eine Vielzahl unterschiedlichster Reaktionen von Ihren Hunden erwarten, von gleichgültig bis zum Zusammenbruch. Während Sie darauf achten sollten, nicht unbeabsichtigt schlechte Gefühle zu belohnen, sollten Sie das Trauern gestatten. Trauern ist normal. Spenden Sie Trost mit körperlicher Nähe (je nachdem, wie Ihre Hunde es jeweils schätzen) und Liebe. Seien Sie verständnisvoll. Aber ermuntern Sie gleichzeitig auch zum Leben. Damit helfen Sie nicht nur dem trauernden Hund, sondern auch sich selbst.

Halten Sie das Andenken Ihres Hundes in Ehren; verlieren Sie sich selbst oder Ihre verbleibenden Teammitglieder nicht in Trauer. Tun Sie so weit es geht alles so wie vor dem Verlust. Gehen Sie so normal wie möglich mit Ihren Hunden um. Das wird der Schlüssel dazu sein, ihnen das Gefühl zu geben, wieder fest im Sattel zu sitzen. Hunde lieben feste

Ihren Hunden einfach zu erzählen, warum einer von ihnen fehlt, kann den Trauerprozess unterstützen, besonders, wenn sie nicht aus erster Hand wissen, was geschehen ist. Eine Zeremonie gemeinsam mit Ihrer restlichen Mannschaft wird den Hunden beim Übergang zu einem Leben ohne ihren Freund helfen. Dies ist besonders hilfreich, wenn Sie Ihren Hund auf Ihrem Grundstück beerdigen. Geben Sie in dieser ungewissen Zeit Ihrer Mannschaft Halt, indem Sie Ihre gewohnte Routine so gut wie möglich aufrechterhalten. Für Ihre Mannschaft stark zu sein wird auch Ihnen helfen, weiter zu kommen als wenn Sie allein damit konfrontiert würden.

Abläufe. Diese helfen ihnen dabei, sich sicher zu fühlen. Behalten Sie also Ihre Routine weitestgehend bei, um ihnen dabei zu helfen, sich sicher zu fühlen. Dies wird auch Ihnen selbst sehr dabei helfen, das Gefühl von Sicherheit zurückzugewinnen.

Für eine Weile werden es harte Zeiten sein. Es liegt an Ihnen, Ihre Mannschaft zurück ins Licht zu führen. Manchmal wird der Schmerz erdrückend sein, aber die verbleibende Mannschaft wird sich darauf verlassen, von Ihnen Signale zu bekommen. Tun Sie also Ihr Bestes und seien Sie ihr Licht am Ende des Tunnels. Geben Sie Ihren Hunden die Liebe, Zuneigung und Geborgenheit, die sie jetzt brauchen. Es wird schwer sein. Sie werden selbst den Schmerz Ihres Verlustes spüren, aber Sie haben die Fähigkeit, darüber zu sprechen; Ihre Mannschaft nicht. Sie kennen den Hintergrund dieses Verlustes ganz detailliert; Ihre Hunde vielleicht nicht. Also seien Sie ihr Felsen. Das wird auch Ihnen selbst Stabilität geben.

Dürfen Sie vor ihnen zusammenbrechen? Ja, natürlich. Das passiert uns allen. Es ist sehr wahrscheinlich schon lange passiert, bevor Ihre Mannschaft durch den Verlust auseinandergerissen wurde. Brechen Sie zusammen, nehmen Sie alle in Ihrer Nähe in den Arm und lassen Sie sie Ihr Gesicht lecken, und dann stehen Sie auf und leben Ihr Leben weiter, wie es Ihr geliebter verstorbener Hund wollen würde.

Was unterschiedliche Reaktionen betrifft: Wenn einer Ihrer Hunde gleichgültig auf die Abwesenheit des verlorenen Mannschaftsmitglieds reagiert, denken Sie nicht eine Minute lang, dass dies bedeutet, es sei ihm egal. Wenn er und der verstorbene Hund zu dessen Lebzeiten nicht gerade Feinde waren, spürt er den Verlust; unabhängig davon, was er zeigt. Genau wie Menschen haben Tiere unterschiedliche Persönlichkeiten und drücken ihre Gefühle unterschiedlich aus. Dieser Hund wird derjenige sein, auf den sie in manchen Fällen am meisten achten müssen. Übersehen Sie also keine subtilen Symptome einer Trauer, mit der der Hund nicht mehr sehr viel länger zurechtkommt. Am anderen Ende des Spektrums wird der Hund sein, der ganz offensichtlich trauert und im Haus umherwandert, wo er die Plätze aufsucht, an denen sich der Verstorbene am häufigsten aufgehalten hat, und dort schnüffelt. Vielleicht schaut er Sie fragend an. Achten Sie auf dieses Verhalten, damit die Unruhe sich nicht vergrößert.

Wie bereits erwähnt, helfen feste Abläufe sehr dabei, die Ausgeglichenheit wiederherzustellen. Es ist wichtig, Trauer auszudrücken und zu verarbeiten; das ist also völlig normal. Sie sollten einfach wissen, dass es manchmal aus dem Ruder laufen kann, und als Chef dieser Mannschaft ist es an Ihnen, die Augen offen zu halten, damit das nicht passiert.

Während die verbleibende Mannschaft in den meisten Fällen erst einmal etwas verloren sein wird: Wenn der verstorbene Hund schwierig war, sehen Sie in einigen Ihrer Hunde jetzt vielleicht weniger Ängstlichkeit. Die Dinge sind vielleicht insgesamt ruhiger. Dies kann auch der Fall sein, wenn Ihr Hund entweder an einer Krankheit oder an Alterskomplikationen gestorben ist. Eine solche Situation setzt einen Haushalt unter großen Stress, und es kann eine Erleichterung sein, wenn der kranke oder „unbequeme" Hund stirbt, selbst wenn er heiß geliebt wurde. Bitte fühlen Sie sich deswegen nicht schuldig. So etwas passiert. Denken Sie daran, was Sie von dem verstorbenen Hund gelernt haben, und seien Sie dankbar für die Gelegenheit zu erfahren, wie die Persönlichkeit dieses Hundes die verbleibende Mannschaft beeinflusst hat. Sie werden etwas Wertvolles für den Moment lernen, zu dem Sie bereit sind, ein neues Mitglied in Ihre Mannschaft aufzunehmen. Betrachten Sie Ihren Verlust als Teil der „Wachstumsschmerzen des Lebens".

Während ich nicht der Typ Trainer bin, der dem ganzen Rudeltheorie-Szenario beipflichtet, kommt man nicht an der Tatsache vorbei, dass es Anführer und Mitläufer gibt, sowohl in der Welt der Menschen als auch in der der Hunde. Obwohl das, was viele als „Dominanz" bezeichnen, in einer Familie fließend ist: Ist es ein Anführer, der gestorben ist, bringt das durchaus das Gleichgewicht innerhalb der Mannschaft durcheinander.

Sie könnten in Ihrer Mannschaft eine Vielfalt von Reaktionen sehen. Das ist normal. Genau wie bei Menschen wird die Bandbreite vom offensichtlichen Suchen des Verstorbenen bis hin zu „völlig normal" reichen. In einigen Fällen werden Sie Erleichterung sehen, wie beispielsweise nach dem Tod eines Hundes, der eine Herausforderung für das Zusammenleben oder der lange krank war. Verzichten Sie auf Schuldgefühle, wenn dies der Fall ist. Es ist eine normale Reaktion. Wenn Sie einen Hund verloren haben, der eine Führungspersönlichkeit war, steht Ihre Mannschaft vielleicht etwas neben sich. Sorgen Sie dafür, dass man sich auf Ihre Führung verlässt. Beugen Sie unangemessenen Rangeleien um die freie Position vor.

Sie sind zwar der oberste Teamchef, aber die selbstsichersten Hunde in Ihrer Mannschaft werden auch so etwas wie Anführer sein. Der Verlust eines Anführers kann bei den Mitläufern eine größere Lücke hinterlassen. Sie haben weniger, auf das sie sich verlassen können und sind vielleicht die erwähnten, die herumwandern und am verlorensten aussehen. Es ist wichtig, jetzt dafür zu sorgen, dass unter den Hunden, die ich gern „Unterleutnants" nenne, kein Gerangel entsteht. Dies sind die Hunde mit Problemen im Selbstvertrauen, die vielleicht denken, sie haben Führungsqualitäten, aber in Wirklichkeit fehlt es ihnen am nötigen Selbstvertrauen, um mit dieser Position umzugehen. Dies ist eine wichtige Gelegenheit, alle daran zu erinnern, dass Sie der wohlwollende Teamchef sind. Seien Sie ruhig, selbstsicher, und seien Sie für sie da. Benutzen Sie Körperhaltung und -bewegungen, um nötigenfalls die Dinge zu lenken, und lieben Sie einfach alle.

Auch den Verlust eines menschlichen Mannschaftsmitglieds, sei es durch Tod oder durch Trennung, muss man in Betracht ziehen. Beides hinterlässt ebenfalls eine Lücke. Die Person ist aus dem Leben Ihrer Hunde verschwunden, oder ihre Zeit miteinander hat sich vielleicht drastisch verringert. Hier gilt derselbe Prozess der Trauer. Im Falle eines Todes ist es den Hunden häufig leichter zu zeigen als beim Tod eines hündischen Mitbewohners. Freunden Sie sich mit Ihrem Bestatter an, damit Sie ein paar wertvolle Momente haben, um Ihren geliebten Hunden zu zeigen, was passiert ist.

Haben Sie ein menschliches Teammitglied verloren, kann es oft einfacher sein, Ihrer Mannschaft zu erlauben, den Verstorbenen zu sehen, wenn er nicht zu Hause gestorben ist. Ist der Verlust durch eine Trennung entstanden, rechnen Sie damit, dass Ihre Hunde sich seltsam benehmen könnten, wenn Sie wieder anfangen, mit jemandem auszugehen. Auch hier kann es einen großen Unterschied machen, feste Abläufe beizubehalten. Sie werden wissen, wenn es so weit ist, dass Sie einen neuen Hund dazu nehmen können. Hören Sie auf Ihr Bauchgefühl.

Mir ist bewusst, dass das viel verlangt ist, wenn Sie gerade selbst mitten in Ihrem Schmerz stecken. Es wird Ihnen jedoch einiges Suchen ersparen, wenn Sie die Stärke aufbringen können, in Ihrer Zeit der Trauer die Augen offen zu halten. Wenn die Person durch eine Trennung nicht mehr da ist, könnte es sein, dass Ihre Hunde sich seltsam aufführen, wenn Sie wieder anfangen, mit jemandem auszugehen. Dasselbe kann auch bei einem Todesfall vorkommen, aber in der Regel ist dann mehr Zeit vergangen, bevor man mit der Partnersuche anfängt. Auch hier gilt: Je mehr Sie ansonsten an Ihrer gewohnten Routine festhalten, desto reibungsloser wird der Übergang sein. Und wenn Sie Ihren Hunden reichlich Aufmerksamkeit geben, wird ihnen das helfen, zurechtzukommen.

Wann ist es angemessen, einen neuen Hund in die Mannschaft aufzunehmen, wenn Sie einen verloren haben? Das wird variieren, abhängig davon, was richtig für Sie ist. Es gibt auf diese Frage keine allgemein gültige Antwort. Sie werden wissen, wenn Sie bereit sind. Einige Leute können nicht einmal ansatzweise daran denken, wieder einen Hund aufzunehmen, wenn sie in tiefer Trauer sind. Andere können die Leere in ihrem Leben nicht ertragen und müssen die Lücke so schnell wie möglich füllen. Bitte geben Sie sich große Mühe, beim Treffen dieser Entscheidung die Bedürfnisse Ihrer übrigen Teammitglieder zu berücksichtigen. Die Auswirkungen sind wichtig, und Ihre Entscheidungen sollten mit Klarheit getroffen werden.

Was das Thema betrifft, worauf man bei einem neuen Hunde-Hausgenossen achten sollte, schauen Sie in den Abschnitt zu diesem Thema. Ein Punkt, den man im Hinterkopf behalten sollte, ist jedoch Anführerschaft. Wenn Sie einen „Anführer-Hund" verloren haben, wählen Sie einen neuen Anführer-Hund. Keinen penetranten, drängeligen „Alles-dreht-sich-um-mich"-Hund, sondern einen Hund, der eine natürliche Selbstsicherheit besitzt, aber auch Freundlichkeit, und der den Respekt der anderen Hunde haben wird. Wenn Sie bereits Mitläufer-Hunde haben, wird ein weiterer Mitläufer-Hund Ihnen wahrscheinlich mehr Unruhe bringen. Sicher, Sie können sie formen, aber dazu sollten Sie am besten ein selbstsicherer wohlwollender Teamchef sein.

Kapitel 12

Da waren es schon drei

Einen neuen Hund aufnehmen

Sie haben beschlossen, einen neuen Hund in Ihren Haushalt aufzunehmen. Wie wählen Sie nun aus, welche Persönlichkeiten Sie miteinander vergesellschaften? Berücksichtigen Sie zuerst das Wesen Ihrer jetzigen Hunde. Wenn Ihre Hunde zu fremden Hunden nicht besonders freundlich sind, ist es zu diesem Zeitpunkt keine gute Idee, einen weiteren Hund zu dieser Gruppe hinzuzufügen. Sie sollten sich zuerst um die Unfreundlichkeit Ihrer Hunde kümmern. Es gibt viele effektiv arbeitende Trainer und gute Trainingsbücher, die Ihnen dabei helfen können. Wenn Ihre Hunde jedoch sozial sind, können Sie damit anfangen, in ein Tierheim zu gehen und zu sehen, welcher Hundetyp Sie anspricht. Anschließend bringen Sie Ihre eigenen Hunde zu einem Kennenlern-Treffen mit. Die meisten Tierheime und besonders die meisten Tierschutzvereine haben Personal oder Ehrenamtler, die geschult darin sind, die zueinander passenden Menschen und Tiere auszuwählen, und diese können beobachten und Vorschläge machen.

Stammt Ihr potenzielles neues Mitglied für die Mannschaft aus Privathand, nehmen Sie zu dem Treffen unbedingt jemanden mit, vorzugsweise einen Profi, der sich mit der Körpersprache von Hunden auskennt. Es ist wichtig, dies richtig zu machen; besonders, wenn dabei mehrere Persönlichkeiten berücksichtigt werden müssen. Treffen finden am besten auf neutralem Boden statt. Wenn Ihre Hunde wählerisch sind, was Spielgefährten betrifft, könnte es sich wirklich lohnen, als Begleitung zu einem Kennenlern-Treffen einen Profi zu engagieren. Ich biete meinen Kunden diesen Service an. Es kann Ihnen späteren Kummer ersparen.

Sie können versuchen, einen neuen Hund zu finden, der vom Wesen perfekt zu Ihren jetzigen Hunden passt, aber das ist nicht unbedingt nötig. Hunde mit unterschiedlichen Persönlichkeiten und unterschiedlichem Energielevel können zufrieden miteinander leben. Haben Sie nur einen Hund, empfehle ich in den meisten Fällen, einen Hund des anderen Geschlechts dazuzunehmen, wie in einem früheren Kapitel besprochen. In einem Haushalt, in dem bereits je ein Hund beider Geschlechter lebt, werden Sie offensichtlich bald einen Hund des einen Geschlechts mehr haben.

Berücksichtigen Sie jedoch unbedingt, welche Rassen Sie bereits haben. Einige Rassen haben die Neigung, sich mit Geschlechtsgenossen anzulegen; entweder nur innerhalb dieser Rasse oder auch mit anderen Rüden anderer Rassen. Sie sollten Ihre Rassen kennen, auch wenn Sie Mischlinge haben. In manchen Fällen wird das etwas ausmachen. Viele Haushalte, in denen ausschließlich Rüden oder ausschließlich Hündinnen leben, haben keine Probleme. Denken Sie einfach nur daran, dass das Geschlecht manchmal eine Rolle spielen kann. Ich persönlich finde, es ist einfacher, mehrere Hündinnen zu haben als mehrere Rüden, aber wahrscheinlich sagen ebenso viele Leute das Gegenteil.

Ein weiteres wichtiges Kriterium, das Sie bei der Auswahl eines passenden neuen Hundes berücksichtigen sollten, ist der Grad der Selbstsicherheit Ihrer Hunde. Wenn Sie zurzeit eher schreckhafte, nervöse Hunde haben und einen sehr selbstsicheren Hund in Ihren Haushalt aufnehmen wollen, könnte das leicht ein Problem verursachen. Wenn Sie keine Lust haben, jede einzelne Interaktion sehr sorgfältig zu überwachen, wählen Sie vielleicht lieber einen weniger selbstsicheren Hund.

Schüchterne Hunde sind mit einem aufdringlichen Hund sehr leicht überfordert, und das ist ihnen gegenüber nicht fair. Sie waren zuerst da, und auch wenn die Rangstruktur unter den Hunden kein großes Problem sein sollte, sollten bei der Entscheidung für neue Mannschaftsmitglieder die zuhause bereits vorhandenen Hunde vorgehen. Ihre Hunde müssen darauf vertrauen, dass sich mit einem Neuzugang nichts an Ihrer Liebe und Zuneigung für sie ändert. Sind Ihre jetzigen Hunde sehr selbstsicher, ist es oft die beste Wahl, einen eher zurückhaltenden Hund dazuzunehmen. Es gibt viele Feinheiten zu beachten, aber das beste Erfolgsrezept ist es, voll und ganz daran zu glauben, dass Sie gut mit der ganzen Mehrhundehaltungs-Geschichte zurechtkommen können.

Wenn Ihre Hunde neuen Spielkameraden mit Misstrauen begegnen, holen Sie sich für die Auswahl eines neuen Hundes professionelle Hilfe. Das erste Treffen sollte unbedingt auf neutralem Boden stattfinden. Sie sollten sich gut mit den rassetypischen Eigenschaften Ihrer jetzigen Hunde auskennen, besonders bei den selbstbewussteren Teammitgliedern. Um Problemen vorzubeugen, sollten Sie wissen, ob Sie eine Rasse haben, bei der es häufig zu Aggressionensproblemen zwischen Hunden desselben Geschlechts kommt. Häufig noch wichtiger als die rassetypischen Eigenschaften ist der Grad des Selbstbewusstseins Ihrer Hunde. Nehmen Sie keinen extrem selbstbewussten Hund zu einer Gruppe ängstlicher Hunde und umgekehrt.

Was, wenn Sie einen herumstreunenden Hund finden, den Sie behalten wollen (natürlich, nachdem Sie alle bekannten Anlaufstellen kontaktiert und herausgefunden haben, dass er wirklich kein Zuhause hat)? Nun, das kann sich als die Erfüllung all Ihrer Träume entpuppen, aber auch als Ihr schlimmster Albtraum. Nicht jede erfolgreiche Zusammenstellung ist von Tag eins an erfolgreich; ein guter oder schlechter erster Tag sind daher nicht unbedingt der beste Indikator dafür, ob es auf lange Sicht funktioniert. Vielleicht müssen Sie etwas Integrationsarbeit leisten, aber in der Regel werden Sie in einem oder zwei Tagen eine realistische Vorstellung davon bekommen, wie es laufen wird.

Wenn zu Beginn entweder der Neuzugang oder einer Ihrer schon vorhandenen Hunde so stark reagieren, dass Sie um die Sicherheit eines Hundes fürchten, ist das ein schlechtes Zeichen. Holen Sie sich professionelle Hilfe, wenn Sie entschlossen sind, dies durchzuziehen. Aber denken Sie daran, dass es kein Versagen bedeutet, wenn die Integration eines Neuzugangs fehlschlägt.

Das Aussuchen eines neuen Hundes, der bei Ihnen einzieht, ist eine sehr wichtige Entscheidung. Sie wählen damit ein Familienmitglied aus. Hunde werden nicht in die Familie hineingeboren wie Ihre menschlichen Familienmitglieder, und Sie haben die Gelegenheit, Harmonie zwischen allen im Heim herzustellen. Es ist für niemanden, weder Mensch noch Hund, gut, tagtäglichem Stress ausgesetzt zu sein. Wenn Sie als Resultat eines Einzugs des Findelkinds bei Ihnen Stress und Chaos absehen können, selbst wenn es nicht sein Fehler ist, handeln Sie verantwortungsvoll, wenn Sie ein besseres endgültiges Zuhause für ihn suchen. Wenn Sie den Hund lieber nicht in ein Tierheim geben möchten, suchen Sie eine Tierschutzorganisation, die Sie bei der Vermittlung in ein geeigneteres Zuhause unterstützt. Probieren Sie eine Internetsuche, z. B. über Petfinder, um Unterstützung in Ihrer Region zu finden. Wenn Sie den Hund bei sich zuhause halten wollen, während Sie ein neues Heim für ihn suchen, müssen Sie die Sicherheit aller Beteiligten gewährleisten. Treffen Sie also die notwendigen Vorkehrungen.

Wenn Sie versuchen wollen, den Hund, den Sie gefunden haben, zu behalten, kontaktieren Sie unbedingt zuvor alle entsprechenden Stellen und melden Sie Fund des Hundes. Denken Sie, Ihr Findelkind könnte sich mit ein wenig Unterstützung gut in Ihre Mannschaft eingliedern, dann bestellen Sie entweder einen Profi oder bitten Sie einen hundeerfahrenen Freund um Hilfe bei der Integration.

Was, wenn Ihr Findelkind und Ihre jetzigen Hunde den Eindruck machen, dass sie sich mit ein wenig Hilfe gut verstehen könnten? Der Erfolg liegt häufig darin, wie Sie die Eingliederung gestalten. Wenn der Hund schon in Ihrem Haus ist, ist es müßig, Ihnen vorzuschlagen, dass Ihre Hunde den Neuzugang auf neutralem Boden kennenlernen sollten. Aber wenn Sie Ihre Hunde und den Neuzugang einfach mit Kindergittern und Türen getrennt haben und das Ergebnis okay war, wenngleich noch nicht die große Freundschaft, können Sie hoffen.

Wenn Sie allein leben, holen Sie sich als erstes Hilfe von hundeerfahrenen Menschen. Wenn nicht, versammeln Sie die Familie, ein paar Leinen und hochwertige Leckerchen. Seien Sie kreativ! Überlegen Sie, was Ihre Hunde am liebsten mögen. Ernährung wird in einem früheren

Kapitel gründlicher behandelt, aber lassen Sie mich an dieser Stelle nochmals erwähnen, dass jedes in hohem Maße industriell verarbeitete Leckerchen, das Zucker und Konservierungsstoffe enthält, für diese Situation keine gute Wahl ist. Solche Leckerchen haben das Potenzial, Hyperaktivität zu verursachen, und diese können Sie hier nicht gebrauchen. Was Sie brauchen, ist Zen!

Wenn die Begegnungen bislang einigermaßen gut verlaufen sind, versammeln Sie alle verantwortlichen Erwachsenen und leinen Sie sämtliche Hunde an. Wählen Sie einen Raum, in dem Sie normalerweise entspannen, z. B. das Wohnzimmer. Am besten ist es, wenn dieser Raum groß genug ist, dass die angeleinten Hunde einander im entspannten Zustand, vielleicht sogar ausgestreckt, nicht erreichen können. Versehen Sie jeden Hund mit einer Leine und einem menschlichen Betreuer. Jede Person hat hochwertige Leckerchen. Sollte irgendjemand, Mensch oder Hund, zu irgendeinem Zeitpunkt dieses Ablaufs, beunruhigt sein, schlage ich vor, dass Sie einige oder alle der folgenden Maßnahmen ergreifen, damit diese Beunruhigung abnimmt.

Wenn Sie gute Assoziationen zwischen Ihrer Mannschaft und Ihrem Findelkind schaffen wollen, bedarf dies einer guten Vorbereitung. Besorgen Sie genügend Hände für all die Leinen, halten Sie Clicker und hochwertige Leckerchen griffbereit. Setzen Sie so viele der empfohlenen beruhigenden Mittel ein wie Sie können, und beginnen Sie mit der Arbeit. Diese kann aus mehr als einer „Integrations-Session" bestehen oder auch nicht. Es sollten stets die Hunde sein, die das Tempo vorgeben, nicht Sie selbst. Stellen Sie niemals Vermutungen über die Bereitschaft der Hunde an, unbeaufsichtigt zusammengelassen zu werden. Vorsicht ist besser als Nachsicht. Dies (d. h. unbeaufsichtigt) kann Monate dauern, und in manchen Fällen wird es auch niemals möglich sein.

Bei den Hunden reduzieren Sie Anspannung durch einige der natürlichen beruhigenden Mittel, die in einem früheren Abschnitt behandelt wurden. Beginnen Sie mit Adaptil® oder Chill Out Spray. Versprühen Sie Adaptil® großzügig auf den weichen Oberflächen im Raum, oder versprühen Sie Chill Out großzügig im Raum, bevor die Hunde ihn betreten (oder sogar, wenn sie sich schon zu Ihnen gesellt haben; dann achten Sie natürlich darauf, ihnen nicht direkt ins Gesicht zu sprühen)! Bach Notfalltropfen® werden hier sehr gut passen; besonders, wenn Sie diese nicht regelmäßig verwenden. Geben Sie sie allen Hunden ungefähr fünfzehn Minuten vor dem Zusammentreffen. Meistens werden zwei bis vier Tropfen oder Sprühstöße direkt ins Maul zum gewünschten Ergebnis führen. Angespannte oder besorgte Menschen können es auch für sich selbst verwenden.

Wenn alles gut vorbereitet ist, verfahren Sie den Persönlichkeiten der beteiligten Hunde entsprechend. Der selbstsicherste oder aggressivste Hund sollte mit dem selbstsichersten anwesenden Menschen ein Paar bilden. Wenn Sie sich mit Clickertraining auskennen, ist das eine wunderbare Ergänzung für dieses Trainings-Szenario. Jedesmal, wenn die Hunde, die dem Neuzugang gegenüber misstrauisch sein könnten, diesen ansehen, clicken und füttern Sie. Oder Sie markieren verbal und füttern. Für Situationen wie diese bevorzuge ich den Clicker, wenn die Hunde damit vertraut sind, weil er unbefangener und neutraler ist als eine Stimme. Hin und wieder kann ein Hund vor dem Click-Geräusch Angst haben; benutzen Sie in diesem Fall den Marker, der für Sie am besten funktioniert.

Tun Sie das gleichzeitig mit dem Neuzugang. Jeder sollte dies als positive und angenehme Erfahrung erleben. Sie wollen, dass alle das Beisammensein mit schmackhaften hochwertigen Leckerchen verknüpfen. Dies muss viele Male jeden Tag gemacht werden, bis Sie ein sicheres Gefühl haben, dass es keine Probleme geben wird. Es sollte in jedem Raum durchgeführt werden, in dem Sie regelmäßig Zeit verbringen, einschließlich des Schlafzimmers, wenn Ihre Hunde bei Ihnen schlafen.

Ruby (Zwergpinscher), Oskar, Takoda und Jasmine entspannt zusammen. Jasmine (auf dem Sessel dösend) ist der letzte Neuzugang.

Es ist wichtig, nicht zu früh Vermutungen darüber anzustellen, wie gut alle miteinander auskommen werden. Beaufsichtigung ist wirklich wichtig! Es muss jemand anwesend sein, um unangemessenes Verhalten zu unterbrechen, bevor es sich zum Problem entwickelt. Vertrauen Sie auf Ihr Bauchgefühl; dieses trügt nur selten. Wenn alle sich in Gegenwart der anderen im Entspannungsmodus wohlfühlen, werden Sie das spüren. Alles weitere wird sich daraus entwickeln.

Kapitel 13

Nützliche Übungen für jeden Tag

Die Grundlagen des Trainings

Dieser Abschnitt ist nicht als Ersatz für professionelle Unterstützung beim Training gedacht, insbesondere, wenn Sie innerhalb Ihrer Mannschaft Probleme haben, die persönlich vor Ort behandelt werden müssen. Neben einigen Schritt-für-Schritt-Anleitungen bietet dieses Kapitel Ihnen Informationen, die Ihnen helfen können, die Grundlagen des Trainings mit positiver Verstärkung zu verstehen. Ich werde nicht sehr detailliert erklären, warum diese Art des Trainings besser funktioniert als traditionelles Training, noch werde ich hier wissenschaftliche Daten liefern. Mein Ziel ist es einfach, Ihnen etwas grundlegende Hilfestellung beim reibungslosen Management eines Mehrhundehaushalts zu geben. Bitte konsultieren Sie bei allen ernsthaften Problemen einen Profi. Im Serviceteil dieses Buches finden Sie zusätzliche Informationen zu verschiedenen hilfreichen Themen.

Je mehr Hunde Sie haben, desto hilfreicher ist es für Sie, so viel wie möglich über Ihre Hunde zu wissen. Lesen Sie alles, was Sie interessiert, und vielleicht auch einiges, das Sie nicht interessiert. Jedes bisschen Wissen wird Ihnen dabei helfen, einen Mehrhundehaushalt besser zu managen. Dasselbe gilt für professionelles Training. So etwas wie „zu viel Training" gibt es nicht, besonders, wenn Sie mehrere Hunde haben. Suchen Sie Trainingsgruppen in Ihrer Umgebung, und vergessen Sie nicht das Training zuhause für Probleme mit Verhalten, das in einem solchen Gruppentraining nicht behandelt wird.

Beginnend mit dem nachfolgenden Teil über Teamführung sind dies die Handouts, die ich an all meine Hundetrainings-Klienten ausgebe. Die meisten habe ich vollständig selbst geschrieben; andere stammen ursprünglich oder zum Teil von befreundeten Trainern, mit denen ich zusammenarbeite, einschließlich Lori Caruso, Lilian Akin und Barb Grosch. Ich habe sie jedoch meinen eigenen Ansichten und meinem Stil entsprechend überarbeitet. Wo angemessen, habe ich die Autoren genannt.

Dieser erste Abschnitt geht noch einmal ausführlicher auf etwas ein, das ich bereits erwähnt habe: Wohlwollende Teamführung. Hier wird erläutert, warum dies wichtig ist, ebenso die Methoden, mit denen Sie sich als wohlwollender Teamchef für Ihre Hunde etablieren. Ihr Ziel ist es, Ihre Hunde dazu zu ermuntern, sich an Ihnen zu orientieren; besonders, wenn sie verunsichert, ängstlich oder abgelenkt sind. Nennen Sie es wie Sie wollen, solange Sie es ähnlich wie beschrieben handhaben. (Dieser Abschnitt wurde von der Autorin nachträglich bearbeitet.)

Wohlwollende Teamführung

Im Wörterbuch* findet man für Wohlwollen unter anderem folgende Definition: „die Bereitschaft, Gutes zu tun; Gunst; Güte, Milde, Nächstenliebe, begleitet von dem Wunsch, die Freude/das Glück des anderen zu fördern."

Dies ist die Basis einer guten Teamführung. Sie hat nichts mit Dominanz zu tun oder damit, zu beweisen, dass Sie der „Oberhund" sind. Es geht darum, die Dinge so zu regeln, dass alle damit glücklich sind. Es geht um sanfte Lenkung. Es geht darum, das Gesamtbild im Auge zu behalten. Um dies zu tun, sind Verhaltensregeln sehr wichtig. Höflichkeit und Manieren sorgen dafür, dass alle gut miteinander auskommen.

Höflichkeit und Manieren sind etwas, auf das Sie im täglichen Umgang mit dem Hund Wert legen können. Jeder Hund sollte Impulskontrolle lernen. Der Schlüssel zu erfolgreicher wohlwollender Teamführung ist es, Ihrem Hund Manieren beizubringen, damit er ein Verhalten hat, auf das er zurückgreifen kann. Dies geht damit einher, entsprechendes Verhalten einzufangen (s. S. 186 – Capturing). Haben Sie Ihrem Hund erst einmal vermittelt, dass Sie es sind, der ihn mit allem versorgt, sich um all seine Bedürfnisse kümmert, alle Probleme löst usw., vertraut Ihr Hund darauf, dass er sich nur an Ihnen orientieren muss. Sie werden Respekt für Ihre Teamführung aufbauen, aber Sie werden auch die Partnerschaft respektieren, die Sie und Ihr Hund entwickeln.

---

* Webster's 1913 Dictionary (www.webster-dictionary.org). Derived from the Webster's Revised Unabridged Dictionary Version published 1913 by the C. & G. Merriam Co. Springfield, Mass. Under the direction of Noah Porter, D.D., LL.D.

Ein wohlwollender Teamchef zu sein, dem Ihr Hund vertrauen kann, ist der Schlüssel zum Aufbau der bestmöglichen Beziehung zu Ihrem Hund. Eine erfolgreiche Beziehung zu Ihrem Hund ist letztendlich die Basis dazu, einen wohlerzogenen Hund zu haben.

Zusammenfassung der wichtigen Schlüsselpunkte:

- Lassen Sie Ihren Hund anfangs für jede potenziell konfliktverursachende Ressource höfliches Verhalten anbieten. Das heißt z. B. Sitzen, um das Futter hingestellt zu bekommen; Sitzen, um hinausgelassen zu werden, kein Stürmen aus der Tür, sondern nur auf Signal herausgehen; höflich fragen (sitzen), um auf Sofas und (Menschen-) Betten gelassen zu werden usw. Das Sitzen kann auch zu einem „Sitz" und nachfolgendem „Platz" oder anderer Aktion ausgeweitet werden. Dies ist nicht als „Kontrollfreak-Situation" für den Menschen gedacht, sondern sorgt einfach dafür, Impulskontrolle beim Hund aufzubauen.

- erhöhte Flächen wie (Menschen-) Betten und Sofas sind Ressourcen, die man sich verdienen muss. Sie sollten tabu sein für Hunde, mit denen Sie Ressourcenverteidigungs-Probleme haben. In diesem Fall gestalten Sie den „Unten"-Teil so, dass er Spaß macht und kein Konflikt wird. Es gibt jedoch keinen Grund, Ihrem Hund den Zugang zu Betten und Sofas zu verwehren, wenn Sie kein solches Problem haben. Genießen Sie seine Gesellschaft dort, wenn Sie es wünschen!

- Betreuen Sie das Spiel, um wenn nötig den Erregungslevel zu mäßigen. Steigt dieser zu stark an, unterbrechen Sie das Spiel und geben Sie ein „Pause"-Signal, selbst wenn das bedeutet, dass Sie Ihren Hund anleinen und warten müssen, bis er ruhig sitzt, um dies zu erreichen. Fangen Sie das Verhalten ein (s. Capturing); erzwingen Sie es nicht. Belohnen Sie ruhiges Verhalten. Wenn es ihm leichtfällt, zur Ruhe zu kommen, kann die Belohnung eine Rückkehr zum Spiel sein.

- Belohnen Sie Ihren Hund jedes Mal, wenn er sich an Ihnen orientiert. Genauso belohnen Sie Ihren Hund jedes Mal, wenn er unaufgefordert höfliches Verhalten zeigt. Belohnungen bedeuten nicht nur Futter. Sie sollten Lob, Zuneigung, Spiel und Belohnungen aus dem wirklichen Leben beinhalten; und zwar an einem durchschnittlichen Tag mehr als Futter. Futter sollte bei Belohnungen jedoch definitiv eine Rolle spielen, besonders beim Trainieren spezieller Übungen. Gute Teamchefs führen ohne Bestechung, aber sie belohnen stets großzügig! Machen Sie es zur wundervollsten Sache auf der ganzen Welt, Ihnen zu gefallen und Sie schaffen damit die Voraussetzungen für Erfolg.

Sie und Ihr Hund arbeiten in dieser Sache zusammen. Sie sind keine Kontrahenten. Ihre Aufgabe ist es, auf Ihren Hund achtzugeben und ihm zu zeigen, dass Sie jede Situation erfolgreich meistern werden, so dass er sich nie Sorgen machen muss. Ihren Hund zu trainieren beinhaltet natürlich, ihm das Problemlösen und das selbstständige Denken beizubringen, um herauszufinden, welches Verhalten SIE wollen, aber Sie haben das letzte Wort.

Das ist es, worum es bei echter Teamführung und Lenkung wirklich geht. Gute Teamchefs lenken, ohne zu befehlen oder zu unterdrücken. Gute Teamchefs bestrafen keine Fehler; sie belohnen Erfolge. Gute Teamchefs sorgen dafür, dass das Folgen Spaß macht. Gute Teamchefs inspirieren ihre Mannschaft. Es liegt bei Ihnen, das interessanteste Spiel der ganzen Stadt zu sein! .

Was bedeutet Positives Training?

Die Inspiration für den Absatz über die Einführung ins Positive Training in diesem Abschnitt stammt von meiner Kollegin Lori Caruso. Sie hat auch ursprünglich den Abschnitt über das Locken geschrieben, den ich später meinen Vorlieben entsprechend überarbeitet und erweitert habe.

Das Training mit positiver Bestärkung beruht auf soliden wissenschaftlichen Studien, aber ebenso auf dem wirklichen Leben. Stellen Sie sich folgendes Alltags-Szenario vor: Sie gehen zur Arbeit; in erster Linie, weil Sie dafür bezahlt werden. Der Gehaltsscheck ist der hauptsächliche Anreiz. Und für die meisten Leute ist es ein starker! Aber Ihr Chef muss Ihnen nicht den ganzen Tag mit Geld vor der Nase herumwedeln, um Sie zum Arbeiten zu bewegen, oder? Genauso funktioniert auch

Positives Training. Es geht nicht nur ums Futter. Futter wird natürlich schon benutzt, und besonders zu Beginn sogar ziemlich viel. Aber das Ziel ist es, damit zu belohnen, nicht zu bestechen. Es ist sowohl ein Gehaltsscheck als auch eine Prämie für ganz besondere Leistungen.

Was kann sonst noch am Arbeitsplatz geschehen, das zum Anreiz wird? Nun, gesagt zu bekommen, dass Sie gute Arbeit geleistet haben! Was bewirkt das? Es schafft ein Gefühl der Freude und des Vertrauens und den Wunsch, dieses Gefühl so oft wie möglich wieder zu bekommen. Das ist es, was Sie für Ihren Hund tun, wenn Sie ihm positives Feedback zu angemessenem Verhalten geben. Futter mit einem verbalen Markersignal und/oder Clicker zu kombinieren hilft Ihrem Hund, sein gutes Verhalten mit dem Verdienen seines Gehaltsschecks zu verknüpfen.

Belohnungen helfen einem Hund zu lernen, dass sein Verhalten Konsequenzen hat, und geben ihm das Gefühl, diese Konsequenzen selbst beeinflussen zu können. Sie erschaffen einen glücklicheren und selbstsichereren Hund; einen Hund, der weiß, welche Wahl er treffen kann, um dieses gute Gefühl zu bekommen. Sie festigen damit außerdem die gute Beziehung zu Ihrem Hund. Wie funktioniert das? Nun, wenn Sie Ihren Hund stets wissen lassen, was Sie von ihm erwarten, kann er besser darauf vertrauen, dass er sicher und geborgen ist. Er kann alle von Ihnen gelieferten Informationen sammeln, um daraus ein Ritual zu machen. Hunde lieben Rituale. Rituale bieten Sicherheit und Geborgenheit.

Wenn Hunde verwirrt sind, können Sie sich unruhig oder ängstlich fühlen. Seien Sie sich selbst genau darüber im Klaren, welches Verhalten Sie von Ihrem Hund wünschen. Dadurch machen Sie Ihren Hund zu einem sicheren und selbstbewussten Hund, der weiß, wie er das tun kann, was Sie wollen. Wenn Ihr Hund weiß, dass er darauf vertrauen kann, dass Sie ihm gute Anleitung geben, wird er stets auf Sie bauen, wenn er weitere Informationen braucht.

Sie werden dafür sorgen, dass Ihrem Hund das Leben Spaß macht. Und Sie werden Ihrem Hund ein Verhaltensritual geben, das ihm helfen wird, sich sicher zu fühlen, wenn sein gewohnter Ablauf durch unvorhergesehene Umstände unterbrochen wird. Dies ist rundherum eine Win-Win-Situation.

Betrachten wir die Kehrseite dieser Medaille. Wenn Sie eine schlechte Erfahrung gemacht haben, werden Sie normalerweise sehr bemüht sein zu vermeiden, dass das noch einmal passiert. Dies ist unser Überlebensinstinkt in Reinkultur. Dasselbe gilt für Hunde. Hunde beschließen nicht absichtlich, uns zu ärgern. Sie wissen einfach nicht, welches Verhalten wir wollen. Es ist unsere Aufgabe, sie zu lehren was wir wollen, und das beinhaltet, ihnen die Wörter beizubringen, die wir für das gewünschte Verhalten benutzen. Die meisten Hunde kommen nicht zu uns mit dem Wissen, was Wörter bedeuten. Wir geben den Wörtern erst eine Bedeutung. Es ist an uns, die Wörter mit dem gewünschten Verhalten zu verbinden. Wir müssen ihnen auf eine Weise Bedeutung geben, die die Wörter zu wertvollen Informationen macht, statt einfach nur mit unseren Hunden zu plappern. Hunde lernen sehr schnell, uns auszublenden, oder, noch schlimmer, sie werden ängstlich, wenn sie uns verärgern, weil wir sie korrigieren statt sie anzuleiten.

Die meisten Leute wollen ihre Beziehung zu ihrem Hund verbessern. Positives Training wird nicht nur dazu beitragen, dass dies geschieht; es wird auch verhindern, dass Ihr Hund Angst vor Ihnen bekommt, weil er nicht verstanden hat, was Sie ihm vermitteln wollten. Strafe funktioniert, aber sie hat ihren Preis. Und ein Teil dieses Preises ist häufig eine Beschädigung des Vertrauens in der Beziehung. Positives Training schafft Vertrauen und vertieft Ihre Beziehung, und aus dieser Kombination kann ausschließlich Gutes entstehen! Es sorgt nicht nur dafür, dass das Training Ihrem Hund Spaß macht, sondern Ihnen genauso!

Lassen Sie uns also damit fortfahren, wie wir diese wunderbare Sache, bekannt als Training mit positiver Bestärkung, in die Tat umsetzen!

Wenn Sie lernen, einem Hund mittels positiver Bestärkung etwas beizubringen, gibt es zwei wichtige Begriffe, die Sie lernen müssen: Capturing (Einfangen) und Locken.

Capturing (Einfangen von Verhalten)

Capturing ist die wichtigste Art, Ihren Hund mit Methoden der positiven Bestärkung zu trainieren. Capturing bedeutet im Wesentlichen,

Ihren Hund dabei zu „ertappen", wenn er sich gut benimmt. Sie werden sein gutes Verhalten markieren und es belohnen. Sie können dies jederzeit tun. Sie brauchen nur Ihren Mund oder einen Clicker, oder Sie können beides verwenden. Um Ihre Stimme besonders effektiv dazu einzusetzen, Ihrem Hund beizubringen, was Sie mögen, müssen Sie ein Markerwort benutzen; daher werden wir zuerst dies behandeln. Ein Markerwort ist ein gesprochenes Wort, mit dem Sie exakt den Moment markieren oder einfangen, in dem Ihr Hund das gewünschte Verhalten zeigt. Wenn Sie einen Clicker verwenden möchten, um die guten Dinge zu markieren, ist das super; benutzen Sie, wo immer Sie lesen, dass das Markerwort gebraucht werden soll, einfach den Clicker stattdessen. Ich glaube aber, dass es auch wichtig ist, den Gebrauch eines Markerworts zu lernen. Ich benutze beides, abhängig vom Hund und davon, was er lernen soll. Sobald Sie ein Verhalten mit dem Clicker gelehrt haben, können Sie zu seiner Aufrechterhaltung zu einem Markerwort wechseln.

Der Clicker ist das beste Werkzeug, um viele neue Verhalten zu lehren und um ein bestimmtes Verhalten in Situationen mit hoher Ablenkung „abzusichern". „Absichern" bedeutet einfach, dass Sie das Verhalten zuverlässig machen. Der Unterschied zwischen einem Clicker und einem Markerwort ist, dass der Clicker niemals lügt (oder es jedenfalls nicht sollte!). Wenn Sie clicken, dann folgt auch das Leckerchen, Punkt. Das ist es, was dem Clicker so viel Kraft verleiht. Und aus demselben Grund reserviere ich ihn normalerweise auch für neue und/oder schwierigere Übungen. Wenn Sie verbal markieren, werden Sie immer ein Leckerchen folgen lassen, wenn Sie ein Verhalten ERSTMALIG trainieren, aber Sie werden lernen, nur noch unregelmäßig zu füttern, sobald Ihr Hund ein Verhalten gelernt hat. Und Sie können von einem Markerwort, etwa einem „Yes!" zu einem allgemeineren verbalen Lob übergehen, so etwas wie „guter Hund!", wenn Ihr Hund das Verhalten zuverlässig zeigt.

Wählen Sie als Markerwort eines mit nur einer Silbe, das Sie sich leicht merken können. Es muss für niemanden Sinn machen außer für Sie und Ihren Hund. Einige häufig verwendete Markerwörter sind „Yes!", „Gut!", „Hübsch!" oder „Yay!" Sie können sogar selbst ein Wort erfinden, wenn Sie möchten. Es ist günstig, ein Wort zu wählen, das Sie ausschließlich in diesem Zusammenhang benutzen statt eines, das Sie im täglichen Sprachgebrauch häufig verwenden. Je unverwechselbarer das Wort ist und je ausdrucksvoller Sie es aussprechen (z. B. in einem sehr freudigen, aufgeregten Tonfall), desto eher wird Ihr Hund darauf achten. Das Markerwort selbst ist nicht so wichtig für den Hund wie das, was es ankündigt. Für Ihren Hund bedeutet es, gute Dinge passieren, wenn er es hört. Sie wirken glücklich, wenn Sie dieses Wort sagen, und glückliches Frauchen oder Herrchen heißt glücklicher Hund.

Wichtig beim Gebrauch Ihres Markerwortes ist das Timing. Ganz gleich welches Verhalten Sie markieren; genau dieses ist es, von dem Sie MEHR bekommen werden. Es ist also wichtig, an Ihrem Timing zu arbeiten. Sie können dies in verschiedenen Alltagssituationen tun, aber einer der besten Momente ist der, wenn Sie an der Ampel stehen und auf Grün warten. Nur zu, rufen Sie Ihr Markerwort exakt in dem Moment aus, in dem die Ampel auf Grün umspringt. Diese Leute im Wagen neben Ihnen sehen Sie sowieso nicht wieder, und Sie werden Ihr Timing perfektionieren, was es viel leichter macht, Ihren Hund gut zu trainieren.

Sie werden Ihr Markerwort mit einer Belohnung paaren. In den meisten Fällen, besonders wenn man ein neues Verhalten trainiert, wird das ein hochwertiges Leckerchen sein. Sie lernen, jedes gewünschte Verhalten Ihres Hundes einzufangen und es mit Ihrem Wort, rasch gefolgt von einem Leckerchen, zu markieren. Ihr Hund wird beginnen, nach Gelegenheiten zu suchen, sich dieses Wort von Ihnen zu verdienen. Wenn Sie zum Beispiel Ihrem Hund „Sitz“ beibringen, sagen Sie fröhlich Ihr Markerwort, sobald sein Hinterteil den Boden berührt, um ihm mitzuteilen, dass dies das Verhalten war, das Sie wollten, und dann geben Sie ihm ein Leckerchen.

Weil Menschen und Hunde nicht dieselbe Sprache sprechen, müssen wir mit unseren Hunden auf eine Art kommunizieren, die sie verstehen können und die sie nicht traumatisiert. Die Verwendung eines Markerworts lässt das Training Spaß machen und gibt Ihrem Hund ein Ziel. Ein Markerwort zu haben macht es leichter verständlich für Ihren Hund, für welches Verhalten genau er gerade belohnt wird.

Ich kann nicht genug betonen wie wichtig das Timing ist, um Verhalten erfolgreich einzufangen. Wenn Sie das Verhalten lediglich mit einem Leckerchen markieren, dann kann die Zeitverzögerung zwischen dem Verhalten und dem Moment, in dem Sie dem Hund das Leckerchen geben, Verwirrung stiften. In dieser kurzen Zeitspanne hat der Hund vielleicht schon eine Reihe anderer Dinge getan, z. B. mit dem Schwanz gewedelt, etwas auf der anderen Seite des Zimmers angeschaut, oder er ist wieder aufgestanden. Wenn Sie ihm dann schließlich das Leckerchen geben, weiß Ihr Hund vielleicht nicht genau, für welches Verhalten er es bekommt. Ein Markerwort macht es ganz eindeutig für den Hund, dass das Verhalten, das er genau in dem Moment ausführte, in dem er das Markerwort hörte, das gewünschte Verhalten ist. Das Markerwort hilft dabei, das Verhalten und das Wort im Kopf Ihres Hundes viel leichter zu verknüpfen.

Ihr Hund lernt, dass Ihr Markerwort ein Signal dafür ist, dass er gerade etwas getan hat, das Ihnen gefällt. Er wird erkennen, dass dieses fröhliche Wort etwas Gutes ist. Er wird versuchen, Ihnen das Wort zu entlocken, weil das Hören dieses Wortes ihm einen glücklichen Moment verschafft. Nehmen wir an, Sie haben Schwierigkeiten, Ihren Hund in eine sitzende Position zu locken. Leinen Sie Ihren Hund an und versuchen Sie, ihn in ein Sitz zu locken. Wenn Ihr Hund das nicht versteht, warten Sie, bis er sich aus freien Stücken setzt. Er wird dies sehr wahrscheinlich recht bald tun, weil er sicher verwirrt ist durch das, was Sie wollen und nicht weiß, was er sonst tun soll. Wenn er sich setzt, sagen Sie im fröhlichsten Party-Tonfall, den Sie zustandebringen, „Yes!", und dann geben Sie ihm ein Leckerchen. Nach einigen Wiederholungen dieses Ablaufs werden Sie sehen, wie ihm ein Licht aufgeht. Ihr Hund wird das Wort und das Verhalten miteinander verknüpfen.

Eine wichtige Anmerkung zum Timing des Leckerchens am Beispiel des „Sitz": Wenn Ihr Hund zum Zeitpunkt, an dem Ihre Hand mit dem Leckerchen ihn erreicht, schon wieder aufgestanden ist, ziehen Sie einfach wortlos das Leckerchen zurück und warten Sie, bis er wieder sitzt, um das Leckerchen wieder in seine Richtung zu bringen. Wiederholen Sie dies, wenn nötig.

Versuchen Sie erneut, ihn in diese Position zu locken, vielleicht mit einem Handzeichen. Wenn er sitzt, markieren Sie das Verhalten und belohnen Sie ihn. Das nächste Mal sagen Sie das Wort „Sitz" genau im Moment kurz BEVOR er sitzt, markieren Sie das Sitz und belohnen Sie. Voilà: Das Sitz auf Hörzeichen ist geboren! Alles nur, weil Sie ihn beim Sitzen „ertappt" haben und er herausgefunden hat, dass Sie beide davon profitieren. Wie einfach ist das denn?

Das Beste am Capturing („Einfangen“) und Markieren guten Verhaltens Ihres Hundes ist, dass er dadurch gezwungen wird, darüber nachzudenken, was er getan hat, um eine so tolle Reaktion zu bekommen. Capturing lehrt Ihren Hund, dass seine Handlungen Konsequenzen haben. ER kann dafür sorgen, dass gute Dinge geschehen. Wie toll für ihn, dies zu wissen!

Zusätzlich zum Einfangen einzelner Aktionen gibt es eine weitere Einsatzmöglichkeit für das Capturing: Durch das Einfangen von Verhalten können Sie ein Verhalten dazu benutzen, ein weiteres damit in Verbindung stehendes Verhalten zu lehren. Dadurch können Sie eine sogenannte Verhaltenskette erzeugen. Es ist ein einfacher Prozess, den Ihr Hund als Spiel ansieht, und so wird er angenehm und macht Spaß. Ganz ohne Stress! Sie und Ihr Hund lernen einfach nur gemeinsam etwas Neues. Vielleicht haben Sie Ihrem Hund zum Beispiel beigebracht, auf eine Decke zu gehen, um ein Leckerchen zu bekommen. Ihr Ziel ist es, ihm beizubringen, sich auf der Decke hinzulegen. Nachdem er also gelernt hat, zuverlässig auf die Decke zu gehen, erhöhen Sie die Anforderungen. Halten Sie zwei Sorten Leckerchen bereit: Gute Leckerchen und bessere Leckerchen. Für das Gehen auf die Decke, das er bereits kennt, bekommt er ein gutes Leckerchen. Ein Verhalten, das näher an das herankommt, was Sie letztendlich wollen, etwa ein spielerisches Absenken des Vorderkörpers, verschafft ihm ein besseres Leckerchen. Markieren und belohnen Sie dieses Verhalten und fahren Sie fort, bis Ihr Hund das Zielverhalten zeigt. Wenn der Hund begreift, welches das Zielverhalten ist, sollte er einen „Jackpot“ bekommen.

Ein Jackpot ist eine größere Menge Leckerchen als normalerweise für ein markiertes Verhalten gegeben wird, zum Beispiel zehn Leckerchen statt eines. Diese werden rasch nacheinander gegeben, nicht alle auf einmal. Hunde mögen Jackpots. Sie sind einprägsam, und das ist es, was Sie wollen. Wenn Sie also dieses gewisse Extra-Verhalten bekommen, geben Sie Ihrem Hund den Jackpot und bereiten Sie ihm einen unvergesslichen Moment. Sobald er dieses neue Verhalten zuverlässig zeigt, können Sie diesem einen Namen geben. Damit dies erfolgreich ist, versuchen Sie, diesen neuen Namen genau in dem Moment zu sagen, wenn der Hund kurz davor ist, das Verhalten auszuführen. Achten Sie darauf, die Signalwörter, die Sie mit Verhalten kombinieren wollen, nicht zu sagen, bevor der Hund das jeweilige Verhalten gelernt hat. Ein Signalwort zu benutzen, bevor der Hund das Verhalten regelmäßig zeigt, wird das Signal „vergiften" wie wir es nennen. Das Wort wird dadurch bedeutungslos. Seien Sie sich also bewusst, wie Sie Worte gebrauchen, denen Ihr Hund eine Bedeutung zuordnen soll. In diesem Fall ist weniger definitiv mehr! Das ständige Wiederholen von Signalen fällt ebenfalls in diese Kategorie.

Wie bereits erwähnt können Sie entweder ein Markerwort oder einen Clicker verwenden, ganz wie Sie wollen. Ich verwende normalerweise keinen Clicker, um meinen Hunden Grundübungen wie „Sitz" oder andere einfache Übungen beizubringen, außer in besonderen Fällen, z. B., wenn ich in der Gegenwart problematischer Ablenkungen ein Verhalten fordere oder wenn ein Hund sich besonders schwer damit tut, zu verstehen, was ich will. Für das reine Shaping eines Verhaltens, das wir einfach zum Spaß machen, verwende ich sehr wohl einen Clicker. Wie schon erwähnt: Wenn Sie einen Clicker verwenden wollen, kommt der Click im selben Moment wie das Markerwort gesprochen würde (entweder das eine oder das andere!), aber in vielen Situationen ist der Clicker ein klareres Signal für den Hund.

Sobald Sie Ihrem Hund einige Dinge beigebracht haben, empfehle ich ein dreistufiges Belohnungssystem. Die unterste Stufe bedeutet zum Beispiel, dass jede einzelne Handlung, die Sie von Ihrem Hund verlangen und die er ausführt, anerkannt werden sollte. Wenn es ein einfaches „Sitz" ist, das er im Haus ohne Ablenkungen sehr gut beherrscht, dann sollte Marker/Belohnung normalerweise ein fröhlich klingendes „feiner Hund!" sein.

Auf der zweiten Stufe gibt es ein „Yes!" oder anderes Markerwort, das Sie gewählt haben, wenn es um etwas geht, das der Hund noch nicht zuverlässig ausführt oder er ein einfaches „Sitz", das er normalerweise meistens ausführt, draußen zeigt. Manchmal kombinieren Sie dieses Wort mit einem Leckerchen und manchmal nicht. Immer wenn Ihr Hund das geforderte Verhalten schnell zeigt, sollte er definitiv ein Leckerchen bekommen! Sobald ein Verhalten gelernt ist, wird das „Yes!" zum einarmigen Banditen, der manchmal ein Leckerchen ausspuckt und manchmal nicht. Das hält Ihren Hund bei der Stange in der Hoffnung, dass er dieses Mal ein Leckerchen bekommt. Ist es für ihn ein schwierigeres Verhalten und er zeigt es trotzdem, sollte er ein Leckerchen bekommen.

Die höchste Stufe, ein Verhalten zu markieren, ist mit einem Clicker. Hier gibt es für jedes Verhalten, das einen Click ausgelöst hat, IMMER ein Leckerchen. Denken Sie daran, der Clicker lügt nie. Wenn Sie clicken, geben Sie auch ein Leckerchen, Punkt. Das ist der Grund, warum der Clicker für schwierigere Übungen reserviert bleibt oder für solche, die unter Ablenkung gezeigt werden. Wenn Ihr Hund z. B. ein Eichhörnchen sieht und Sie trotzdem noch anschaut, wenn Sie ihn dazu auffordern, gibt es garantiert einen Click und ein hochwertiges Leckerchen. Klingt das verwirrend für Sie? Keine Sorge! Sie werden es lernen, genau wie Ihr Hund. Es macht Spaß, das „Einfangen-und-Belohnen-Spiel" zu spielen.

Locken und Belohnung erklärt

Die zweite und manchmal gebräuchlichere Art, Ihren Hund positiv zu trainieren wird Locken und Belohnung genannt. Wie funktioniert dieses Training über Locken und Belohnen? Ganz einfach! Nehmen Sie etwas, das Ihr Hund mag und locken Sie ihn damit, unterschiedliche Dinge zu tun; anschließend belohnen Sie ihn für seine Folgsamkeit. Viele Dinge können als Lockmittel und Belohnungen dienen. Weiter unten im Text finden Sie einige Anregungen. Es ist allerdings wichtig, den Unterschied zwischen Locken und Bestechung zu verstehen. Wenn Ihr Hund von Ihnen abgewandt ist und etwas anbellt und Sie ihm daraufhin ein schmackhaftes Leckerchen vors Gesicht halten, damit er ruhig ist, ist das eine Bestechung. Wenn Sie warten, bis er in Ihre Richtung schaut oder wenn Sie sich so bewegen, dass er Sie anschaut, und Sie ihm dann ein Leckerchen zeigen, um ihn von der Richtung wegzulocken, in die er bellt, dann ist es Locken. Wenn er sich in die von Ihnen gewünschte Richtung bewegt und Sie ihm das Leckerchen geben, wenn er mit Ihnen kommt, ist das eine Belohnung. Einfach, oder? Futterlocken wird recht schnell ausgeschlichen, sobald der Lernprozess einsetzt; Sie müssen also nicht befürchten, Ihren Hund zu überfüttern.

Locken ist sehr nützlich, um neue Übungen zu lehren, Verwirrung oder Angst auf Seiten des Hundes zu überwinden, und um sein Interesse an dem, was Sie ihm beibringen wollen, zu steigern. Ein Lockmittel wird präsentiert, bevor ein Verhalten ausgelöst wird, und es hilft entweder direkt dabei, das Verhalten zu lenken/formen oder Hindernisse wie Verwirrung oder Angst zu minimieren/auszuschalten.

Sie können Lockmittel und Belohnungen aus einer Fülle von Dingen auswählen, die Ihre Hunde lieben. Machen Sie eine Liste. Futter ist etwas, das die meisten Hunde lieben, und es ist bequem mitzuführen. Spielzeug, Streicheln und Lob können auch positive Verstärker sein. Aber Futter ist normalerweise die wertvollste Belohnung, die Sie Ihrem Hund geben können. Verbales Lob ist auf jeden Fall nötig, aber normalerweise ist es für sich allein nicht motivierend genug für die meisten Hunde, wenn sie gerade ein neues Verhalten lernen, besonders, wenn Ablenkungen ihre hässliche Fratze zeigen. Spielzeuge sind auch sehr gute Belohnungen, aber ihre Verwendung kann mehr Zeit in Anspruch nehmen, weil Sie das Training unterbrechen und Ihren Hund spielen lassen müssen. Futter eignet sich in der Regel am besten zum Locken und Belohnen, aber Ihre Hunde müssen sich für das Lockmittel interessieren. Falls Sie denken, Ihr Hund mag keine Leckerchen, probieren Sie ein anderes aus! Alle Hunde essen gern. Sie müssen einfach nur ein Leckerchen finden, das aufregender ist als die Ablenkung.

Welche hochwertigen Belohnungen sollten Sie benutzen? Was gekaufte weiche Leckerchen betrifft: Je natürlicher, desto besser. Meiden Sie diese unnatürlich gefärbten Leckerchen aus dem Supermarkt, besonders, wenn Sie einen sehr aktiven Hund haben. Diese Leckerchen enthalten viel Zucker und Konservierungsstoffe und machen Ihren hyperaktiven Hund noch hyperaktiver. Weiter unten in diesem Kapitel finden Sie mehr Empfehlungen für Leckerchen.

Die meisten Hunde haben ein Lieblingsleckerchen. Seien Sie kreativ und finden Sie heraus, was es ist. Sie können sogar Ihre eigenen Leckerchen machen; einige Rezepte sind in diesem Kapitel enthalten. Trockene Hundekekse sind super, um Ihren Hund einfach nur dafür zu belohnen, dass er ist wie er ist. Zum Training brauchen Sie dagegen kleine weiche Leckerchen, damit Sie nicht das Training unterbrechen und warten müssen, bis die Knusperei ein Ende hat. In dieser Situation ist es besser, wenn das Futter inhaliert wird!

Eine weitere Form der Belohnung ist etwas, das man „Belohnung aus dem wirklichen Leben" nennt. Eine Belohnung aus dem wirklichen Leben gestattet es Ihrem Hund, etwas zu tun, das er will, als Belohnung für gutes Verhalten, das Sie wollen. Belohnungen aus dem wirklichen Leben können einfach so etwas sein wie Ihren Hund sitzen zu lassen, bevor er durch eine Tür geht (die Belohnung für das Sitzen ist, dass er durch die Tür gelassen wird) oder einen Hund sitzen zu lassen, bevor er aufs Sofa springt (die Belohnung für das Sitzen ist, aufs Sofa zu dürfen), Ihren Hund sitzen zu lassen, bevor Sie ein Frisbee werfen (die Belohnung für das Sitzen ist, das Frisbee zu jagen) oder Ihren Hund mit dem Ziehen aufhören zu lassen, bevor Sie weitergehen (die Belohnung für das Nicht-Ziehen ist das Weitergehen auf dem Spaziergang). Durch eine Belohnung aus dem wirklichen Leben können Sie ein Verhalten stärken, das Ihr Hund vielleicht nicht so gern ausführt, indem Sie ihm als Gegenleistung erlauben, etwas zu tun, das er wirklich tun will. Einer meiner Hunde muss mich anschauen, wenn er stehenbleiben will, um etwas gründlich zu beschnuppern.

Zum Locken können Sie dasselbe Futter verwenden wie zum Belohnen, aber Lockmittel werden am besten nur eingesetzt, um den Hund auf den richtigen Weg zu bringen. Die grobe Faustregel ist, dreimal zu locken, um beim Hund das Interesse am Training zu wecken. Es ist schwierig für einen Hund, sich darauf zu konzentrieren, was wir von ihm wollen, wenn etwas Essbares über ihm baumelt! Alles, woran er denken kann, ist dieses Stück Futter vor seiner Nase. Weitaus effektiver ist es, das Futter als Belohnung zu benutzen statt es übermäßig oft als Lockmittel einzusetzen.

Ebenso sollten Sie vermeiden, dass Ihre Leckerchentasche oder ein offener Futterbehälter auf dem Tisch immer sichtbar für den Hund sind. Ist ein Verhalten einmal gelernt, sollte der Hund zwar mit der Möglichkeit einer Belohnung rechnen, diese aber nicht immer zwangsläufig erwarten. Sie werden lernen, eher nach dem Zufallsprinzip zu belohnen, wie ein einarmiger Bandit, damit Ihr Hund denkt, er könnte gewinnen, und daher mitspielt. Die Bezahlung erfolgt immer, aber in unterschiedlicher Form. Anfangs gibt es immer Futterbelohnungen.

Nachdem Sie nun wissen, was Lockmittel und Belohnungen sind; wie setzt man diese korrekt ein?

Leckerchen und Belohnungen können benutzt werden, um einen Hund in eine Position zu locken. Sobald Ihr Hund das Verhalten ausführt, belohnen Sie ihn. Ihr Ziel ist es, Ihren Hund dazu zu bringen, richtig zu reagieren, ohne ihn jedes Mal mit Futter dafür belohnen zu müssen. Es sollte allerdings immer eine verbale Bestätigung kommen.

Der Schlüssel zum effektiven Einsatz von Belohnungen ist es, diese zu variieren; geben Sie nicht immer das gleiche Leckerchen oder verwenden Sie das gleiche Futter, Spielzeug oder Spiel. Seien Sie interessanter als alles um Sie herum!

Es ist wichtig, mit einem „Jackpot" zu belohnen, wenn erforderlich. Denken Sie daran, eine besonders große Anzahl an Leckerchen macht einen besonders großen Eindruck auf den Hund und erhöht die Wahrscheinlichkeit, dass er sein Verhalten wiederholt, beträchtlich. Ein Beispiel, wann ein Jackpot angemessen ist: Wenn Ihr Hund in einer ablenkungsreichen Situation augenblicklich auf Sie reagiert, dann ist ein Jackpot notwendig! Holen Sie sich damit die Aufmerksamkeit Ihres Hundes, und er wird beim nächsten Mal genauso schnell reagieren.

Der Sinn der Sache ist es, den Gebrauch von Leckerchen zum Locken schnell (Dreimal-Regel!) auszuschleichen und sie anschließend nur noch nach dem Zufallsprinzip als Belohnung zu verwenden. Sie hören niemals vollständig damit auf, Leckerchen zu geben. Denken Sie daran, Sie wollen, dass Ihr Hund Sie als eine Art einarmiger Bandit (Spielautomat) betrachtet. Er kann nie voraussagen, wann er eine Belohnung bekommt, also tut er, was Sie von ihm verlangen, weil er vielleicht eine bekommen könnte. Die Leckerchen sind schließlich Teil seines Gehaltsschecks, und Gehaltsschecks hören auch nicht auf zu kommen, wenn Sie Ihre Arbeit gut verrichten, oder?

Wie schaffen Sie es also, dass Ihr Hund auch dann auf Sie hört, wenn Sie kein Leckerchen in der Hand haben? Eine Möglichkeit ist, sich viel stärker auf Capturing (Einfangen) als auf Locken zu verlassen. Manche Hunde oder Situationen erfordern aber einfach ein Locken. Sie können der Notwendigkeit zu locken vorbeugen, indem Sie sich in Geduld üben und einfach auf das Verhalten warten, nachdem Sie es einige Male mithilfe eines Lockmittels bekommen haben. Dadurch wird aus dem Lockmittel Leckerchen eine Leckerchen-Belohnung. Hören Sie so früh wie möglich auf, Leckerchen zum Locken zu benutzen, aber benutzen Sie sie weiter als Belohnung.

Wenn Sie es schaffen, Ihren Hund mithilfe eines Lockmittels in Ihrer Hand zuverlässig zum Wechseln der Position zu bringen (Sitz, Steh, Platz usw.), ist es an der Zeit, hier die Verwendung des Lockmittels zu beenden. Bewegen Sie Ihre Hand weiterhin so, als wäre das Leckerchen darin, als Handzeichen für Ihren Hund. Halten Sie das Leckerchen in Ihrer anderen Hand oder in der Tasche versteckt, bis Ihr Hund das Verhalten ausführt. Dann markieren Sie das Verhalten und geben Ihrem Hund das Leckerchen. Feiern Sie eine Party und sagen Sie ihm, wie toll er ist!

An diesem Punkt können Sie auch beginnen, für eine Belohnung mehr von Ihrem Hund zu verlangen. Das bezeichnet man als Erhöhen der Kriterien. Sie müssen nicht unbedingt beides zum selben Zeitpunkt tun. Sorgen Sie dafür, dass Ihr Hund Erfolg hat. Statt jedes Mal ein Leckerchen zu geben, geben Sie jedes zweite Mal eines, dann jedes dritte Mal usw. Es ist schwierig, vollkommen unberechenbar zu sein, aber versuchen Sie, hierbei keinem Muster zu folgen, das Ihr Hund ungewollt lernen könnte.

Arbeiten Sie daran, die Kriterien für ein Leckerchen zu erhöhen, zum Beispiel, indem Sie Ihrem Hund nur noch für die besten/schnellsten Reaktionen Leckerchen geben. Wenn sich Ihr Hund sehr schnell ins Platz legt, geben Sie ein Leckerchen. Reagiert er dagegen nur langsam auf das Signal, bekommt er kein Leckerchen, sondern nur eine verbale Bestätigung. Dies übermittelt Ihrem Hund eine klare Botschaft: Die schnellste, genaueste Ausführung wird am besten belohnt. Die meisten Hunde verstehen dieses Konzept schnell.

Kurzanleitung für richtigen Leckerchengebrauch

Das Folgende ist eine Zusammenfassung der wichtigsten Punkte, die Sie beim Verteilen von Leckerchen beachten sollten. Man kann es leicht übertreiben und ebenso leicht allzu geizig sein. Das beste Ergebnis bekommen Sie, wenn Sie die richtige Balance bei der Verwendung von Leckerchen finden. Ich möchte unbedingt betonen, dass Sie IMMER jedes einzelne Verhalten, das Sie Ihrem Hund abverlangen, verbal bestätigen sollten. Die Belohnungen, auf die ich mich weiter unten beziehe, sind Futter und andere höherwertige Belohnungen.

- Steigern Sie Ihre Kriterien. Verlangen Sie mehr Verhalten, bevor Sie eine Belohnung geben. Beispiel: Sobald Ihr Hund das „Sitz“ gut beherrscht, fügen Sie dem Verhalten noch ein „Platz“ hinzu, bevor Sie ein Leckerchen geben.

- Seien Sie unvorhersehbar; halten Sie Ihren Hund im Ungewissen darüber, wann er ein Leckerchen bekommen wird, nachdem er bereits erlerntes Verhalten ausführt. Manchmal bekommt er eines und manchmal nicht. Belohnen Sie besonders rasche Ausführungen mehr als eine soso-lala-Ausführung. Belohnen Sie Folgsamkeit, wenn sie schwieriger für Ihren Hund ist, beispielsweise durch Ablenkung in der Nähe. Sie verstehen, worauf ich hinauswill!

- Verhalten so unvorhersehbar wie nur irgend möglich zu belohnen macht das Verhalten stärker, weil Ihr Hund niemals weiß, wann die Belohnung kommt. Die Ungewissheit, nicht jedes Mal mit Futter belohnt zu werden, wenn er ein Verhalten anbietet, wird häufig zu schnelleren und enthusiastischeren Reaktionen führen, um die Futterbelohnung auszulösen.

- Variieren Sie die angebotenen Leckerchen. Halten Sie eine große Vielfalt parat.

- Bieten Sie regelmäßig, aber in unvorhersehbaren Zeitabständen andere Belohnungen als Leckerchen an. Finden Sie heraus, was Ihr Hund als Belohnung ansieht. Machen Sie eine Liste und wählen Sie häufig etwas von dieser aus.

- Wechseln Sie die Hand, aus der Sie die Belohnung geben. Unterdrücken Sie Ihren Wunsch, stets Ihre stärkere Hand zu benutzen.

- Wechseln Sie den Ort, von dem Sie an Ihrem Körper die Belohnungen hervorholen. Lernen Sie, Kleidung mit vielen Taschen zu mögen.

- Variieren Sie, woher Sie Ihre Belohnungen holen. Fordern Sie hin und wieder Ihren Hund zu einem Verhalten auf und gehen Sie dann die Futterbelohnung aus einem anderen Raum holen oder aus einer Schublade oder einem Schrank.

- Es ist wichtig, dafür zu sorgen, dass Belohnungen nicht immer sichtbar sind, wenn ein Verhalten erst einmal gelernt ist. Ihr Hund kann sonst leicht lernen, dass es keine Belohnung geben wird, wenn er ein Verhalten zeigt, obwohl kein Futter sichtbar ist. Beweisen Sie ihm das Gegenteil.

Wenn Sie mit Ihren Belohnungen das Wann, Was und Wo betreffend unvorhersehbar bleiben, schaffen Sie einen interessierten Hund, der Ihnen gern erwünschtes Verhalten anbietet, um Ihnen diese Belohnungen zu entlocken.

Aufmerksamkeits-Signal

Jetzt kommen wir zu den Schritt-für-Schritt-Anleitungen, die ich meinen Kunden gebe. In der ersten geht es um ein Signal für Blickkontakt.

Ziel: Dem Hund beizubringen, alles fallenzulassen und Sie direkt anzuschauen, wenn Sie Ihr Aufmerksamkeits-Signal geben.

Anleitung:

- Wählen Sie Ihr Aufmerksamkeits-Signal und Markerwort (oder verwenden Sie einen Clicker)

- Die gebräuchlichsten Aufmerksamkeits-Signale sind „Guck“ oder „Schau“, aber überlegen Sie, ob Sie diese oder andere von Ihnen gewählte Wörter in Ihrem Alltag in anderem Kontext benutzen. Vermeiden Sie es auch, ein Wort zu wählen, das ähnlich wie ein anderes Signal klingt, das Sie verwenden (Beispiel: „Touch“ und „Watch“ oder „Schau mich an“ und „Hier 'ran“). Bemühen Sie sich, Verwirrung vorzubeugen!

- Nehmen Sie Ihre bevorzugten hochwertigen Leckerchen in beide Hände und schließen Sie diese zur Faust.

- Bringen Sie Ihren Hund direkt vor sich, mit Blick zu Ihnen. Wenn Ihr Hund zu aktiv ist, um dies ohne Leine zu versuchen, können Sie sich auf die Leine stellen, damit Sie beide Hände frei haben.

- Zeigen Sie Ihrem Hund die Leckerchen in Ihren beiden Händen.

- Strecken Sie beide Arme waagerecht aus, so als hätten Sie Flügel.

- Stehen Sie aufrecht. Beugen Sie sich nicht über Ihren Hund.

- Sagen Sie den Namen Ihres Hundes in einem fröhlichen und einladenden Tonfall.

- Im Moment, in dem Ihr Hund Ihnen in die Augen blickt, sagen Sie sofort Ihr Markerwort in einem sehr freudigen Tonfall und geben Sie direkt danach ein Leckerchen.

- Reagiert Ihr Hund nicht sofort, wenn Sie seinen Namen sagen, machen Sie interessante Geräusche, um seine Aufmerksamkeit zu bekommen; etwa ein Kuss-Geräusch, ein Zwitschern oder jedes andere Geräusch, das zum gewünschten Ergebnis führt.

- Verwenden Sie Ihr neues Aufmerksamkeits-Signalwort nicht, bevor Ihr Hund regelmäßig auf Ihre Versuche, seine Aufmerksamkeit zu bekommen, reagiert. Sobald er dies mehrfach hintereinander getan hat, können Sie das Signal einführen. Sagen Sie das Signalwort nach seinem Namen, aber bevor er zu Ihnen guckt. Wenn er nicht sofort reagiert, wiederholen Sie das Signalwort nicht. Greifen Sie auf Ihr Repertoire an komischen Geräuschen zurück und markieren Sie, wenn er dann doch zu Ihnen guckt.

Tipps:

- Üben Sie dies immer und immer wieder mit Ihrem Hund. Je mehr Sie dieses Signal üben und es wie ein Spiel gestalten, desto automatischer wird die Reaktion Ihres Hundes auf Ihr Aufmerksamkeits-Signal werden. Ich empfehle täglich einige Minuten.

- Sobald Ihr Hund Ihnen immer wieder in die Augen blickt, sagen Sie Ihr ausgewähltes Aufmerksamkeits-Signal, direkt nach seinem Namen, bevor er in Ihre Augen schaut. Wiederholen Sie es nicht ständig, wenn Sie keine Reaktion bekommen. Warten Sie einfach und markieren Sie es, sobald Sie dann endlich die gewünschte Reaktion bekommen.

- Machen Sie sich anfangs keine Gedanken darum, Ihren Hund für diese Übung sitzen zu lassen. Das kommt mit der Übung automatisch. Das Wichtigste ist, dass er Ihnen in die Augen schaut, auch wenn es nur kurz ist.

- Fangen Sie den Moment ein! Sie denken vielleicht, dass Ihr Hund Sie nicht anschaut oder er nicht lang genug schaut, um belohnt zu werden. Er tut es; perfektionieren Sie einfach Ihr Timing, und Sie werden die Dauer des Verhaltens steigern. Ein ganz kurzer Blick in Ihre Augen genügt für den Anfang – sorgen Sie dafür, diesen einzufangen.

- Ein fröhlicher Tonfall lädt Ihren Hund dazu ein, Sie anschauen zu wollen. Seien Sie die Party für Ihren Hund. Hunde haben gern Spaß!

- Wenn Ihr Hund Sie anschaut, bevor Sie auch nur Ihr Aufmerksamkeits-Signal geben, markieren Sie den Augenblick mit Ihrem Markerwort exakt im Moment, in dem er Sie ansieht; gleichgültig, ob Sie schon dazu gekommen sind, Ihr Wort zu sagen. Warten Sie, bis er seinen Kopf abwendet und sagen Sie Ihr Wort dann.

- Das Timing des Markerworts ist wichtiger als das Timing des Leckerchens. Das Markerwort muss GENAU im Moment gesagt werden, in dem der Hund Ihnen in die Augen schaut. Das Leckerchen sollte so rasch wie möglich folgen, aber Ihre Hände werden niemals so schnell sein wie Ihr Mund es kann!

- Sorgen Sie dafür, dass Sie kein Leckerchen anbieten, wenn Ihr Hund springt oder etwas anderes tut, das nicht wünschenswert ist, aber machen Sie sich keine Sorgen darum, das Leckerchen im selben Moment wie das Aufmerksamkeits-Signal zu geben.

- Jeder unaufgeforderte Augenkontakt sollte ebenso mit einem enthusiastischen Markerwort markiert werden. Das ultimative Ziel, das Sie mit diesem Aufmerksamkeits-Signal erreichen wollen, ist es, Ihrem Hund beizubringen, Sie immer dann anzusehen, wenn er Informationen braucht, sowohl von allein als auch auf Ihre Bitte hin.

- Alle Familienmitglieder sollten diese Übung machen.

- Sie können dies sehr leicht zu unregelmäßigen Zeiten über den Tag hinweg trainieren, etwa wenn Sie das Abendessen vorbereiten, beim Fernsehen während der Werbepausen, wenn Sie sich für die

Arbeit oder für die Nacht fertigmachen usw. Machen Sie es zu einem festen Bestandteil Ihrer Tagesroutine.

- Sobald Sie das Aufmerksamkeits-Signal zuhause gemeistert haben, nehmen Sie es mit nach draußen in Ihren Garten. Arbeiten Sie einige Wochen daran, und dann – und nur dann – sollten Sie es auf Spaziergängen probieren. Beginnen Sie mit Spaziergängen mit geringer Ablenkung. Gehen Sie in winzig kleinen Schritten weiter. Garantieren Sie Erfolg für Ihren Hund!

Einsatzmöglichkeiten:

- wenn Sie die Aufmerksamkeit Ihres Hundes von etwas sehr Interessantem zurückbekommen müssen (Fahrrad, Eichhörnchen, Katze, Jogger, anderer Hund usw.)
- bevor Ihr Hund etwas sieht, das er faszinierend finden könnte, um seine Aufmerksamkeit zu behalten!
- um ihm beizubringen, häufig bei Ihnen „einzuchecken"
- um zu unterstreichen, dass Sie stets bereitstehen, um alles zu regeln
- um zu unterstreichen, dass alle relevanten Informationen von Ihnen kommen!

Aufmerksamkeits-Signal im wirklichen Leben

Jen *benutzt „Look" als ihr Aufmerksamkeits-Signal. Wenn sie versucht, ihre Mannschaft dazu zu bringen, sie anzusehen, weil sie Fotos machen will, bekommt sie mit einem „Look" eine schnelle Reaktion. Sie benutzt dieses Signal auch, wenn sie mit ihren Hunden spielt und die Hunde nicht mitbekommen haben, wohin der Ball verschwunden ist. Wenn sie auf das Signal „Look" reagieren, zeigt sie ihnen, wo das Spielzeug ist und das Spiel beginnt von neuem!*

Lilian *geht regelmäßig mit all ihren Hunden gemeinsam in einem sehr ablenkungsreichen städtischen Umfeld spazieren. Sie verwendet „Look" dafür, dass ihre Hunde sie während der Spaziergänge ansehen. Normalerweise* *unterbrechen die Hunde das, was sie gerade tun und schauen sie sofort an. Wenn sie erwarten, dass ein Leckerchen kommt, gehen sie sogar zu Lilian und setzen sich vor sie hin. Dadurch achten die Hunde mehr auf sie als auf die belebte Umgebung. Sie benutzt ihr „Look"-Signal auch, bevor sie ihre Hunde zu sich ruft. Dies hilft ihr, ihr Abrufsignal viel verlässlicher zu erhalten, indem sie zuerst die Aufmerksamkeit der Hunde bekommt.*

Auf die Decke gehen

Das nächste Signal kann man vielseitig einsetzen. Durch diese Übung kann Ihr Hund lernen, dass seine Decke ein tragbarer sicherer Ort ist. Sie können seine Decke überallhin mitnehmen, und sie ist eine Insel im Chaos. Das Signal „Geh auf deine Decke" ist auch perfekt für den Gebrauch während Ihrer eigenen Mahlzeiten. Schauen Sie, wie viele Anwendungsmöglichkeiten Sie für dieses Signal finden können. Die Anregung zum Schreiben dieser Anleitung stammt von einigen Trainerinnen, die es mich gelehrt haben. Danke Sheri und Leslie!

Ziel: Ihrem Hund beizubringen, auf einen bestimmten Platz, etwa eine tragbare Matte oder Decke, zu gehen.

Anleitung:

1. Nehmen Sie ein Handtuch, ein flaches Hundebett oder irgendeine Decke (nehmen Sie unbedingt eine flache, KEINE kuschlige) und bekunden Sie SEHR großes Interesse daran. Sorgen Sie dafür, dass Ihr Hund Sie dabei sieht. Legen Sie die Decke auf den Boden in Ihre Nähe. Sobald sich Ihr Hund in irgendeiner Form dafür interessiert, z. B. daran schnüffelt, darauf geht, sie anschaut, daran scharrt usw., clicken Sie oder sagen Sie „Yes!" und legen Sie ein Leckerchen direkt AUF DIE DECKE (geben Sie Ihrem Hund das Leckerchen nicht aus Ihrer Hand).

2. Solange Ihr Hund weiterhin irgendein Interesse an der Decke zeigt, clicken/markieren Sie das Verhalten und werfen Sie das Leckerchen AUF DIE DECKE. Sie können für JEDES Verhalten clicken, das Ihr Hund zeigt, während er auf der Decke ist.

3. Sobald Ihr Hund auf der Decke bleibt und dort Verhalten anbietet (Sitz, Platz usw.), beginnen Sie, Leckerchen in zwei Abstufungen zu

benutzen: Sie können entweder mehrere Leckerchen derselben Sorte verwenden oder ein höherwertiges Leckerchen, wenn Ihr Hund ein „Platz" anbietet statt eines anderen Verhaltens. Das wird Ihrem Hund zeigen, dass alles, was er auf der Decke tut, gut ist, aber das „Platz" ihm die besten Sachen einbringt.

4. Sobald Ihr Hund zuverlässig ein „Platz" anbietet, können Sie Ihr Auflösungssignal benutzen und ihn von der Decke herunterrufen, wenn nötig. Benutzen Sie Ihre Party-Stimme und gestalten Sie es spaßig, so wie jedes Rufen sein sollte. Aber in diesem Fall geben Sie Ihrem Hund für das Herunterkommen von der Decke kein Leckerchen. Das Auflösungssignal wird immer das Ende des Verhaltens bedeuten. Sie wollen, dass die Belohnungen während des Verhaltens kommen, nicht danach.

5. Nachdem der Hund von der Decke gekommen ist und Sie dies bestätigt haben, stehen Sie ganz still und warten Sie, dass der Hund sich erneut für die Decke interessiert. Sobald er dies tut, wiederholen Sie Schritt 3. Sorgen Sie dafür, dass es sehr deutlich wird, dass es der Aufenthalt auf der Decke ist, der die Belohnungen kommen lässt. Sobald Sie erneut zuverlässiges „Platz" bekommen, machen Sie wieder mit Schritt 4 weiter.

6. Bevorzugt Ihr Hund deutlich das Bleiben auf der Decke, beginnen Sie, die Zeitintervalle zwischen den Belohnungen zu verlängern. Verlässt er die Decke, bevor Sie ihn freigeben, nehmen Sie die Decke kurz hoch und ignorieren Sie ihn. Anschließend machen Sie ein großes Trara darum, die Decke wieder zu holen und einen neuen Versuch zu machen. Sobald er auf der Decke bleibt, bis Sie ein Auflösungssignal geben, fangen Sie an, im Kreis um die Decke herum zu gehen. Gehen Sie in kleinen Schritten vor, der Persönlichkeit Ihres Hundes angepasst. Einige Hunde geraten zu sehr aus der Fassung oder werden zu aufgeregt, wenn Sie sich schnell bewegen; für andere ist das kein Problem. Kennen Sie Ihren Hund. Nach jedem Schritt weg ohne Auflösungssignal kehren Sie rasch zurück (aber ohne viel Bewegung Ihrerseits) und lassen Sie ein Leckerchen auf die Decke fallen. Es ist wichtig, dass Ihr Hund versteht, dass die Leckerchen NUR auf der Decke kommen; gleichgültig ob Sie sich von dieser weg bewegen oder nicht.

7. Sobald Sie an den Punkt gelangen, dass Ihr Hund so lange auf der Decke bleibt, bis Sie ein Auflösungssignal geben, selbst wenn Sie sich relativ weit von der Decke entfernt haben, können Sie ein Hörzeichen für diese Übung einführen. Sobald Sie können, heben Sie die Decke auf und legen Sie sie wieder hin und sagen Sie Ihr gewünschtes Hörzeichen genau in dem Moment, in dem Sie sie hinlegen. Dann clicken/markieren Sie das Verhalten. Sie werden mehrere Übungsdurchgänge brauchen, bis das Wort mit dem Verhalten verknüpft wird, aber mit Wiederholung wird es klar werden. Nennen Sie es wie Sie wollen! Seien Sie kreativ. „Geh auf (deinen) Platz“, „Geh auf (deine) Decke“, „Wo ist dein Bett“, „Chill Out“ usw. Es muss nur für Sie und Ihren Hund etwas bedeuten.

8. Sie sollten auch so oft Sie können die Decke liegen lassen und Ihren Hund belohnen, wenn er sich entschließt, auf dieser zu liegen. Wenn er von selbst auf die Decke geht, dann kann er kommen und gehen wann er will. Wenn Sie ihm Ihr Signal geben „Geh auf deine Decke“, dann müssen Sie ihn von der Decke freigeben.

9. Während Ihr Hund die Leckerchen sonst immer direkt von Ihnen bekommen sollte, ist es bei der Decke etwas anders. Es ist die magische Decke. Jedes Verhalten, das auf der Decke gezeigt wird, erfordert, dass das Leckerchen AUF DIE DECKE fallen gelassen wird! Machen Sie die Decke magisch.

Auf die Decke gehen im wirklichen Leben

Lilians *Hunde denken manchmal, jedes Mal, wenn Lilian sich abends umherbewegt, bedeutet das, sie können noch ein weiteres Mal nach draußen gehen. Wenn all ihre Bedürfnisse erfüllt sind und Lilian sich einfach ein bisschen entspannen möchte, sagt sie den Hunden „Geht und legt euch hin“. Ihre Hunde haben gelernt, dass dies bedeutet, zu einem Hundebett zu gehen und sich hinzulegen. Sofortige Entspannungs-Zeit!*

Joyces *Rottweiler-Mix Kendra liebt Menschen, aber sie wird bei Besuchern manchmal etwas zu überschwänglich. Wenn dies passiert, wird ihr gesagt „Geh auf deine Decke“. Sobald sie sich auf ihrer Decke beruhigt hat, wird sie wieder freigegeben. Wenn sie erneut zu aufdringlich wird, um Aufmerksamkeit zu bekommen oder versucht, die Gäste zu Tode zu lecken,* *wird sie wieder auf ihre Decke geschickt, bis sie sich auch hier wieder beruhigt hat. Sie hat gelernt, in Gegenwart von Besuchern mehr Selbstkontrolle zu haben und weiß, wenn sie das nicht tut, verbringt sie mehr Zeit auf ihrer Decke als mit dem Begrüßen von Freunden!*

Warten

Nun kommen wir zu einem der nützlichsten Signale die man in einem Mehrhundehaushalt haben kann. Das „Warte"-Signal hat eine Vielzahl von Anwendungsmöglichkeiten. Sie können es auf Spaziergängen benutzen, wenn Sie von einem Raum in den nächsten gehen und dies ohne die ganzen Hunde tun möchten, wenn Ihre Hunde Sie auf Besorgungsfahrten im Auto begleiten, wenn Sie wollen, dass sie durch die Tür gehen, wenn SIE es sagen – die Liste ist endlos.

Ziel: Ihr Hund soll lernen zu bleiben, wo Sie ihn zurücklassen und auf weitere Anweisungen zu warten, bevor er irgendwo anders hingeht. „Warte" bedeutet nicht, dass Ihr Hund exakt die Position beibehalten muss, aber er kann Ihnen nicht folgen und sich nicht weit weg bewegen. „Warte" gilt bis zu einer anderen Aufforderung oder Ihrer Rückkehr.

Anleitung:

- Dieses Signal hat viele Einsatzmöglichkeiten; seien Sie also geduldig, während Sie es Ihrem Hund beibringen, damit er schließlich das Wort auf alle Situationen generalisieren kann, in denen Sie es verwenden. Aber sobald er es tut, ist es wirklich praktisch!

- Die beste Art, mit der Verwendung dieses Signals anzufangen, ist das Einüben eines „Warte" an der Tür, was es nötig macht, dass Sie ein weiteres Signal geben, mit dem Sie Ihrem Hund das Weitergehen erlauben.

- Bringen Sie Ihren Hund an der Tür in Stellung, und während Sie langsam die Tür öffnen, sagen Sie „Warte". Wenn er sich irgendwie auf die Tür zu bewegt, schließen Sie die Tür. Sie müssen wahrscheinlich hierfür eine gewisse Extra-Zeit aufbringen; es klappt vielleicht nicht sofort. Sie benutzen hier tatsächlich das Durchgehen durch die Tür als Belohnung. Während Ihr Hund geduldig wartet, statt an der Tür zu drängeln, können Sie es mit einem „Yes!" markieren, aber in dieser Situation sollte dieses „Yes" zwar glücklich klingen, aber leiser als üblich sein, um Ihren Hund nicht aufzuregen. Sobald Sie die Tür vollständig öffnen können, geben Sie ihn rasch frei, nachdem Sie ein fröhliches „Yes!" gesagt haben. Fordern Sie Ihren Hund nicht immer wieder aufs Neue zum Sitzen oder Warten auf. Warten Sie einfach, bis er ein Sitz anbietet oder in der Bewegung innehält, um daraufhin zu beginnen, die Tür „sehr" langsam wieder zu öffnen. Er wird es begreifen.

- Eine weitere Einsatzmöglichkeit für das Warte-Signal ist, wenn Sie auf dem Spaziergang anhalten und etwas tun müssen, z. B. Ihren Schuh zubinden oder warten, bis Sie eine Straße überqueren können. Weisen Sie Ihren Hund an zu „Warten" und loben Sie ihn sehr ausgiebig, während Sie Ihren Schnürsenkel binden oder auf eine Lücke im Verkehr warten. Geben Sie unbedingt ein Freigabe-Signal, wenn es Zeit ist, weiterzugehen. Wenn Ihr Hund sich so viel bewegt, dass die Leine sich anspannt, können Sie ein verbales Unterbrechungssignal verwenden wie „Ah-Ah", um seine Aufmerksamkeit zu bekommen (beschränken Sie dies auf ein Minimum) oder halten Sie einfach die Leine sehr fest und warten Sie auf die Sekunde, in der die Spannung nachlässt. Sobald er sich Ihnen wieder so weit nähert, dass die Leinenspannung nachlässt, loben Sie ihn dafür und fahren Sie mit Ihrem Tun fort, bis Sie ihm Ihr Auflösungssignal zum Weitergehen geben.

- Dieses Signal kann auch in Situationen eingesetzt werden, wenn Sie Ihren Hund auf Besorgungsfahrten im Auto mitnehmen. Sie wollen natürlich nicht, dass er hierzu eine korrekte Sitz-Position beibehält, aber er soll verstehen, dass er im Auto bleibt. Sie können dies mit einer ähnlichen Methode aufbauen wie für die Übung an der Tür. Sorgen Sie dafür, dass er nicht zu nah an der Tür ist, wenn Sie sie öffnen, und benutzen Sie Ihr „Ah-Ah"-Geräusch wenn nötig. Ich versuche, die Verwendung dieses Geräusches auf Gefahrensituationen zu beschränken.

- Belohnen Sie ihn, wenn er nicht versucht, durch die Tür zu drängen. In diesem Fall besteht die Belohnung am Ende darin, dass Sie zurückkehren und ihn dafür loben, dass er da ist. Seien Sie großzügig mit Lob. Es macht einen Unterschied.

- Für zuhause ist dieses Signal auch ideal in Situationen, in denen Sie nicht wollen, dass Ihr Hund Ihnen folgt; zum Beispiel wenn Sie vom Fernsehen aufstehen, um kurz in einen anderen Raum zu gehen, aus dem Sie aber gleich wieder zurückkehren wollen. Hier können Sie das „Warte"-Signal benutzen. Loben Sie Ihren Hund unbedingt ausgiebig dafür, dass er geblieben ist, wo Sie ihn zurückgelassen haben.

Warten im wirklichen Leben

Lilian *benutzt „Warte" für ihre Hunde, wenn sie aus dem Auto aussteigen. Sie will nicht, dass ihre Hunde aus einer Tür springen, sobald diese geöffnet wird. Sie zieht es vor, dass sie warten, bis sie ihnen sagt, dass es jetzt Zeit ist, aus dem Auto zu springen. Wenn sie also die Tür öffnet, spricht sie die Hunde einzeln mit ihrem Namen an und sagt ihnen, sie sollen „Warten". Dann gibt sie sie einzeln nacheinander frei, um aus dem Auto zu springen.*

Jen *benutzt „Warte" meistens, wenn sie ihre Hunde nach draußen lässt. Sie hat Anbindevorrichtungen in ihrem uneingezäunten Garten. Sie und Jeff bringen die Hunde nach draußen auf die hintere Veranda, und die Hunde werden angewiesen zu warten, bis ihre lange Leine befestigt ist. Wenn einer der Hunde aus der Tür läuft, ohne am Halsband festgehalten zu werden, sorgt ein „Warte" dafür, dass er sicher auf der Veranda bleibt, bis das Anleinen abgeschlossen ist. Sie werden mit einem Signal freigegeben, sobald sie vollständig angeleint sind.*

Crystal *hat auch mehrere Einsatzgebiete für ihr „Warte"-Signal. Obwohl sie einen eingezäunten Hinterhof hat und die Hunde nicht an der Leine nach draußen führen muss, benutzen sie und Ross „Warte", bevor sie die Hintertür öffnen, so dass die Hunde nicht an ihnen vorbei stürmen. Sie geben die Hunde einzeln nacheinander frei, um Chaos zu reduzieren. So gibt es weitaus weniger Zerstörungspotenzial, wenn alle Hunde auf ihren morgendlichen Toilettengang erpicht sind! Crystal findet „Warte" auch sehr hilfreich, wenn sie versucht, Dinge aus dem Haus nach draußen zu bringen oder umgekehrt, wenn die Hunde alle sehnsüchtig auf eine offene Tür gucken. Andere Szenarien, in denen sie das „Warte"-Signal sehr nützlich findet, sind das Öffnen der Heckklappe ihres Autos, damit die Hunde nicht herauszuspringen versuchen, während sie noch ihr Geschirr umgelegt bekommen; beim Öffnen von Hundebox-Türen und sogar zur Schlafenszeit, wenn die Hunde am Boden warten müssen, bis sie mit ins Bett kommen dürfen.*

Lass es fallen

Nun kommen wir zum Signal „Lass es fallen", das in allen Situationen mit Futter/Leckerchen praktisch ist und auch auf Spaziergängen wichtig, besonders, wenn Sie in der Stadt leben. Im Original stammt diese Anleitung von Lilian Akin (Akin Family Dog Training in Pittsburgh); ich habe sie meinem Stil und Vorlieben entsprechend überarbeitet.

Ziel: Ihr Hund soll lernen, alles, was er im Fang hat, auf Signal fallen zu lassen. Sie können dies beliebig nennen, z. B. „Lass es los", „Gib" usw.

Anleitung:

1. Geben Sie Ihrem Hund etwas, das er wahrscheinlich ins Maul nehmen wird, z. B. einen Büffelhautknochen, einen Stock, einen Ball oder ein beliebtes Spielzeug.

- Es sollte so groß sein, dass Sie es an einem Ende festhalten können.
- Halten Sie in Ihrer anderen Hand **hochwertige** Leckerchen bereit.
- Zeigen Sie sie Ihrem Hund. Während Sie Ihrem Hund den Gegenstand anbieten, den er nehmen soll, können Sie so etwas wie „Nimm's" sagen, wenn Sie auch an diesem Signal interessiert sind. Seine Belohnung für dies Signal ist, dass er den Gegenstand in sein Maul nehmen kann. Sagen Sie „Yes!", wenn er dies tut. Wenn Sie nicht an diesem Signal interessiert sind, überspringen Sie den betreffenden Teil einfach und warten Sie, bis Ihr Hund den Gegenstand wenigstens ganz leicht hält.

2. Nachdem Ihr Hund den Gegenstand ins Maul genommen hat, halten Sie sanft das Ende des Gegenstands und sagen Sie Ihr Signalwort („Lass es fallen"). (Wenn Ihr Hund Gegenstände verteidigt, halten Sie den Gegenstand NICHT fest. Zeigen Sie einfach die Leckerchen und bieten Sie einen Tauschhandel an. Belohnen Sie GROSSZÜGIG mit den hochwertigen Leckerchen, wenn er den Gegenstand fallen lässt.) Wenn Sie den Gegenstand auch festhalten, markieren Sie sogar schon den nachlassenden Druck seines Mauls. Sagen Sie „Yes!" und bieten Sie dafür ein Leckerchen an. Wiederholen Sie dies.

- Halten Sie den Gegenstand nicht sehr fest und ziehen Sie überhaupt nicht daran.

- Bringen Sie einfach genügend sanften Druck auf, um den Gegenstand noch zu halten.

- Sie wollen, dass Ihr Hund freiwillig seinen Druck auf den Gegenstand lockert; Sie versuchen nicht, ihm diesen aus dem Maul zu ziehen.

- Wenn Sie zu stark ziehen, werden Sie ein spielerisches Tauziehen anfangen. In diesem Fall ist es sehr unwahrscheinlich, dass Ihr Hund loslässt. Gehen Sie einfach weg. Bestätigen Sie dies in keiner Weise; gehen Sie einfach für ungefähr dreißig Sekunden weg und versuchen Sie es noch einmal.

- Lässt Ihr Hund nicht für das Leckerchen den Gegenstand fallen, müssen Sie vielleicht ein besseres Leckerchen finden. Nehmen Sie etwas, das Ihr Hund mehr liebt als den Gegenstand in seinem Maul. Denken Sie an etwas SEHR hochwertiges, so etwas wie gekochtes Hühnchen.

3. Wiederholen Sie die Schritte 1 und 2. Üben Sie täglich mehrmals irgendeine Form des Objekt-Tausches (ein Stück Büffelhaut, einen Stock oder ein Spielzeug im Tausch gegen ein Leckerchen). Dies ist sehr wichtig, denn es könnte Ihrem Hund irgendwann das Leben retten.

4. Sobald Ihr Hund bereitwillig Gegenstände nimmt und fallen lässt, können Sie aufhören, zu 100% jedes Mal Leckerchen zu benutzen. Die Belohnung für Ihren Hund kann oft im Fortsetzen des Spiels bestehen, wenn Sie zum Üben ein Spielzeug benutzen. Dies bedeutet, dass er weiß, dass er fast immer das Spielzeug zurückbekommt. Benutzen Sie hin und wieder Leckerchen, damit immer ein höherer Anreiz mit dem „Lass es fallen" verbunden ist.

5. Wenn Ihr Hund im wirklichen Leben etwas loslässt, das er wirklich haben will, bieten Sie eine Futterbelohnung an.

Tipps:

- Üben Sie dies immer wieder mit Ihrem Hund. Je mehr Sie dieses Signal üben und es wie ein Spiel gestalten, desto automatischer wird das Verhalten „Fallenlassen“ Ihres Hundes werden.

- Wenn Ihr Hund jedes Mal, wenn Sie diese Übung mit ihm trainieren, eine positive Erfahrung macht, ist es umso wahrscheinlicher, dass er bereitwillig etwas Gefährliches fallenlässt, das er aufgehoben hat, etwa einen gekochten Hühnerknochen oder Schokolade.

- Es ist in Ordnung, mit Ihrem Hund Tauziehen zu spielen, so lange das Spiel nach Ihren Regeln abläuft und der Hund bereitwillig den Gegenstand auf Signal nimmt und fallen lässt.

- Reagieren Sie während eines Tauziehen-Spiels unbedingt auf jedes unangemessene Verhalten mit Time-Outs (s. S. 237). Beispiel: Wenn Ihr Hund Ihren Körper mit den Zähnen berührt, hören Sie auf zu spielen und gehen Sie für eine Minute weg. Sagen Sie nichts, schimpfen Sie nicht. Gehen Sie einfach weg. Kommen Sie danach zurück und spielen Sie weiter. Wiederholen Sie das Time-Out, wenn Sie Zähne spüren. Wenn Sie nach drei Versuchen noch immer Zähne spüren, wird das Spielzeug weggeräumt.

„Lass es fallen“ im wirklichen Leben

Lilian *hat eine aufregende Erfahrung gemacht, wo das „Lass es fallen“-Signal sehr praktisch war. Sie ging mit ihren Hunden spazieren, als ein Yorkie aus einem Vorgarten auf sie zurannte. Er war unangeleint, ihre drei Hunde waren an der Leine. Der Yorkie umkreiste sie, während er die ganze Zeit über bellte und auf sie zusprang. Ihr Greyhound Phoenix nahm ihn hoch, und sie sagte ihm sofort „Lass es fallen“, worauf er ihn wieder ausspuckte. Der Yorkie rannte zu seinem Halter zurück; unverletzt und ein bisschen weiser!*

Chris *benutzt „Lass es fallen“ mit Apache. Er liebt es, Dinge von Cherokee oder Alexandra (dem menschlichen Baby!) zu stehlen. Wenn er dies tut, sagt sie ihm „Lass es fallen“. Er tut das inzwischen immer und er bekommt jedes Mal viel Lob!*

***Joyces** Border Collie Mix Baxter ist ein Apportier-Fanatiker. Ganz besonders liebt er es, eine fliegende Frisbeescheibe zu fangen, und obwohl er sie immer fallen lässt, wenn er sie zurückbringt, hatte sie keine Lust mehr, sich ständig zu bücken, um sie aufzuheben. Also formte sie das einfache „Lass es fallen" in ein komplexeres „Bring", bei dem er ihr die Scheibe direkt in die Hand gibt. Sie hat dies anfangs so gemacht, dass sie sich heruntergebeugt und ihre Hände unter die Scheibe gehalten hat, bevor er sie fallen ließ. Verfehlte er, musste er es noch einmal versuchen. Sobald er verstanden hatte, dass sie die Scheibe nur wieder werfen würde, wenn er sie in ihre Hände fallen ließ, beugte sie sich allmählich immer weniger herunter, bis sie aufrecht stand. Auch ihre Hände streckte sie nach und nach immer weniger aus. Jetzt bringt er die Scheibe zurück und klatscht sie ihr geradezu in die Hand, damit sie wieder wirft, und ihrem Rücken geht es viel besser!*

Liegenlassen

Die nächste Übung, um die es hier geht, ist eigentlich der „Vorgänger" zum „Lass es fallen". Das „Liegenlassen" wird benutzt, bevor der Hund etwas aufhebt, von dem Sie nicht wollen, dass er es nimmt. Versuchen Sie, dieses Signal häufiger zu verwenden als ein „Lass es fallen". Die Beschreibung wurde ursprünglich von Lilian Akin geschrieben und von mir überarbeitet.

(Anm. d. Übers.: Im Anschluss folgt eine zweite, aktualisierte Version; hier wird das Liegenlassen ohne Signal trainiert).

Ziel: Ihrem Hund beizubringen, etwas zu ignorieren, das er wirklich interessant findet, wenn Sie ihm sagen „Liegenlassen".

Anleitung:

1. Nehmen Sie ein sehr hochwertiges Leckerchen in eine Hand und zeigen Sie es Ihrem Hund.

- Halten Sie in der anderen Hand noch mehr Leckerchen zum Belohnen bereit, aber zeigen Sie diese Ihrem Hund noch nicht. Nehmen Sie diese Hand hinter Ihren Rücken.

2. Wenn Ihr Hund sich dem hingehaltenen Leckerchen in Ihrer Hand nähert oder es anschaut, sagen Sie ihm „Liegenlassen".

- Wenn Ihr Hund an Ihrer Hand leckt und pfötelt, um zu versuchen, die Leckerchen zu bekommen, sagen Sie nichts, sondern warten Sie einfach, dass er aufhört.

- In der Sekunde, in der Ihr Hund aufhört zu versuchen, das Leckerchen zu bekommen oder vom Leckerchen wegguckt oder sich entfernt, sagen Sie „Yes!" und geben Sie ihm ein Leckerchen aus Ihrer versteckten Hand. Loben Sie Ihren Hund unbedingt verbal für eine gute Leistung.

- Wiederholen Sie diesen Schritt immer wieder, bis Ihr Hund zu verstehen scheint, dass „Liegenlassen" bedeutet, die Leckerchen in Ihrer Hand zu ignorieren. Wechseln Sie immer wieder ab, in welcher Hand Sie die „Verlockung" bzw. die Belohnung halten.

3. Für den nächsten Schritt nehmen Sie das hochwertige Leckerchen und legen es vor Ihrem Hund auf den Boden. Decken Sie es teilweise mit Ihrer Hand oder Ihrem Fuß ab, so dass er es nicht nehmen kann.

- Wenn Ihr Hund sich dem Leckerchen nähert oder es anschaut, sagen Sie ihm „Liegenlassen".

- In der Sekunde, in der Ihr Hund aufhört zu versuchen, das Leckerchen zu bekommen oder vom Leckerchen wegguckt oder sich entfernt, sagen Sie „Yes!" und geben Sie ihm ein Leckerchen aus Ihrer Hand. Loben Sie Ihren Hund unbedingt verbal für eine gute Leistung.

- Wiederholen Sie diesen Schritt immer wieder, bis Ihr Hund zu verstehen scheint, dass „Liegenlassen" bedeutet, das Leckerchen am Boden zu ignorieren.

- Wenn Ihr Hund besser darin wird, nicht zu versuchen, das am Boden liegende Leckerchen zu nehmen, können Sie die Schwierigkeit erhöhen, indem Sie das Leckerchen offener liegen lassen. Aber gehen Sie langsam vor. Sorgen Sie dafür, dass Ihr Hund Erfolg hat!

4. Wenn Sie mit dem Training fertig sind, bieten Sie Ihrem Hund das schmackhafte Leckerchen an, mit dem Sie zuvor trainiert haben. Geben Sie es ihm stets direkt aus Ihrer Hand, statt ihm zu erlauben, es sich selbst vom Boden zu nehmen. Das untermauert, dass alle guten Dinge von Ihnen kommen!

5. Platzieren Sie ein hochwertiges Leckerchen oder einen gefüllten Futternapf auf dem Boden.

- Halten Sie Leckerchen in Ihrer Hand bereit, die Sie als Belohnung geben. Üben Sie, mit Ihrem Hund (an kurzer Leine) um das Leckerchen/Futter herumzugehen. Halten Sie dabei die Leine so kurz, dass er das Leckerchen oder den Napf nicht erreichen könnte. Wenn Ihr Hund Interesse zeigt, indem er das Leckerchen/Futter anschaut oder versucht, hinzuspringen, sagen Sie ihm „Liegenlassen" und warten Sie, bis er seine Versuche einstellt, an das Futter zu kommen oder, noch besser, davon wegschaut und/oder Sie ansieht. Rucken Sie nicht an der Leine, um seine Aufmerksamkeit zu bekommen. Halten Sie ihn einfach weit genug vom Objekt seiner Begierde entfernt, dass er nicht herankommen kann. Benutzen Sie Ihre Stimme, um seine Aufmerksamkeit zu bekommen. Wenn Sie Ihren Hund in Bewegung halten, weg vom Futter, statt in dessen Nähe zu stehen, können Sie diesen Prozess beschleunigen.

- In der Sekunde, in der Ihr Hund vom Leckerchen oder Napf wegschaut, sogar nur andeutungsweise, sagen Sie „Yes!" und bieten Sie ihm ein Leckerchen an. Loben Sie Ihren Hund unbedingt verbal für eine gute Leistung.

6. Probieren Sie, ein Leckerchen oder ein Stück Trockenfutter direkt vor Ihren Hund auf den Boden zu werfen, so dass er es sieht.

Wenn Ihr Hund Interesse zeigt, indem er das Leckerchen anschaut oder darauf zuspringt, sagen Sie Ihrem Hund „Liegenlassen".

In der Sekunde, in der Ihr Hund von dem Leckerchen oder Trockenfutter wegschaut, sagen Sie „Yes!" und bieten Sie ihm ein Leckerchen an. Loben Sie Ihren Hund unbedingt verbal für eine gute Leistung.

„Liegenlassen" im wirklichen Leben

Lilian *hat „Liegenlassen" benutzt, als sie ihren Greyhound direkt von der Rennbahn adoptiert hatte. Er war auf seine Reaktion Katzen gegenüber getestet worden, aber sie fragte sich besorgt, wie er auf ein Haus voller rennender Katzen reagieren würde. Also hat sie sehr hart daran gearbeitet, ihm ein wirklich positives „Liegenlassen" beizubringen. Das bedeutete, dass er alles, wofür er sich interessierte, stehen und liegen ließ und zu ihr kam, um sich eine wirklich gute Belohnung abzuholen. Bald rannte er jedes Mal, wenn er eine Katze sah, zu ihr, ohne dass man ihm überhaupt „Liegenlassen" gesagt hatte. Lilian verwendet „Liegenlassen" auch, um während der Mahlzeiten den Frieden zu wahren. Ihre Hunde lieben es, gegenseitig die Futterplätze der anderen zu inspizieren und nachzusehen, ob noch etwas übrig ist, das man vom Boden oder aus den Näpfen lecken kann. Sie benutzt „Liegenlassen", um Raufereien zur Fütterungszeit vorzubeugen.*

Jen *verwendet „Liegenlassen", wenn versehentlich etwas Essbares auf den Boden gefallen ist. Takoda kommt dann angerannt, aber sie sagt ihm „Liegenlassen", und er geht nicht in die Nähe des fallengelassenen Essens.*

Chris *benutzt „Liegenlassen" mit ihrer Mannschaft, wenn sie etwas sehen wie tote (oder sogar lebende) Tiere und dergleichen, von dem sie nicht möchte, dass die Hunde sich damit beschäftigen. Cherokee liebt Schlangen. In ihrer Wohngegend gibt es viele Strumpfbandnattern, die sie ständig zu beschnüffeln versucht. Ein „Liegenlassen" hilft ihr, die Schlangen zu ignorieren.*

Wenn ***Crystals*** *Hunde essen, braucht ihr mäkeliger Fresser Sammy normalerweise etwas „Zwang" in Form von gewässertem Dosenfutter oder vielleicht etwas gekochtem Hirsch, um ihn zu überzeugen, sein Diätfutter zu essen. Da sein Futter üblicherweise für die anderen Hunde sehr besonders riecht, gäbe es ein großes Durcheinander, hätten nicht all ihre Hunde das Signal „Liegenlassen" gelernt. Alle wissen, dass sie von Sammys Futter wegbleiben müssen, aber verirrt sich doch einmal eine Nase zu nah an sein Essen, genügt dieses Signal, um den jeweiligen Hund daran zu erinnern, sich um sein eigenes Essen zu kümmern. Dadurch, wenn nötig in Kombination mit einem Platz-Bleib, laufen die Mahlzeiten geregelt ab.*

Zusätzlich zur im Original des Buches abgedruckten Version finden Sie hier eine neuere, wie die Autorin sie mittlerweile bevorzugt:

Liegenlassen ohne Worte

Ziel: Ihrem Hund beizubringen, Dinge, die er haben möchte, zu ignorieren, wenn sie ihm nicht direkt gegeben wurden.

Anleitung:

1. Nehmen Sie ein sehr hochwertiges Leckerchen in eine Hand und zeigen Sie es Ihrem Hund.

- Halten Sie in der anderen Hand noch mehr Leckerchen zum Belohnen bereit, aber zeigen Sie diese Ihrem Hund noch nicht. Nehmen Sie diese Hand hinter Ihren Rücken.

2. Wenn Ihr Hund sich dem hingehaltenen Leckerchen in Ihrer Hand nähert oder es anschaut, haben Sie einfach Geduld. Halten Sie die Hand mit dem Leckerchen weiterhin so, aber lassen Sie es den Hund nicht bekommen.

- Wenn Ihr Hund an einer Ihrer Hände leckt und pfötelt, um zu versuchen, die Leckerchen zu bekommen, sagen Sie nichts, sondern warten Sie einfach, dass er aufhört.

- In der Sekunde, in der Ihr Hund aufhört zu versuchen, das Leckerchen zu bekommen oder vom Leckerchen wegguckt oder sich entfernt, sagen Sie „Yes!" und geben Sie ihm ein Leckerchen aus Ihrer versteckten Hand. Loben Sie Ihren Hund unbedingt verbal für eine gute Leistung.
- Wiederholen Sie diesen Schritt immer wieder, bis Ihr Hund zu verstehen scheint, dass dass es ihm eine Belohnung einbringt, wenn er nicht versucht, sich das zu nehmen, was er gern hätte.

- Wechseln Sie immer wieder die Hand, in der Sie die „Verlockung" bzw. die Belohnung halten.

3. Für den nächsten Schritt nehmen Sie das hochwertige Leckerchen und legen es vor Ihrem Hund auf den Boden. Decken Sie es mit Ihrer Hand ab, so dass er es nicht nehmen kann.

- Wenn Ihr Hund sich dem Leckerchen nähert oder es anschaut, weichen Sie wieder nicht von der Stelle und sagen Sie nichts. Wenn nötig, können Sie zum Schutz dünne Gartenhandschuhe tragen.

- In der Sekunde, in der Ihr Hund aufhört zu versuchen, das Leckerchen zu bekommen oder vom Leckerchen wegguckt oder sich entfernt, sagen Sie „Yes!" und geben Sie ihm ein Leckerchen aus Ihrer Hand. Loben Sie Ihren Hund unbedingt verbal für eine gute Leistung.

- Wiederholen Sie diesen Schritt immer wieder, bis Ihr Hund zu verstehen scheint, dass ihm das Ignorieren des Leckerchens am Boden eine bessere Belohnung einbringt.

- Wenn Ihr Hund besser darin wird, nicht zu versuchen, das am Boden liegende Leckerchen zu nehmen, können Sie die Schwierigkeit erhöhen, indem Sie das Leckerchen nur noch halb bedecken und schließlich offen liegen lassen. Aber gehen Sie langsam vor. Sorgen Sie dafür, dass Ihr Hund Erfolg hat! Bewegt er sich darauf zu, bedecken Sie das Leckerchen einfach wieder, ohne ein Wort zu sagen.

4. Wenn Sie mit dem Training fertig sind, bieten Sie Ihrem Hund den Rest der schmackhaften Leckerchen an, mit denen Sie zuvor trainiert haben. Geben Sie sie ihm stets direkt aus Ihrer Hand, statt ihm zu erlauben, sie sich selbst vom Boden zu nehmen. Das untermauert, dass alles Gute von Ihnen kommt!

5. Platzieren Sie ein hochwertiges Leckerchen oder einen gefüllten Futternapf auf dem Boden. Halten Sie Leckerchen in Ihrer Hand bereit, die Sie als Belohnung geben.

- Üben Sie, mit Ihrem Hund (angeleint) um das Leckerchen/Futter herumzugehen. Halten Sie dabei die Leine so kurz, dass er das Leckerchen oder den Napf nicht erreichen könnte. Wenn Ihr Hund Interesse zeigt, indem er das Leckerchen/Futter anschaut oder versucht, hinzuspringen, warten Sie einfach, bis er damit aufhört oder, noch besser, davon wegschaut und/oder Sie ansieht. Rucken Sie nicht an der Leine, um seine Aufmerksamkeit zu bekommen. Halten Sie ihn einfach weit genug vom Objekt seiner Begierde entfernt, dass er nicht herankommen kann. Benutzen Sie, wenn nötig, Ihre allerbeste fröhliche Stimme, um seine Aufmerksamkeit zu bekommen.

- In der Sekunde, in der Ihr Hund vom Leckerchen oder Napf wegschaut, sogar nur andeutungsweise, sagen Sie „Yes!“ und bieten Sie ihm ein Leckerchen an. Loben Sie Ihren Hund unbedingt verbal für eine gute Leistung.

6. Probieren Sie, ein Leckerchen oder ein Stück Trockenfutter direkt vor Ihren Hund auf den Boden zu werfen, so dass er es sieht. Halten Sie die Leine kurz genug, dass er nicht herankommen kann.

- Wenn Ihr Hund Interesse zeigt, indem er das Leckerchen anschaut oder darauf zu springt, warten Sie auch hier einfach wieder, bis er damit aufhört oder, noch besser, davon wegschaut und/oder Sie ansieht.

- In der Sekunde, in der Ihr Hund von dem Leckerchen oder Trockenfutter wegschaut, sagen Sie „Yes!“ und bieten Sie ihm ein Leckerchen an. Loben Sie Ihren Hund unbedingt verbal für eine gute Leistung.

Anspringen

Das Abgewöhnen des Anspringens folgt keiner Schritt-für-Schritt-Anleitung, aber es ist eines der häufigsten Verhaltensprobleme.

Die Gründe für Anspringen sind vielfältig; freundliche Begrüßungen, Vorfreude, Aufmerksamkeitsheischen usw. gehören dazu. Ihre Reaktion auf das Anspringen Ihres Hundes bestimmt, wie schnell Sie sein Verhalten in etwas viel Wünschenswerteres umlenken können. Das mag wie eine sehr langwierige Arbeit erscheinen, aber wenn Sie beständig sind, wird es besser werden!

Anspringen zur Begrüßung

Stehen Sie aufrecht und schubsen Sie Ihren Hund nicht mit den Händen weg. Der Einsatz Ihrer Hände wird von Ihrem Hund als interaktives Spiel gesehen und ist so lohnend für ihn wie das Springen selbst.

Benutzen Sie Ihren Körper, um Raum einzufordern. Machen Sie einen leichten Schritt nach vorn und drehen Sie sich gleichzeitig um, so dass Sie Ihrem Hund den Rücken zudrehen. Geben Sie ihm keine Rückmeldung zu seinem Anspringen. Warten Sie, bis Ihr Hund sitzt und markieren Sie diesen Moment mit einem „Yes!“; dann geben Sie ihm ein Leckerchen.

Verleiten Sie Ihren Hund nicht durch ein Hochhalten des Leckerchens dazu, erneut zu springen. Es ist besser, wenn die Leckerchen ganz versteckt sind. Der Hund bekommt das Leckerchen nur, wenn er in der sitzenden Position bleibt. Hierdurch lernt Ihr Hund, sich im Zweifel hinzusetzen, und auch, dass ihm das Sitzen in vielen Situationen positive Aufmerksamkeit einbringt.

Wenn Sie fleißig genug daran arbeiten, Ihrem Hund beizubringen, dass ein Sitz immer richtig ist, wenn er verwirrt ist, wird er im Zweifelsfall immer darauf zurückkommen. Sie können dann „Sitz!“ sagen, wenn er hochspringt, und er wird lieber sein Hinterteil auf den Boden knallen als zu springen. Geht das Hochspringen jedoch selbst dann noch in erschreckendem Ausmaß weiter, wenn Sie Ihrem Hund den Rücken zudrehen, geben Sie ihm ein Time-Out (siehe S. 237).

Fahren Sie mit dem Umlenkungstraining fort, sobald das Time-Out seinen Zweck erfüllt hat.

Nicht immer einfach sein wird es, Ihre Gäste dazu zu bewegen, mit Ihnen hinsichtlich des Nicht-Anspringens an einem Strang zu ziehen. Stellen Sie eine Schüssel mit schmackhaften Leckerchen in die Nähe der Tür, wenn Sie Gäste erwarten. Es wird mehr bringen, Ihren Gästen zu erklären, was Sie zu erreichen versuchen und sie um ihre Hilfe zu bitten als einfach nur Ihrem Hund zu sagen, er solle sie nicht anspringen. Viele Leute werden sagen, es mache ihnen nichts aus, und sie werden Ihren Hund sogar noch streicheln, während er sie anspringt. Dies bestärkt natürlich das Anspringen und ist definitiv nicht das, was Sie wollen.

Bitten Sie Ihre Gäste, Ihren Hund zu beachten, wenn er NICHT springt und sorgen Sie dafür, dass sie Ihre Methode, das Verhalten umzulenken, verstehen. Betonen Sie besonders den Leckerchen-Teil dieser Methode. Die meisten Leute geben Hunden gern Leckerchen, und so bekommen auch Ihre Gäste eine Belohnung für ihre Unterstützung beim Training! Wenn Sie Gäste haben, von denen Sie wissen, dass sie sich nicht daran halten, oder wenn Sie Handwerker im Haus haben, bringen Sie Ihren Hund einfach in einen anderen Raum und geben ihm eine interessante Beschäftigung statt bei diesem Training inkonsequent zu sein.

Sie können auch das Anspring-Training so gestalten, dass Sie Ihren Hund anleinen und ihn entweder irgendwo festbinden oder jemanden die Leine halten lassen. Gehen Sie auf Ihren Hund zu, und wenn er hochspringt, halten Sie augenblicklich in Ihrer Vorwärtsbewegung inne. Wenn er entweder mit allen vier Pfoten am Boden steht oder sitzt, dann gehen Sie wieder auf ihn zu. Wenn er erneut aufspringt, halten Sie wieder an. Wiederholen Sie diesen Prozess so oft wie möglich. Es ist besser, nichts zu sagen als auf das Springen zu reagieren.

Transportbox-Training

Manche Hunde kann man einfach mit einem Kong® in eine Transportbox tun und sie sind mit sich und der Welt zufrieden. Würden Sie anderen Hunden ihre erste Erfahrung mit einer Box so vermitteln, könnten Sie bei Ihrer Rückkehr nach Hause vor einem Scherbenhaufen stehen. Die meisten Hunde liegen irgendwo dazwischen. Der Schlüssel dazu, dass Ihr Hund die Box akzeptiert, wenn er nicht schon als Welpe daran gewöhnt wurde, ist es, die Box zur positivsten Erfahrung zu machen, die Sie schaffen können. Sie werden dies in einzelnen Schritten tun.

Beginnen Sie damit, die Box an einem Ort aufzustellen, an dem Sie gewöhnlich Zeit mit Ihrem Hund verbringen. Einer der größten Fehler, den Hundehalter machen, ist es, die Box an einem wenig genutzten Ort aufzustellen, etwa im Keller oder im Hauswirtschaftsraum. Sicher, so ist sie aus dem Weg und kein Schandfleck, aber es ist aus Sicht Ihres Hundes auch eine Verbannung. Eigentlich ist es sogar eine doppelte Verbannung. Warum? Sein Lieblingsmensch ist fortgegangen, und er kann nicht an seinem Lieblingsort auf seine Rückkehr warten. Stattdessen ist der Hund an einem Ort eingesperrt, mit dem er keine positiven Erinnerungen verknüpft! Viel schlimmer als das kann es kaum werden.

Wenn Sie also so große Bedenken haben, wie die Box in Ihrem Heim aussieht, dann kaufen Sie eine der hübscheren Boxen, die wie Möbel oder Kunst aussehen.

Wenn nicht alle Ihre Hunde zur selben Zeit bei Ihnen eingezogen sind (und das sollten Sie nicht!), werden Sie wahrscheinlich nicht alle gleichzeitig in Boxen tun. Wenn Sie bei diesem Kapitel angekommen sind, haben Sie wahrscheinlich schon die Tipps dazu gelesen, wie man mehrere Hunde sicher in Boxen unterbringt. An dieser Stelle geht es nur darum, Ihnen zu zeigen, wie Sie die Box zu einem glücklichen Ort machen; also zurück zum Thema.

Sobald Sie die Box aufgestellt haben, legen Sie SEHR hochwertige Leckerchen hinein. Zeigen Sie dies aber nicht dem Hund, dem Sie beibringen wollen, die Box zu mögen. Lassen Sie ihn die Leckerchen selbst finden. Wenn Sie gerade nur einen Hund auf die Box trainieren wollen, dann müssen Sie die anderen Hunde anderswo im Haus beschäftigen, um Unterbrechungen vorzubeugen. Sobald Ihr „Lehrling“ die Leckerchen findet, murmeln Sie noch während er in der Box ist, dass er ein guter Hund ist und zeigen Sie sich erfreut über diese Entwicklung.

Beim nächsten Mal, wenn Sie die Box zum Training aufstellen, könnten Sie einen gefüllten Kong® hineintun. Oder Sie schmieren etwas Erdnussbutter an einige der hinteren Stäbe der Box, so dass die einzige Möglichkeit, an die Belohnung zu kommen, der Aufenthalt in der Box ist.

Die ersten paar Male trägt Ihr Hund vielleicht seinen Fund zum Essen aus der Box. Das ist in Ordnung. Irgendwann wird er noch in der Box stehend essen, und dann irgendwann wird er sich in der Box hinlegen, um zu essen. Nehmen Sie dies verbal zur Kenntnis, während er isst, aber tun Sie das mit leiser Stimme, damit Sie ihn nicht aufschrecken und er womöglich aus der Box kommt.

Sobald er öfter von selbst zum Essen in der Box bleibt, schließen Sie die Boxentür und bleiben Sie im Raum. Öffnen Sie sie wieder, bevor er mit dem Essen fertig ist, aber erst kurz vorher. Handeln Sie sehr beiläufig. Steigern Sie langsam die Zeitdauer, während der die Boxentür geschlossen ist. Dann beginnen Sie, bei geschlossener Boxentür kurz den Raum zu verlassen; immer noch, während Ihr Hund isst. Sie können dann dazu übergehen, aus dem Haus zu gehen; anfangs nur kurz.

Sie fragen sich vielleicht, wie Sie es schaffen sollen, für die Sicherheit von Hund und Haus zu sorgen, wenn Sie aus dem Haus sind, während Sie Ihren Hund erst langsam der Box gegenüber desensibilisieren. Solange Ihr Hund sich nicht selbst verletzt, während er in der Box ist, tun Sie ihn einfach trotzdem in die Box. Aber parallel dazu machen Sie ihm dies täglich angenehmer, damit der Stress für Sie beide abnimmt.

Falls sich Ihr Hund allerdings verletzt, wenn er in der Box ist, dann brauchen Sie professionelle Hilfe. Holen Sie diese für Ihren Hund so schnell Sie können. Ich kann Ihnen dies nicht in einem Buch beibringen. Es ist ein den Bedürfnissen Ihres Hundes individuell angepasster Prozess.

Einige Möglichkeiten, bis Sie verhaltenstherapeutische Hilfe bekommen können, sind Hundetagesstätten und/oder ein Hundesitter. Recht teuer, aber für die Gesundheit Ihres Hundes lohnt es sich.

Aber zurück zum Transportbox-Training. Sobald Sie begonnen haben, erfolgreich die Boxentür geschlossen zu halten und das Haus (wenn auch nur für kurz) zu verlassen, ist der wahre Schlüssel dazu, die Box zu einem glücklichen Ort zu machen der, die Umgebung genauso zu gestalten, als wären Sie zuhause. Lassen Sie ein Radio oder einen Fernsehsender laufen, den Ihr Hund gewohnt ist; vorausgesetzt, es ist ein beruhigender Klang. Bitte kein lautes Heavy Metal! Wenn Ihr Hund auf bestimmte Klänge oder Bilder im Fernsehen reagiert und es läuft gerade eine Sendung, in der so etwas vorkommen könnte, dann schalten Sie um, bevor Sie gehen.

Ein weiterer wichtiger Punkt ist, dass die Box nicht in dem Raum stehen sollte, der am nächsten zu dem, was draußen vor sich geht, liegt. Dies kann Ihrem Hund mehr Stress bereiten als es ratsam ist, wenn Sie nicht zuhause sind und er sich verletzlich fühlt.

Einige Hunde kommen besser in einer abgedeckten Box zurecht und manche wollen sehen, was um sie herum passiert. Sie werden herausfinden müssen, was das Beste für Ihren Hund ist. Viele Hunde, die durch das Alleinbleiben gestresst sind, schreddern in der Box Gegenstände, wenn sie die Möglichkeit bekommen. Geben Sie also Ihrem Hund gar nicht erst die Chance. Auch eine Abdeckung für die Transportbox könnte zerkaut werden.

Planen Sie für die Verwendung in der Box Gegenstände, mit denen Sie Ihren Hund gefahrlos allein lassen können. Beispiele für solche Gegenstände sind Kongs® (es sei denn, Ihr Hund gehört zu denen, die einen hinunterschlucken können!), harte Nylabones®, die meisten rohen Markknochen und einige interaktive Spielzeuge. Wie bereits in einem früheren Kapitel erwähnt: Der Schlüssel zu sicherem Spielzeug ohne Aufsicht ist es, zu wissen, welcher Kau-Typ Ihr Hund ist und was er zerkauen kann und was nicht.

Was das Lager für Ihren Hund betrifft: Er braucht keine weiche Unterlage in seiner Box, wenn er diese ohnehin nur zerkaut. Zerkaut er keine weichen Gegenstände, können Sie ihm natürlich ein weiches Lager in seiner Box einrichten.

Er braucht auch kein Wasser, das er fast sicher verschütten wird. Wenn ein Hund in der Box zu viel Futter zur Verfügung hat, könnte es sein, dass er sich erleichtern muss, wenn es für ihn keine Möglichkeit gibt, nach draußen zu gehen, um dies zu tun. Ihr Hund wird dann sehr frustriert und unruhig sein. Bitte sorgen Sie also dafür, dass als Letztes, bevor Sie Ihren Hund in die Box tun, er sich noch einmal ganz ausgiebig erleichtern kann.

Ich bin der festen Überzeugung, dass man einen Hund nicht für länger als fünf Stunden am Stück in eine Box tun sollte. Wenn Sie, wie die meisten Leute, acht Stunden täglich außer Haus arbeiten, dann müssen Sie kreativ werden. Ihr Hund wird sich ganz sicher nicht bereitwillig in eine Box sperren lassen, wenn dies für unangemessen lange Zeit geschieht! Eine Option ist ein Hundesitter oder ein Hundeausführer. Wenn Sie sich das nicht leisten können, sind vielleicht Nachbarn oder Verwandte in der Nähe eine Möglichkeit? Sie werden angenehm überrascht sein, wie beruhigend eine Halbzeitpause außerhalb der Box auf Ihren Hund wirken kann. Die Erwartung einer solchen Pause kann Ihrem Hund helfen, den Stress durch den Aufenthalt in der Box besser zu bewältigen. Wohnen Sie zufällig nicht weit von Ihrer Arbeitsstelle entfernt, können Sie Ihrem Hund eine Verschnaufpause geben, indem Sie zwischendurch kurz nach Hause kommen.

In einem früheren Kapitel werden verschiedene beruhigende Mittel vorgestellt. Die Unterbringung in einer Box ist eine weitere hervorragende Einsatzmöglichkeit für diese Mittel. Adaptil®, auf die Decke in der Box oder auf Stoff in der Nähe der Box gesprüht, kann helfen, Ihren Hund ruhig zu halten. Steht die Box in einem relativ kleinen Raum, wäre die Verwendung von Adaptil® in der Zerstäuber-Version für die Steckdose ideal. Eine Dosis Bach Notfalltropfen® für Ihren Hund, etwa fünfzehn Minuten vor Ihrem Weggehen, wäre sehr hilfreich. Denken Sie daran, dass die Notfalltropfen® nur eine Wirkdauer von ungefähr zwei Stunden haben. Sie eignen sich also nicht dazu, Ihren Hund für längeren Aufenthalt in der Box zu beruhigen. Sicher helfen werden sie jedoch während der Aufbruchphase vor Ihrem Weggehen. Ein weiteres nützliches Produkt in dieser Situation ist Chill Out. Ich versprühe es in meinem Schlafzimmer, bevor ich meine Hunde allein lasse. Bei Trent hat es einen großen Unterschied gemacht, wenn er allein zurückbleibt, während die anderen Hunde spazierengeführt werden. Seit ich begonnen habe, es zu verwenden, zerkaut er keine Gegenstände mehr, die nicht dafür bestimmt sind, zerkaut zu werden.

Ebenfalls einen Unterschied wird es machen, wenn Sie beim Verlassen des Hauses ganz sachlich und nüchtern sind. Verhalten Sie sich beim Weggehen schuldbewusst und besorgt, vermitteln Sie dadurch Ihrem Hund den Eindruck, er habe einen Grund zur Beunruhigung. Machen Sie also keinen Wirbel, weder beim Gehen noch beim Zurückkommen. Ich sage einen bestimmten Satz zu meinen Hunden, bevor ich gehe. Dieser scheint sie wissen zu lassen, dass alles gut ist und dass ich zurückkommen werde. Finden Sie einen solchen Schlüssel-Satz, wenn Sie und Ihre Hunden dadurch den Übergang besser bewältigen.

Wenn Sie Geduld mit Ihrem Hund haben, wird dies dazu beitragen, dass alles glatter verläuft. Die Box zu einem glücklichen Ort zu machen, an dem er sich geborgen fühlt, wird dafür sorgen, dass Ihr Hund die bestmögliche Erfahrung mit dem Aufenthalt in der Box macht, und das ist gut - sowohl für Sie als auch für Ihre Hunde!

„Beförderung“ von der Box

Sie werden fast sicher Ihre Hunde von der Box entwöhnen wollen. Das ist in Ordnung. Aber denken Sie unbedingt daran, dass mehrere Hunde sich manchmal auch wie mehrere Hunde verhalten. Das bedeutet, dass eine „Rudelmentalität“ entstehen kann. Bitte gewöhnen Sie jeden Ihrer heißgeliebten Hunde separat schrittweise an mehr Freiheit, so dass sie sich später auch als Gruppe angemessen benehmen und kein Chaos ausbricht.

Wenn es soweit ist, zur nächsten Stufe nach der Box überzugehen, ist es die beste Option, die Freiheit schrittweise zu gewähren. Beschränken Sie Ihren „Zweitklässler“ mithilfe von Türgittern auf einen Bereich, den Sie so hundesicher machen wie nur möglich, ausgerüstet mit den üblichen Dingen für einen Welpen, der allein zuhause bleibt, z. B. einem Kong® und dergleichen.

Kann der abgetrennte Bereich in der Nähe der restlichen Mannschaft sein? Unter Vorbehalt ja. Haben Sie jedoch auch nur die geringste Sorge, wie sich der bislang in der Box untergebrachte Hund unbeaufsichtigt mit jedem anderen Mitglied der Mannschaft vertragen könnte, dann lautet die Antwort „noch nicht" . Gehen Sie kein Risiko ein, wenn es um Sicherheit geht.

Sobald sich Ihr neuerdings außerhalb der Box untergebrachter Hund in seinem abgetrennten Bereich bewährt hat, können Sie mit einem größeren freien Bereich experimentieren. Dies ganz allmählich Schritt für Schritt auszuloten gibt Ihnen die besten Erfolgsaussichten. Durch das langsame Vorgehen schaffen Sie ein solides Fundament, das eine bessere Garantie für Sicherheit und Erfolg darstellt. Gibt es einen Ausrutscher, gehen Sie einfach einen Schritt zurück und schränken Sie die Freiheit für eine Weile ein. Dann wiederholen Sie das Ganze. Erfolg wird in der Zukunft Ihres Hundes liegen, wenn Sie auf diese Weise vorgehen!

Transportbox-Training im wirklichen Leben

Lilian *tut jeden neuen Hund immer in eine Box; normalerweise im Wohn- oder Esszimmer, bis sie sicher ist, dass der Neuankömmling die Hausregeln kennt, sich mit den anderen Hunden und den Katzen versteht, stubenrein ist und nichts Unangemessenes zerkaut. Zu Beginn hat sie JJ ungefähr sechs Monate lang in der Box untergebracht. Er war sechs Monate alt, als sie ihn aus dem Tierschutz übernommen hat, und sie hat ihn im Alter von etwa einem Jahr „befördert", d. h. er musste nicht mehr in der Box bleiben. Ihren Greyhound hat sie ungefähr anderthalb Monate lang in der Box untergebracht, als sie ihn von der Rennbahn adoptiert hat. Pflegehunde, die als Besucher in ihrem Haus sind, bringt sie immer in der Box unter.*

Crystal *ist der Meinung, dass Boxen in einem Mehrhundehaushalt notwendig sind. Sie benutzt sie so oft, dass sie nur noch selten ein Signal dafür geben muss; bei ihr zuhause rennen die Hunde einfach zu ihren Boxentüren und warten darauf, hineingelassen zu werden. Toby öffnet sogar seine Tür selbst, wenn sie nicht verriegelt ist, und lässt sich selbst hinein! Die Boxen sind für die Hunde Wohlfühl-Orte, und so bekommen sie dort häufig eine Pause mit einem leckeren Kong oder einem rohen Knochen, damit sie entspannen können. Manchmal werden die Boxen benutzt, um die Hunde bei der Fütterung* *zu trennen, bis sie gelernt haben, im Platz-Bleib auf ihr Essen zu warten, oder wenn es Probleme im Zusammenhang mit Futter gibt; manchmal sogar nur für die langsamen Esser, damit sich diese Zeit nehmen können und sich dabei wohlfühlen. Außerdem werden die Boxen für Hunde benutzt, die sich in Schwierigkeiten bringen würden, wenn sie nicht direkt beaufsichtigt werden können, oder sogar, wenn die Menschen oder die Hunde in ihrem Heim einfach etwas Zeit für sich allein brauchen! Auch im Auto werden Boxen benutzt, wenn mehrere Hunde mitfahren, damit sich diese mit ihren Geschirren und Anschnallgurten nicht verheddern oder einander gar verletzen.*

Abrufen

Und jetzt kommen wir zu der Anleitung fürs Abruf-Training. Dies könnte zum Wichtigsten gehören, das Sie Ihrem Hund beibringen können. (Anm. d. Übers.: Die folgende Trainingsanleitung wurde von der Autorin nachträglich überarbeitet.)

Ziel: Ihrem Hund beizubringen, auf Ihre Aufforderung hin schnell zu Ihnen zu kommen.

Anleitung:

- Der erste Schritt zu einem zuverlässigen Abrufen ist das anfängliche Kopfdrehen. Das bedeutet, wenn Sie den Namen Ihres Hundes sagen und er daraufhin seinen Kopf in Ihre Richtung dreht, markieren Sie diesen Moment verbal oder mit einem Clicker und ermuntern Sie ihn mit der Stimme, ganz zu Ihnen zu kommen.

- Sagen Sie den Namen Ihres Hundes im glücklichsten Tonfall, den Sie hinbekommen. Sobald sich sein Kopf in Ihre Richtung dreht, sagen Sie „Yes!" oder clicken Sie und wenden Sie Ihren Körper in die entgegengesetzte Richtung ab, während Sie die ganze Zeit über Ihre Stimme benutzen, um ihn fröhlich zu ermuntern, zu Ihnen zu kommen.

- Verbinden Sie den Moment des Kopfdrehens mit dem eigentlichen Abrufen zu Ihnen, indem Sie das verbale Feedback die gesamte Strecke über beibehalten. Wenn Sie nach Spaß klingen, wird Ihr Hund wissen wollen, was er verpasst. „Komm Fido" ohne fröhlich klingende Stimme ist langweilig. Noch schlechter ist eine streng klingende Stimme. Lassen Sie Ihre Stimme fröhlich klingen!

- Anfangs benutzen Sie hierfür noch kein Wort wie „Komm!" oder ähnlich. Zuerst üben Sie es, bis Ihr Hund es viele Male zuverlässig ausgeführt hat. Sobald er dies beständig tut, sagen Sie das Wort, das die Bedeutung „Komm jetzt sofort zu mir" bekommen soll, nach seinem Namen, direkt nachdem er beginnt, sich in Ihre Richtung zu bewegen. Benutzen Sie anfangs, wenn Sie verbal belohnen, etwas, das lustig klingt, in der Art wie „Komm her, Kleiner, du bist so ein guter Junge" usw.

- Wenn Ihr Hund bei Ihnen ankommt, belohnen Sie ihn SOFORT stattlich, dann zählen Sie bis 15 und beschäftigen Sie sich in diesem Zeitrahmen intensiv mit ihm. Dies beinhaltet, ihm SEHR hochwertige Leckerchen zu geben, Liebkosen, verbales Lob, Spiel mit einem Spielzeug und sogar ein wenig raues Spiel, wenn es das ist, was ihm Spaß macht. Machen Sie dieses Ereignis sehr einprägsam. Sorgen Sie dafür, dass er denkt, zu Ihnen zu kommen ist das Beste seit der Leber in Scheiben!

- Wenn Ihr Hund zu Ihnen kommt, fordern Sie nichts weiter; machen Sie einfach eine richtige Hundeparty und haben Sie Spaß! Wenn Sie irgendwann ein „Sitz" wollen, dann warten Sie darauf, dass Ihr Hund es von selbst anbietet oder verlangen Sie es, NACHDEM Sie ihn bereits für das Herankommen belohnt haben.

- Machen Sie jede Begegnung, die Ihr Hund von selbst mit Ihnen hat, zu einer guten. Belohnen Sie ihn, wenn er hin und wieder „eincheckt", sowohl im Haus als auch draußen; besonders auf Spaziergängen. Machen Sie den Aufenthalt in Ihrer Nähe spaßiger als alles andere.

Tipps:

- **Bestrafen Sie Ihren Hund niemals, wenn er zu Ihnen kommt, und rufen Sie Ihren Hund niemals zu sich, um ihn zu bestrafen, egal wie wütend Sie auf ihn sind!** Wenn Sie Ihren Hund dafür strafen, dass er nicht kommt, oder wenn Sie Ihren Hund zu sich rufen, um ihn zu bestrafen, wird er beginnen, das Herankommen zu fürchten, weil er das Kommen zu Ihnen mit Strafe verknüpft. Strafen Sie stattdessen überhaupt nicht und machen Sie das Kommen zu Ihnen zur besten Sache überhaupt.

- Rufen Sie Ihren Hund niemals aus einer Bleib-Position heraus zu sich. Verwenden Sie stattdessen das Wort „Warte", um ihn dort bleiben zu lassen, wo er ist.

- Vermeiden Sie es, Ihren Hund zu sich zu rufen, wenn Sie etwas tun müssen, das er als unangenehm empfindet, z. B. eine Tablette eingeben, ihn in die Box tun, ihn baden, eine Spieleinheit beenden usw. Wenn Sie etwas tun müssen, das er als unangenehm empfindet, holen Sie ihn einfach.

- Wenn Ihr Hund gelernt hat, Sie zu ignorieren, wenn Sie ihm das Signal „Komm" geben, sollten Sie darüber nachdenken, ein anderes Signal zu verwenden, z. B. „Hier" oder „Zu mir". Fangen Sie mit einem völlig neuen Signal von vorn an.

- Machen Sie es für Ihren Hund zur wunderbarsten Sache in seinem Leben, zu Ihnen zu kommen. Es könnte ihm eines Tages das Leben retten.

- Vermeiden Sie es, Ihre Leine zu benutzen, um Ihren Hund zu sich heran zu ziehen oder an der Leine zu ziehen, wenn Sie ihn auffordern zu kommen. Sie wollen, dass Ihr Hund von sich aus die Entscheidung trifft, zu Ihnen zu kommen. Außerdem wollen Sie nicht, dass Ihr Hund abhängig von dem Ziehen an der Leine wird, sonst wird er nicht zu Ihnen kommen, wenn er abgeleint ist.

- Trainieren Sie diese Übung mit und ohne Leine, aber in angemessenen Teilschritten. Gehen Sie nicht zu schnell von einem Schritt zum nächsten über, sonst machen Sie das Herankommen kaputt.

Üben Sie auf uneingezäuntem Gelände zunächst mit Leine, sobald Sie sich zum Training im Freien vorgearbeitet haben.

- Üben Sie das Abrufen an vielen unterschiedlichen Orten, das Haus inbegriffen. Spielen Sie im Haus Verstecken und machen Sie eine Party daraus, wenn Ihr Hund Sie findet!

- Wenn Sie Leckerchen, ein Spielzeug oder etwas anderes, das Ihren Hund motiviert, benutzen, versuchen Sie, ihm dies nicht zu zeigen, wenn Sie ihn rufen (es sei denn, Sie müssen Ihren Hund noch locken, um ihn zu sich zu holen). Es ist in Ordnung, anfänglich Leckerchen oder Spielzeug als Lockmittel zu benutzen, aber wiederholter und anhaltender Gebrauch eines Lockmittels wird in den meisten Fällen nicht funktionieren. Wenn Ihr Hund schon im Voraus sieht, womit Sie ihn als Gegenleistung für ein Verhalten belohnen, kann er den Wert dieser Sache gegen das, was er gerade am liebsten tun würde, abwägen. Machen Sie die Belohnung für das Herankommen auf Zuruf stattdessen interessant, aufregend und unvorhersehbar. Leckerchen sind bei bestimmten Übungen viel besser als Belohnung einzusetzen statt als Lockmittel, und wenn Ihr Hund nie weiß, wann er eine Belohnung bekommt oder was für eine, werden Sie dadurch zu einem menschlichen Spielautomaten, was extrem attraktiv für Ihren Hund ist!

Abrufen im wirklichen Leben

Wenn ***Joyce*** *mit ihren Hunden in den Park geht, dürfen sie dort eine Weile frei laufen. Ein sicheres Herankommen ist daher sehr wichtig. Sie nimmt für dieses Szenario stets zwei Sorten Leckerchen mit: trockene Hundekekse und etwas richtig Leckeres, z. B. Hühnchen, Roastbeef, Würstchen, Käse usw. Wenn ihre Hunde von allein angerannt kommen, um kurz „einzuchecken", bekommen sie einen Keks. Hat sie sie zu sich heran gerufen, bekommen sie die guten Sachen! Auf diese Weise wird beides gefördert und belohnt: Sowohl das Zurückkommen aus eigenem Antrieb, um kurz „einzuchecken", als auch das sofortige Herankommen auf Zuruf. Joyce belohnt Letzteres auch häufig einfach, indem sie den Hund wieder spielen schickt. Dadurch erhält das Herankommen zu ihr nicht die Bedeutung, dass das Spiel zuende ist. Joyce hat außerdem einen kleinen Trick, den sie einsetzt, wenn sie Leute trifft, die keine Kontrolle über ihre frei laufenden Hunde haben. Sie hat ihren Hunden ein* *zusätzliches Abruf-Signal beigebracht: Wenn sie ruft „Rufen Sie bitte Ihren Hund!“ oder „Holen Sie Ihren Hund!“, denken ihre Hunde, diese Sätze bedeuten „Kommt zu Frauchen, dort gibt es super leckere Leckerchen!“ Was für eine gute Idee!*

***Crystal** findet das Abrufen zuhause wichtig, um Ruhe und Ordnung innerhalb ihrer Hundemannschaft zu wahren. Die häufigste Situation, in der sie zuhause ein Abruf-Signal einsetzt, ist es, einen Hund von etwas abzulenken, das er gerade tut. So sind beispielsweise alle Hunde sehr gern im Garten, aber hin und wieder bellen sie etwas auf der anderen Seite des Zaunes an. Um die geistige Gesundheit ihrer Nachbarn zu erhalten bevor alle Hunde mit vereinten Kräften bellen, haben Crystal und Ross gelernt, die Zeit für das Rufen der Hunde zu minimieren, indem sie ihnen ein sicheres Abruf-Signal beigebracht haben, das alle verstehen. So können sie alle Hunde auf einmal rufen. Crystal erwähnt auch, dass sie unbedingt darauf achten, aus dem Weg zu gehen, wenn sie ein Gruppen-Abruf-Signal geben, weil sie nicht über den Haufen gerannt werden wollen! Abrufen eignet sich auch gut für Hundezählungen, weil man leicht den Überblick verlieren kann, wenn nicht weniger als acht Hunde im Garten oder Haus umherwandern. Schließlich, so Crystal, sehen einer Weisheit gemäß vier Augen mehr als zwei, und für die Hunde gilt „je mehr, desto besser“, wenn es darum geht, einen Ausbruch zu planen oder in Schwierigkeiten zu geraten. Wenn Hunde einander „helfen“, sich unter dem Zaun hindurchzugraben oder ein Loch darin zu finden, ist es wichtiger denn je, in der Lage zu sein, sie zurückzurufen. Dies ist ihnen zweimal passiert, und hätten sie nicht die Zeit aufgebracht, um den Hunden ein zuverlässiges Herankommen beizubringen, wären ihre Hunde erst recht in Gefahr gewesen.*

Gehen an lockerer Leine

Als nächste Anleitung ist das Gehen an lockerer Leine an der Reihe. Wieder eine schwierige Übung, aber nicht unmöglich. Geduld ist hier wirklich wichtig. Ein Teil dieser Anleitung wurde ursprünglich von einer Kollegin namens Barb Grosch geschrieben und später von mir erweitert und überarbeitet.

Ihrem Hund beizubringen, an lockerer Leine zu gehen, ist eine der schwierigsten Übungen überhaupt, weil Ihr Hund jedes Mal, wenn er zieht und vorwärts gehen kann, dafür belohnt wird, Sie zu ziehen. Der schwierigste Teil für Sie als Halter ist es also, sich dem Weitergehen so lange zu widersetzen, bis Ihr Hund begriffen hat, dass Spannung an der Leine tabu ist. Die folgenden Maßnahmen sollten Ihrem Hund helfen, gut an der Leine gehen zu lernen, ohne zu ziehen. Einige dieser Punkte können zusammen angewendet werden und einige sind als Alternativen gedacht.

- Wenn Ihr Hund während eines Spaziergangs an der Leine zieht, halten Sie auf der Stelle an. Reißen Sie nicht an der Leine und sagen Sie auch nichts. Warten Sie, dass die Spannung an der Leine nachlässt, bevor Sie erneut vorwärts weitergehen. Es kann sogar noch besser funktionieren, wenn Sie warten, bis Ihr Hund sich umdreht und Sie ansieht, und es stellt eine Verbindung her, während es ihn daran erinnert, dass jemand das Ende der Leine hält.

- Holen Sie sich die Aufmerksamkeit Ihres Hundes, bevor Sie losgehen. Ein Hund, der Sie während des Gehens anschaut, kann Sie nicht ziehen. Sorgen Sie dafür, dass es Spaß macht, Sie anzusehen.

- Wenn Ihr Hund zieht, gehen Sie ein paar Schritte rückwärts. Rucken Sie nicht an Ihrem Hund, sondern führen Sie ihn mit der Leine oder locken Sie ihn mit Leckerchen in die richtige Position. Sobald Ihr Hund an Ihrer Seite ist, gehen Sie wieder weiter. Er wird für das Ziehen dadurch bestraft, dass er zurück gehen muss.

- Probieren Sie schnelle Wendungen und Kreise, um den Blickkontakt Ihres Hundes zu erhalten. Er muss auf den schwer einschätzbaren Menschen am anderen Ende der Leine achten. Benutzen Sie keine ruckartigen Bewegungen an der Leine, um ihn zum Mitkommen zu bewegen. Benutzen Sie eine sehr fröhliche Stimme und machen Sie eine Party daraus!

- Probieren Sie, während des Spaziergangs häufig anzuhalten und Ihren Hund sitzen zu lassen. Das erinnert ihn daran, dass jemand die Leine hält!

- Probieren Sie, ein Leckerchen oder Spielzeug zu benutzen, um Ihren Hund in die Position an Ihrer Seite zu locken. Benutzen Sie das Futter nicht als Bestechung, sondern nur als Lockmittel und/oder Belohnung.

- Sprechen Sie mit Ihrem Hund, um seine Aufmerksamkeit zu erhalten und ihn zu beschäftigen. Benutzen Sie einen fröhlichen Tonfall – denken Sie auch hier wieder Party!

- Benutzen Sie Ihr Markerwort „Yes!" und Belohnungen (Leckerchen usw.), um das Gehen an lockerer Leine zu belohnen. Das heißt: Wenn Ihr Hund von sich aus neben Ihnen geht oder sogar schon, wenn er an einer lockeren Leine geht ohne zu ziehen, sagen Sie „Yes!" und bieten Sie ihm ein Leckerchen an.

- Versuchen Sie, die Leckerchen versteckt zu halten, damit Ihr Hund nicht nur wegen des Futters bei Ihnen bleibt. Lassen Sie es um Ihre Bindung gehen.

- Wenn Sie an der Leine reißen, bringt das normalerweise den Hund nur dazu, im Gegenzug noch stärker zu ziehen. Dies nennt man „Oppositionsreflex", und es ist ein natürlicher Reflex, wenngleich kein wünschenswerter.

Der sichere Weg, Ihrem Hund in ungefähr zwei Wochen das Gehen an lockerer Leine beizubringen ist, dass Sie wirklich absolut jedes Mal, wenn er zieht, nicht vorwärts gehen. Das Vorwärtsgehen würde ihn für das Ziehen belohnen, und wir alle wissen, dass wiederholtes Belohnen dafür sorgt, dass ein Hund das dazu führende Verhalten vermehrt zeigen will. Um tatsächlich in der Praxis dieses konsequente Stehenbleiben umsetzen zu können, werden Sie unterscheiden müssen zwischen Trainings-Spaziergängen und solchen mit Management. Management-Spaziergänge werden mit einem Hilfsmittel, etwa einem „Front Clip Harness" (Geschirr, bei dem die Leine vorn vor der Brust des Hundes eingehakt wird), gemacht, damit Sie einen stressfreien Spaziergang haben können und trotzdem aufrecht bleiben. Auf solchen Management-Spaziergängen ist Ihr Training sicherlich eher minimal im Vergleich zu den Trainings-Spaziergängen.

Auf den Trainings-Spaziergängen werden Sie einen oder mehrere der oben erwähnten Punkte anwenden, damit Ihr Hund wirklich versteht, dass ihn das Ziehen nirgendwohin bringt. Vielleicht brauchen Sie eine halbe Stunde, um ans Ende des Blocks zu kommen, aber die Botschaft wird sonnenklar sein: Ziehe, und du kommst nirgendwohin. Reißen Sie niemals an der Leine oder ziehen dagegen. Schlichter Widerstand sich vorwärtszubewegen genügt, um Ihren Standpunkt zu vermitteln.

Der Schlüssel dazu, Ihre Botschaft eindeutig zu machen, ist, so schnell wie möglich vorwärts zu gehen, wenn keine Spannung auf der Leine ist. Spannt sich die Leine erneut, gehen Sie wieder zu Ihren oben aufgeführten Trainingsmethoden zurück. Es muss deutlich sein, dass der einzige Weg, um vorwärtszukommen, eine lockere Leine ist. Mit Beständigkeit wird Ihr Hund bald den Unterschied lernen, und Sie sollten meistens ohne ein Hilfsmittel spazieren gehen können. Übung macht den Meister!

Ich empfehle, das Gehen an lockerer Leine häufig zuhause zu üben – ohne Leine. Sorgen Sie dafür, dass es Spaß macht, neben Ihnen zu gehen, und Ihr Hund wird Vorerfahrungen haben, auf die er zurückgreifen kann, wenn er an der Leine ist. Beginnen Sie im Haus und arbeiten Sie sich zum Üben im Garten vor, wenn dieser eingezäunt ist. Folgen Sie der obigen Anleitung für das echte Gehen an der Leine, und in kürzester Zeit werden Sie sich auf einen reibungslosen Spaziergang freuen können.

Gehen an lockerer Leine im wirklichen Leben

Crystal *ist überzeugt, dass ihre Hunde früher dachten, sie würden für das Iditarod trainieren (das längste und härteste Hundeschlittenrennen der Welt). Sie hat einzeln an den Manieren an der Leine gearbeitet, bis sie das Gefühl hatte, jeder Hund wusste, was von ihm erwartet wurde. Der Tag, als sie mit allen drei Hunden gemeinsam neben ihr bei Fuß auf dem Rückweg von einer Wanderung nach Hause gehen konnte, fühlte sich toll an!*

Joyce *fand das Training, an lockerer Leine zu gehen, bei manchen Hunden schwieriger als bei anderen, aber mit Beständigkeit und schmackhaften Leckerchen haben es alle gelernt. Sie benutzt sehr viele Belohnungen, wenn ein Hund noch in der Lernphase ist, und allmählich schleicht sie die vielen Leckerchen aus, wenn er besser darin wird. Sobald das anständige Gehen zur Gewohnheit wird, belohnt sie die Hunde, indem sie ihnen hin und wieder sagt „Geh spielen" und sie bis ans Ende ihrer Ausziehleine gehen lässt, wenn sie in einer geeigneten Umgebung sind, etwa im Park. Selbst dann, sagt sie, ziehen sie nicht. Normalerweise kehren sie nach einigen Minuten an ihre Seite zurück – weil sie herausgefunden haben, dass dies der lohnenswerteste Ort ist!*

Ergänzend finden Sie nachstehend die inzwischen von der Autorin bevorzugte Variante:

Fokussiertes Gehen an der Leine

Die Aufmerksamkeit Ihres Hundes draußen auf dem Spaziergang, unter Hunderten potenzieller Ablenkungen, zu behalten, bedeutet Arbeit. In der Anfangsphase ist es ein ständiges Bemühen. Die Beziehung zwischen Ihnen und Ihrem Hund ist es, auf die Sie bauen müssen, um ein fokussiertes Gehen an der Leine zu erreichen. Eine starke Verbindung zu Ihnen wird Ihrem Hund helfen, daran zu denken, dass Sie derjenige sind, der die Leine hält!

- Wenn es gefahrlos möglich ist, halten Sie auf der Stelle an, wenn sich Ihr Hund so gar nicht konzentriert (ohne irgendetwas anzubellen). Rucken Sie nicht an der Leine, um die Aufmerksamkeit Ihres Hundes zu bekommen, und sagen Sie überhaupt nichts. Warten Sie einfach, bis Ihr Hund sich umdreht, selbst wenn es nur ganz leicht ist, und in Ihre Richtung schaut. Dies ist es, worauf Sie warten. Wenn es passiert, benutzen Sie Ihre allerbeste fröhliche Stimme und loben Sie ihn überschwänglich. Hin und wieder können Sie ihm zusätzlich zu Ihrem Lob noch ein schmackhaftes Leckerchen geben. Dies hilft dabei, eine Bindung zu schaffen und Sie beide als Team zu etablieren, während Sie ihn daran erinnern, dass jemand das Ende der Leine hält.

- Ist Ihr Hund wirklich abgelenkt und braucht etwas länger als Sie es wünschen, um sich an Sie zu erinnern und zu Ihnen umzudrehen (seien Sie aber geduldig!), dann machen Sie mit sanft festgehaltener Leine einige Schritte rückwärts Reißen Sie nicht an der Leine, sondern spannen Sie sie sehr sanft, während Sie einen Schritt rückwärts gehen, so dass der Zug auf der Leine sehr leicht ist.

- Holen Sie sich die Aufmerksamkeit Ihres Hundes, bevor Sie losgehen. Ein Hund, der Sie häufig ansieht, während Sie gehen, wird weniger dazu neigen, sich von anderen Dingen ablenken zu lassen. Sorgen Sie dafür, dass es Spaß macht, Sie anzusehen. Seien Sie seine Party.

- Probieren Sie, während des Spaziergangs hin und wieder anzuhalten und Ihren Hund sich setzen zu lassen. Das erinnert ihn daran, dass jemand die Leine hält! Benutzen Sie Ihre Körpersprache, um ihn dazu zu bringen, sich zu setzen, statt ihn dazu auffordern zu müssen.

- Sprechen Sie häufig mit Ihrem Hund, um die Verbindung aufrecht zu erhalten. Benutzen Sie einen fröhlichen Tonfall. Auch hier wieder: Denken Sie an Hundeparty! Es wird diesen Prozess unterstützen, einen ständigen Dialog mit Ihrem Hund beizubehalten. Sie werden das Gefühl bekommen, dass Ihre Nachbarn Sie für verrückt halten, aber Ihr Hund wird denken, dass Sie wundervoll sind, und das ist alles, was zählt.

- Benutzen Sie Ihr Markerwort „Yes!“ und Belohnungen (Leckerchen usw.), um Aufmerksamkeit auf Sie zu belohnen, selbst leichte Aufmerksamkeit. Dies bedeutet, bemerken Sie es, wenn er auch nur leicht seinen Kopf in Ihre Richtung dreht. Je mehr Sie es beachten, desto mehr wird Ihr Hund Ihnen dieses Verhalten anbieten.

- Wenn Sie auf einem Spaziergang den Namen Ihres Hundes sagen und Sie seine Ohren zucken sehen, dann hört er Sie, selbst wenn er sich nicht gleich umdreht. Er schaut Sie vielleicht nicht an, aber dass er Sie hört ist alles, was Sie anfangs wollen. Markieren Sie dies, und er wird in Ihre Richtung gucken. Ihr Ziel ist es, das Ohrenzucken zu einem Blick in Ihre Richtung auszubauen.

- Lassen Sie Ihren Hund wissen, dass Sie auf diesem Spaziergang Partner sind.

- Wenn die Ablenkungen auf einem Höhepunkt sind, ist das Halbieren der Leinenlänge die beste Möglichkeit, Ihrem Hund zu helfen, die Verbindung zu Ihnen aufrechtzuerhalten. Damit meine ich, dass Sie sanft Ihre Hand an der Leine herabgleiten lassen und die Leine auf halber Länge fassen, so dass Ihr Hund sich räumlich näher bei Ihnen fühlt.

- Es ist praktisch, wenn Sie Ihrem Hund beibringen, auf Signal ein paar einfache Tricks auszuführen, z. B. „Touch" (Anstupsen mit der Nase). Solche Tricks können Sie dann einsetzen, um Ihrem Hund zu helfen, nach einer besonders interessanten Ablenkung wieder „klar zu denken".

Fokussiertes Gehen an der Leine im wirklichen Leben

Amy *sagt: Mein Nash und ich hatten anfangs Schwierigkeiten mit dem Gehen an lockerer Leine, bis ich anfing, ihm auf unseren Spaziergängen etwas vorzusingen. Dies hielt ihn in Verbindung zu mir, und mir half es, nicht gestresst zu werden.*

Andrew *sagt: Meine Spaziergänge mit Tootsie sind sehr dialogorientiert. Wir erkunden gemeinsam. Der Schlüssel zum Entwickeln einer solchen Partnerschaft war es, herauszufinden, wie wir unsere Interessen unter einen Hut bringen konnten. Ich wollte eine lockere Leine, sie wollte ihre Umgebung erkunden. Indem ich das eine vom anderen abhängig machte, bekamen wir beides – und mehr: Sie schließt mich aktiv mit ein. Zum Beispiel zeigt sie mir, wenn sie eine Stelle, an der es sich lohnt, intensiv zu schnuppern, findet. Und ich schätze es sehr, dass sie so an mich denkt.*

Bonnie *sagt: Als Shay jung war, hatte ich sie an einer etwa viereinhalb Meter langen Schleppleine. Ich suchte unterwegs nach Dingen, mit denen sie gern spielte, z. B. Tannenzapfen, so dass sie gern zu mir kam um zu sehen, was ich gefunden hatte, und dann kickte ich den Tannenzapfen für sie zum Hinterherlaufen. Wenn ich sie außerdem, wenn wir einfach nur gingen, dabei „ertappte", dass sie mich ansah, warf ich ihr ein Leckerchen oder gab ihr eines. Nach und nach brachte ich ihr bei, beim Überqueren von Straßen bei Fuß zu gehen, ansonsten beim Spazierengehen und Erkunden einfach nur die Leine locker zu halten. Ich brachte ihr außerdem „Gras" bei und belohnte sie, wenn sie auf dem Gras blieb, wenn wir an einer Straße entlang gingen. Das alles habe ich mit Lob, Leckerchen und lustige Spiele erreicht, zum Beispiel Springen auf Bänke.*

Effektive Time-Outs (Auszeiten)

Dies ist zwar keine Schritt-für-Schritt-Trainingsanleitung, aber meine Kunden finden es immer sehr hilfreich. Time-Outs können Ihrem Hund wichtige Informationen liefern.

Time-Outs sind sehr wichtige Hilfsmittel, um Ihren Hund zu ermahnen, wenn er etwas getan hat, das Sie nicht möchten. Ein Time-Out bedeutet, dass Sie Ihrem Hund Ihre Aufmerksamkeit entziehen - für ihn oft das Wichtigste überhaupt.

Es gibt zwei Typen von Time-Outs. Sie können Ihrem Hund Ihre Aufmerksamkeit entweder entziehen, indem Sie ihm den Rücken zudrehen oder in einen geschlossenen Raum gehen ohne ihn mitzunehmen; oder Sie können Ihren Hund in einen isolierten Bereich bringen - ein Badezimmer zum Beispiel oder eine Box - und ihn dort allein lassen. Ich bevorzuge die zweite Möglichkeit, aber es gibt Situationen, in denen die erste effektiver ist. Time-Outs sollten nicht länger als maximal zwei Minuten dauern, aber fangen Sie immer mit dreißig Sekunden an. Wenn Ihr Hund für allzu lange Zeit ignoriert wird, dann vergisst er einfach, welches Verhalten hierfür verantwortlich war, und er wird gar nichts daraus lernen.

Ihr Timing ist bei einem Time-Out **sehr** wichtig. Das Time-Out muss **sofort** auf das Fehlverhalten folgen. Sie wollen, dass Ihr Hund dieses Verhalten mit dem Entzug jeglicher Aufmerksamkeit verknüpft. Das ist entscheidend. Verhalten passiert schnell; wenn Ihr Timing also nicht stimmt, könnten Sie am Ende Ihren Hund für ein gewünschtes Verhalten wie Sitzen bestrafen. Wenn Sie Time-Outs anwenden, benutzen Sie ein Markerwort, etwa „Schade" oder „Ups". Es sollte in einem Singsang-Tonfall gesagt werden, nicht in einem ärgerlichen Tonfall. Es darf keine schlechte Emotion in Ihrer Reaktion auf das Verhalten sein. Schlechte Aufmerksamkeit ist immer noch Aufmerksamkeit, und ein Hund wird ein Verhalten für jede Art von Aufmerksamkeit beibehalten, gute oder schlechte.

Um effektiv zu sein, müssen Time-Outs konsequent angewandt werden. Wenn Ihr Hund Sie zum Beispiel direkt anbellt, um Ihre Aufmerksamkeit zu bekommen, müssen Sie das Time-Out jedes Mal anwenden, wenn er Sie anbellt. Wenn Sie auf das Verhalten einmal mit Time-Out reagieren, es aber beim nächsten Mal durchgehen lassen, geben Sie dem Hund ein verwirrendes Signal. Typischerweise wird das Wiederholen eines Time-Outs, sogar viele Male an einem Tag, Ihrem Hund einen Eindruck vermitteln, was passieren wird, wenn das unerwünschte Verhalten weitergeht. Es kann durchaus lästig werden, das immer wieder zu tun, aber je beständiger Sie dabei sind, desto schneller wird Ihr Hund begreifen.

Hier sind ein paar Beispiele für Verhalten, bei dem Time-Outs angezeigt wären, aber diese Liste ist keinesfalls vollständig: Aufmerksamkeitsheischendes Bellen; ständiges spielerisches Beißen, wiederholtes Anspringen von Leuten, exzessives Ablecken von Menschen, fortwährendes aufmerksamkeitsheischendes Bepföteln von Menschen, unangemessenes Verhalten gegenüber anderen Hunden (hierfür bringen Sie den Hund an einen Ort, wo er von den anderen Hunden getrennt ist und nehmen ihm für die empfohlene Dauer die Möglichkeit, zu spielen – dies gilt sowohl für Ihre eigenen Hunde als auch für Spielkameraden, die zu Besuch da sind); exzessive Aktivität und aufmerksamkeitsheischendes Verhalten.

Eine Anmerkung zu dem Bellproblem: Die einzige Gelegenheit, bei der Sie es mit der empfohlenen Dauer nicht so genau nehmen müssen, ist, wenn Ihr Hund am Ende des Zeitrahmens immer noch bellt. In diesem Fall warten Sie geduldig auf den Moment, an dem er aufhört und lassen Sie ihn **unverzüglich** heraus. Sie sollten also in der Nähe sein, und wenn er den Anschein macht, als ob das Bellen niemals ein Ende nimmt, lassen Sie ihn kurz Ihren Kopf sehen. Möglicherweise hört er dann kurz auf; sagen Sie „YES!" und beeilen Sie sich, ihn herauszulassen. Fängt er vorher wieder an zu bellen, sagen Sie nichts, gehen Sie dorthin zurück, wo er Sie nicht sieht und lassen Sie nur Ihren Kopf sehen, wenn er sich beruhigt. Danach sollte es nicht mehr lange dauern.

Belohnen Sie immer großzügig für angemessenes Verhalten. Der Schlüssel dazu, von allzu häufigen Time-Outs wegzukommen, ist, Ihren Hund stets wissen zu lassen, was Sie von ihm anstelle seines unangemessenen Verhaltens wollen. Geben Sie ihm Optionen und belohnen Sie ihn für die richtige Wahl!

Trainings-Leckerchen

Am Ende dieses Abschnitts finden Sie die Leckerchen-Rezepte, die ich sowohl für meine eigenen Hunde benutze als auch für die meiner Kunden. Ich erwarte allerdings nicht, dass nun jeder für seine Hunde Leckerchen backt. Ich bin Realist. Daher sind hier ein paar andere Optionen für hochwertige Leckerchen:

- gekochtes Hühnchen
- magere Rindfleischscheiben
- selbstgemachte Leckerchen mit deftigen Fleischsorten, z. B. Leber
- Erdnussbutter; je klebriger, desto besser. Naturbelassene Erdnussbutter, wenngleich gesünder, ist dünnflüssig. Verwenden Sie in diesem Fall traditionelle Erdnussbutter
- in der Mikrowelle erhitzte koschere Rindfleisch-Würstchen (oder beliebige Würstchen, wenn Ihnen egal ist, woraus sie bestehen!)
- kleine Stückchen stark riechender Käse (seien Sie sparsam mit der Menge, da zu viel Käse Verstopfung verursachen kann)
- abgepackte natürliche weiche Leckerchen, z. B. Wellness Wellbites®, Wellness Pure Rewards®, Zukes®, Plato® usw., in noch kleinere Stückchen geschnitten

Ich empfehle, leuchtend gefärbte Supermarkt-Leckerchen zu meiden, die voller Zucker und Konservierungsstoffe sind. Das wäre, als würden Sie Ihren Kindern Schokoriegel zum Essen servieren und erwarten, dass sie danach ruhig sind. Lesen Sie immer die Etiketten, wenn Sie Leckerchen kaufen wollen. Während viele Trainer Ihnen empfehlen werden, Leckerchenstangen als Trainingsleckerchen zu kaufen, meide ich diese lieber. Obwohl sie sicher nicht so schlecht sind wie die oben erwähnten Supermarkt-Leckerchen, enthalten sie große Mengen Weizen und Fruktose. Dies sind zwei Dinge, die Hunde meiner Meinung nach nicht brauchen, und es gibt so viele qualitativ hochwertige weiche Leckerchen auf dem Markt, dass es nicht nötig ist, diese Produkte zu verwenden. Warum ich dann Weizenvollkornmehl in meinen Rezepten habe? Ich persönlich verwende Buchweizenmehl, weil ich, wie meine weiße Prinzessin Kera, unter einer Glutenunverträglichkeit leide. Aber ich erwarte nicht von jedem, nun loszulaufen und Buchweizenmehl zu kaufen, das nicht immer leicht zu finden ist. Wenn Ihr Hund nicht empfindlich auf Weizen oder Gluten reagiert, verwenden Sie ruhig Weizenvollkornmehl, um diese Kekse zu backen! Aber der Unterschied zwischen den nach meinen Rezepten selbstgemachten Leckerchen mit Weizenvollkornmehl und im Laden gekauften Leckerchenstangen ist, dass selbstgemachte Leckerchen keinen Zucker enthalten, den Hunde definitiv nicht brauchen! Alle der hier erwähnten Leckerchen sollten in kleinste Stücke geschnitten werden.

Und während keksartige Leckerchen super sind, um Kongs® damit zu füllen oder sich bei Ihren Hunden für die Freude zu bedanken, die sie Ihnen geben, sind sie einfach nicht hochwertig genug, um als Trainings-Leckerchen verwendet zu werden. Erstens sind sie wirklich nicht so hochwertig wie, sagen wir, ein Stück gekochtes Hühnchen oder ein großer Schleck Erdnussbutter. Und der andere Nachteil ist, dass die Hunde innehalten müssen, um die knusprigen Kekse zu kauen. Hunde sind nicht so gut im Multi-Tasking wie wir. Über die ganze Knusperei vergessen sie leicht, wofür sie den Keks eigentlich bekommen haben. Weich ist also in diesem Fall besser. Und mit Erdnussbutter bekommen Sie sozusagen mehr für Ihr Geld. Während das Leckerchen, das Sie dem Hund geben, normalerweise sehr schnell verzehrt ist, genügt ein einmaliges Schlecken an der Erdnussbutter, und der Hund muss für eine Weile das Maul bewegen, während er versucht, diese klebrige Sache zu verarbeiten. Und es ist schwer zu vergessen, womit er sich dieses Maulvoll verdient hat. Eine Win-Win-Situation!

Nachfolgend nun für diejenigen unter Ihnen, die für Ihre Hunde selbst backen wollen, einige Top-Rezepte. Alle Leckerchen kann man gut einfrieren.

Anm. d. Übers.: Falls Sie keine Möglichkeit haben, die Zutaten zu pürieren, können Sie die **Eierschalen** auch vorab (getrocknet und ohne Häute!) in einer Kaffeemühle oder in einem Mörser zerkleinern. Alternativ können Sie sie auch einfach weglassen.

Leber-Brownies

- ca. 500 g Rinderleber (mitsamt Blut)
- 1 Tasse Buchweizen-, Reis- oder Weizenvollkornmehl
- 4 ganze Eier (einschließlich Schalen)

1. Alles zusammen in einem Mixer pürieren. Falls Sie ein Handrührgerät verwenden, pürieren Sie zuerst Eier und Leber mit einem Pürierstab und geben Sie diese anschließend in eine Schüssel, um das Mehl hinzuzufügen.

2. In eine gefettete Backform geben (etwa 26 cm Durchmesser)

3. Großzügig mit geriebenem Parmesan oder gestifteltem Käse bestreuen.

4. Bei ca. 175°C etwa 20-25 Minuten backen, je nach Ofen.

5. Vor dem Schneiden auf einem Rost auskühlen lassen.

Ihr Haus wird stark nach Leber riechen.

Selbstgebackene Leber-Brownies, in trainingsgerechte Größe geschnitten

Käsekekse

- 1 Packung (ca. 2 Tassen) fein geriebener Cheddar oder anderer geriebener Käse
- 1/2 Tasse Pflanzenöl
- 2 Tassen Buchweizen-, Reis- oder Weizenvollkornmehl

1. In einer großen Schüssel sehr gründlich mischen

2. So viel Wasser hinzufügen, dass ein weicher Teig entsteht

3. Auf einer bemehlten Fläche ausrollen, dabei so viel Mehl verwenden, dass der Teig nicht mehr klebt, wenn Sie Ausstechförmchen (z. B. in Form eines Knochens) verwenden wollen

4. Sie können den Teig auch einfach zu kleinen Kugeln formen und diese zu Keksen plattdrücken (machen Sie sie nicht super dünn).

5. auf einem gefetteten Backblech bei 200°C nicht länger als 10 Minuten backen, aber prüfen Sie sie schon nach 8 Minuten, wenn Ihr Ofen eher heiß ist.

Die Käsekekse kann man auch selbst essen – und ja, ich habe sie probiert... ;o). Lecker!

Lachs-Brownies

- ca. vier Dosen (à ca. 200 g) Lachs oder Pazifische Stachelmakrele (jack mackerel, latein. Trachurus symmetricus), Flüssigkeit abgießen
- 4 ganze Eier mitsamt Schalen (im Mixer püriert)
- ca. ½ bis1 Tasse geriebener Parmesan
- 2-3 Tassen Buchweizen-, Reis- oder Weizenvollkornmehl (nach persönlicher Vorliebe)

1. Vermengen Sie die ersten vier Zutaten gründlich in einer großen Schüssel. Fügen Sie das Mehl nach und nach hinzu; immer eine halbe Tasse zur Zeit. Wenn der Teig nach zwei Tassen immer noch zu feucht ist, fügen Sie nach Ihrem Ermessen noch mehr hinzu. Der Teig sollte zusammenkleben, aber nicht sehr feucht sein.

2. Fetten Sie zwei große Backbleche ein und drücken Sie mit Hilfe eines Teigschabers den Teig in einer dünnen Lage darauf. Diese sollte nicht so dünn sein, dass das Blech hindurchscheint, aber dünner als für normale Brownies. Vielleicht sind nicht beide Bleche vollständig bedeckt; das ist normal.

3. Sie können auf Wunsch noch mehr Parmesan auf den Teig streuen.

4. Ein Blech zur Zeit im vorgeheizten Backofen bei ca. 175°C ca. 30-40 Minuten backen.

5. Auf einem Rost abkühlen lassen und anschließend mit einem Pizzaschneider zerteilen.

Danksagung

Die Fertigstellung dieses Buches hat länger gedauert als ich es mir vorgestellt hatte. Während dieser Zeit haben mir viele Menschen auf unterschiedliche Weise geholfen. Ihnen nicht richtig zu danken wäre undenkbar; an dieser Stelle möchte ich dies also tun. Die Reihenfolge der Nennung hat nichts mit der Wichtigkeit zu tun, denn es war natürlich eine Gruppenanstrengung. Ich habe fürchterliche Angst, jemanden zu vergessen!

Erst einmal möchte ich meinem Verleger Pete Smoyer danken für seine Engelsgeduld mit meiner zerstreuten Art zu denken und mich auszudrücken. Manchmal kommt die ganze Energie einfach nicht so zusammenhängend heraus wie es wünschenswert wäre. Und ein Dankeschön an Petes super Ehefrau und hervorragende Hundetrainerin Ali Brown, dass sie mir Pete überhaupt vorgeschlagen hat und auch für ihre wunderbaren Korrekturlesefähigkeiten.

Dank an Leslie McDevitt, dass sie mich inspiriert hat, dieses Buch zu schreiben. Danke all den Trainern, die meine Inspiration sind und von denen ich an verschiedenen Orten gelernt habe; unter ihnen die bereits erwähnten Leslie und Ali, ebenso wie Pat Miller, Pam Dennison, Suzanne Clothier, Dr. Patricia McConnell, Emma Parsons und mehr; zu viele um sie alle aufzuzählen. Besonders Patricia McConnells kleines Büchlein war meine erste Anlaufstelle, als ich mich mit mehr Hunden wiederfand als ich geplant hatte. Ihr Wissen war es, aus dem ich meine ersten Informationen über Mehrhunde-Dynamik bekam, und seither habe ich hungrig alle möglichen Quellen nach weiteren Informationen durchstöbert. Dieses Buch ist das Ergebnis meiner ganzen Stöberei.

Einige Kunden haben mich dabei sehr unterstützt, und besonders eine Kundin hat mich schon früh wirklich sehr ermutigt. Susan Hudacheck, du bist ein Schatz. Vielen Dank für deine Vision. Du hast geholfen, den Funken zu entzünden, der zu diesem Buch führte.

Eine weitere Kundin ist auch zu einer Freundin geworden. Und diese Freundin entpuppte sich als professionelle Lektorin. Welch ein Glück! Vielen vielen Dank, Michelle Belan, für deinen wertvollen Input und deine Unterstützung.

Vielen Dank den Trainern des Animal Friends Tierheims in Pittsburgh, die mein Talent mit schwierigen Hunden bemerkt und gefördert haben. Besonderen Dank an Kathy Reck, Lilian Akin, Barb Grosch, Jan McCune und Lori Caruso. Einige der Erwähnten haben mir außerdem freundlicherweise gestattet, einige ihrer Trainings-Handouts nach meinen eigenen Vorlieben abzuändern. Danke, dass ihr nicht von mir verlangt habt, das Rad neu zu erfinden!

Es gibt so viele Menschen, die mir geholfen haben, Fotos für dieses Projekt zu sammeln, und dafür bin ich ewig dankbar. Ich hatte keine Vorstellung, wie viele Fotos man machen und durchsehen muss, um nur einige wenige auszuwählen! Babeth Raible and Crystal Collins-Johnson, ich schulde euch beiden viel! Ohne eure fabelhaften Fotos wäre dieses Buch viel weniger unterhaltsam. Vielen Dank ebenfalls an Anne Walizer, Lilian Akin (noch einmal), Jennifer Matthews, Marci Gross, Jane Fratesi, Scott Bates und Polly Bray. Und danke all den wunderbaren Hunden, die für die Kamera Modell gestanden haben.

Dankeschön all jenen, die ihre persönlichen Lösungen aus dem wirklichen Leben beigesteuert haben: Sue Kerr, Joy Kemmler, Joyce Petrow, Susan Hudacheck, Crystal Collins-Johnson, Lilian Akin, Chris Ros, Jennifer Matthews, Amy Dukes, Andrew Nelson, Bonnie Hess und Cheri Ludwick. Meine große Dankbarkeit gilt auch Crystal Collins-Johnson und Carma Rey Klaja für ihre Zeit und Geduld beim Korrekturlesen.

Danke all meinen Freunden, die mich bei meinen Bemühungen, dieses Projekt abzuschließen, sehr unterstützt haben. Ich weiß das wirklich zu schätzen. Besonders Lilian, die den Laptop zur Verfügung gestellt hat, an dem es geschrieben wurde!

Besonderer Dank gilt meinen Hunden, sowohl ehemaligen als auch den jetzigen, dafür, dass sie mich gelehrt haben, ein besserer Mensch zu sein. Samantha, Layla und Damon waren meine eigenen verlorenen Lieben. Dustin war einer meiner ersten Pflegehunde, der mich so vieles gelehrt hat. Ich wünschte ich hätte ihm mehr helfen können als ich es getan habe. Meine Mannschaft zur Zeit des Schreibens, Merlin, Kera, Siri und Trent, haben viele Stunden ertragen, in denen ich endlos am Computer klebte, sie immer wieder um nur noch ein klein wenig länger bittend, damit ich dieses Projekt bald auf den Weg bringen konnte.

Danke für eure Geduld damit und für das endlose Modellstehen für die Kamera. Ich wünschte ich könnte einen Weg finden, euch alle hier bei mir im Diesseits zu behalten, so lange ich lebe. Ihr alle seid meine Lehrer und meine Seelenverwandten, besonders mein erster Rüde, Merlin. Merlin wird immer mein ganz spezieller Herzenshund bleiben, und er war es auch, der mich auf diesen Pfad geführt hat. Ich werde ihm immer für seine Geduld und Liebe dankbar sein. Ich habe meinen perfekten besonderen „Baby Boy" am 24. September 2011, drei Tage vor seinem 13. Geburtstag, an Krebs verloren. Nur neun Monate später, am 1. Juni 2012, folgte ihm seine langjährige Gefährtin, die hübsche Prinzessin Kera, im Alter von 13 ½. Sie werden immer ein Teil meines Herzens bleiben. Ende Juni 2012 haben Siri und Trent Kenzo willkommengeheißen. Vor uns liegt noch so mancher Weg.

Danke dem Universum und den höheren Mächten, dass all dies möglich wurde. Ich hoffe, ich werde euch nie enttäuschen.

Debby McMullen

Glossar

Absichern eines Verhaltens: Bis zu einem Grad trainieren, dass der Hund ihm bekannte Signale selbst in Gegenwart starker Ablenkungen ausführen kann. Dies wird schrittweise erreicht.

Clicker: Ein Gegenstand aus Plastik und Metall, das dazu bestimmt ist, als Markersignal verwendet zu werden, um angemessenes und erwünschtes Verhalten zu bestätigen. Es signalisiert dem Hund, dass er gerade etwas sehr Gutes getan hat. Ein Click soll bedeuten, dass ein Leckerchen unmittelbar bevorsteht. Die Verknüpfung zwischen dem Leckerchen und dem Click gibt dem Clicker seinen Wert. Der Clicker ist der hochwertigste Marker. Er bedeutet, dass zu 100% IMMER ein Leckerchen folgen wird. Der Clicker sollte niemals lügen.

Folgsamkeit: jedes gewünschte Verhalten. Folgsamkeit bedeutet, gute Impulskontrolle in so vielen Szenarien wie möglich zu erreichen. Der Grad der angestrebten Folgsamkeit ist je nach Hundehalter unterschiedlich. Folgsamkeit sollte Belohnungen einbringen. Einige Verhalten sollten inakzeptabel sein und an ihrer Löschung gearbeitet werden. Aggression ist eines davon.

Impulskontrolle: weist darauf hin, dass ein Hund seine Wünsche ignorieren kann und stattdessen auf die Signale seines Halters hören. Gute Impulskontrolle führt häufig zu Folgsamkeit.

Körperblock: Dies beinhaltet, dass Sie sich mit aufgerichtetem Körper zwischen einen Hund und irgendetwas stellen, von dem Energie weggelenkt werden soll, gleichgültig, ob es sich dabei um einen anderen Hund, einen Türdurchgang, eine Person etc. handelt. Auch wenn Sie zwischen Ihre Hunde als Gruppe gehen, um die Energie aus einer Situation zu nehmen, die das Potential hat, zu etwas Unschönem zu eskalieren, spricht man von einem Körperblock.

Kong®: Ein Gummispielzeug, in das Futter gestopft werden kann, damit es der Hund herausarbeitet. Ein Kong kann einem Hund in verschiedenen Szenarien helfen zu entspannen, besonders beim Alleinbleiben.

Konsequenz: Eine Folge der Handlungen des Hundes, gleichgültig ob positiv oder negativ.

Kriterien: Der Kontext der Situation als Ganzes. Ein Beispiel: Ein Hund befolgt im Haus zuverlässig ein Aufmerksamkeitssignal. Aber auf dem Spaziergang sind die Ablenkungen um ein Vielfaches größer; somit bedeutet das Senken der Kriterien, bereits ein leichtes Drehen in Ihre Richtung zu akzeptieren und dieses zu markieren/belohnen, um darauf aufzubauen. Die Kriterien zu erhöhen wäre, das Training des zuverlässigen Aufmerksamkeitssignals vom Haus in einen ruhigen Garten zu verlegen.

Martingale-Halsband (siehe auch Foto auf S. 121): Ein Halsband mit doppelt begrenztem Zug, das – korrekt eingestellt – locker um den Hundehals sitzt. Zieht der Hund, liegt das Halsband eng (durch die Zugstoppvorrichtung jedoch nicht würgend!) an; wodurch verhindert wird, dass der Hund rückwärts aus dem Halsband schlüpfen kann.

Markerwort: Ein verbales Signal, das für denselben Zweck wie ein Clicker verwendet wird. Dennoch ist ein Markerwort nicht so hochwertig wie ein Clicker. Es ist nicht wie ein Clicker immer zu 100% mit einem Leckerchen verknüpft.

Nichts im Leben ist geschenkt (NILIF – Nothing in Life is Free): Ein striktes Programm, bei dem jede Ressource, die ein Hund bekommt, stets nur im Austausch gegen bestimmtes Verhalten wie Sitz oder Platz gegeben wird. Beispiele hierfür sind Mahlzeiten, Streicheleinheiten, nach draußen gehen usw. Es ist zwar wichtig, Regeln und Erwartungen einzuführen, um den Hunden Manieren beibringen zu können, aber man sollte ein solches Programm nicht auf die Spitze treiben.

Premack-Prinzip: Sie lassen Ihren Hund etwas tun, was Sie wollen, und im Gegenzug erlauben Sie ihm, etwas zu tun, was er will. Beispiel: Ihr Hund möchte an einer bestimmten Stelle schnüffeln; Sie verlangen, dass er Sie anschaut und „fragt", dann erlauben Sie ihm, für einen Moment zu schnüffeln. Es ist der Austausch eines Verhaltens von geringer Wahrscheinlichkeit gegen ein Verhalten von höherer Wahrscheinlichkeit.

Reaktivität: Wenn ein Hund sich über alle möglichen Dinge, die in seiner Umgebung auftauchen, übermäßig aufregt. Auf Reaktivität hindeuten können Bellen, Jaulen, Schreien, nach vorn Springen, Schnappen usw. Diese können sowohl ausschließlich an der Leine auftreten als auch mit und ohne Leine gleichermaßen; sowohl zuhause als auch draußen. Obwohl sie sich als Aggression zeigt, wird Reaktivität typischerweise durch Angst verursacht. Der Hund handelt präventiv, damit das „furchteinflößende Etwas" weggeht.

Signal: Ein Wort oder Zeichen, das ein bestimmtes Verhalten in einem Hund auslöst. Die verbale Version wird manchmal Kommando genannt. Ich bevorzuge Signal; es hat mehr positive Nebenbedeutungen.

Sozialisieren: Einen Hund vielen verschiedenen Menschen, Tieren, Dingen und Situationen aussetzen, damit er sich wohler fühlt, egal was passiert, und weniger dazu neigt, misstrauisch oder ängstlich zu sein.

Quellen und Literaturhinweise

Anm. d. Übers.: Nachfolgend die im Original enthaltenen Empfehlungen der Autorin. Soweit in deutscher Übersetzung erhältlich, wird der deutsche Titel genannt, anderenfalls der Originaltitel.

Bücher

Aggression: Diese Bücher können bei unterschiedlichen Arten von Aggression helfen, sind aber kein Ersatz für einen professionellen Verhaltenstherapeuten.

Aloff, Brenda: *Der aggressive Hund - Arten der Aggression und Trainingsstrategien* (Kynos, 2011)

Dennison, Pamela S.: *How to Right a Dog Gone Wrong: A Road Map for Rehabilitating Aggressive Dogs* (Alpine, 2005)

Parsons, Emma: *Click to Calm: Healing the Aggressive Dog* (Sunshine Books, 2005)

Verhalten: In diesen Büchern geht es nicht speziell um Hunde, aber um Verhalten; etwas Universelles. Die ersten beiden können Ihnen helfen zu lernen, Ihren Instinkten zu vertrauen, was Ihnen wiederum dabei helfen kann, einen Mehrhundehaushalt zu managen. Im letzten wird aufgezeigt, warum die Anwendung von Zwang nicht empfehlenswert ist.

de Becker, Gavin: *Mut zur Angst - Wie Intuition uns vor Gewalt schützt* (Fischer Krüger, 1999)

Gladwell, Malcolm: *BLiNK - Die Macht des Moments* (campus, 2005)

Sidman, Murray: *Coercion and Its Fallout* (Authors Cooperative, 2000)

Körpersprache: Diese Bücher können sehr hilfreich dabei sein zu lernen, Ihre Hunde besser zu „lesen".

Aloff, Brenda: *Canine Body Language: A Photographic Guide: Interpreting the Native Language of the Domestic Dog* (Dogwise, 2005)

Handelman, Barbara: *Hundeverhalten: Mimik, Körpersprache und Verständigung* (Kosmos, 2010)

Rugaas, Turid: *Calming Signals - Die Beschwichtigungssignale der Hunde* (animal learn, 2001)

Kognition und Emotion: In diesen Büchern geht es um die Emotionen und die kognitiven Fähigkeiten, die Hunde besitzen. Auch andere Spezies werden behandelt. Diesen Aspekt Ihrer Hunde zu verstehen wird Ihnen einen Vorteil verschaffen.

Bekoff, Mark: *Das Gefühlsleben der Tiere* (animal learn, 2008)

Csányi, Vilmos: *Wenn Hunde sprechen könnten ...: Verstand und Verstandesleistung von Hunden* (Kynos, 2007)

McConnell, Patricia: *Liebst Du mich auch?: Die Gefühlswelt bei Hund und Mensch* (Kynos, 2008)

Fütterung: In diesen Büchern finden Sie Informationen zu Rohfütterung für Hunde.

Johnson, Susan K.: *Switching to Raw: A Fresh Food Diet for Dogs That Makes Sense* (Birchrun Basics, 1998)

Lonsdale, Tom: *Raw Meaty Bones Promote Health* (Dogwise, 2001)

MacDonald, Carina Beth: *Raw Dog Food: Make it Easy for You and Your Dog* (Dogwise, 2004)

Positives Training allgemein: Diese Bücher sind praktische Ratgeber zum Thema positives Training.

Arden, Andrea: *Dog Friendly Dog Training* (Howell Book House, 2007)

Dennison, Pamela: *The Complete Idiots Guide to Positive Dog Training* (Alpine Books, 2006)

Miller, Pat: *Positive Perspectives: Love Your Dog Train Your Dog* (First Stone, 2008)

Miller, Pat: *The Power of Positive Dog Training* (Wiley Publishing, 2001)

Pryor, Karen: *Positiv bestärken, sanft erziehen* (2. Auflage, Kosmos, 2006)

Mehrhundehaltung: Mit diesem Büchlein fing alles an.

London, Karen B. & McConnell, Patricia B.: *Einmal Meutechef und zurück: Mit mehreren Hunden leben* (Kynos, 2008)

Reaktivität: Diese Bücher sind wichtige Helfer bei der Verhaltensmodifizierung Ihres reaktiven Hundes.

Brown, Ali: *Scaredy Dog! Understanding and Rehabilitating Your Reactive Dog* (Tanacacia Press, 2009)

Dennison, Pamela: *Civilizing the City Dog: A Guide to Rehabilitating Aggressive Dogs in an Urban Environment* (Alpine Publications, 2007)

McDevitt, Leslie: *Stressfrei über alle Hürden: Leistungsbereite Hunde durch Aufmerksamkeitstraining* (Kynos, 2012)

Beziehungsaufbau: Diese Bücher sind lebensverändernd. Lassen Sie sich inspirieren.

Clothier, Suzanne: *Es würde Knochen vom Himmel regnen: Würde das Gebet eines Hundes erhört... Über die Vertiefung unserer Beziehung zu Hunden* (animal learn, 2004)

McConnell, Patricia: *Das andere Ende der Leine: Was unseren Umgang mit Hunden bestimmt* (Kynos, 2008)

Wissenschaftlich: Im ersten Buch geht es um die Evolution von Hunden. Das zweite Buch ist keine einfache Lektüre, aber es enthält die offizielle Version des „Entspannungsprotokolls“ (Konditionierte Entspannung). Inoffizielle Versionen dieses Protokolls findet man bei entsprechender Internet-Recherche.

Coppinger, Raymond and Lorna: *Hunde: Neue Erkenntnisse über Herkunft, Verhalten und Evolution der Kaniden* (animal learn, 2003)

Overall, Dr. Karen: *Clinical Behavioral Medicine for Small Animals* (Mosby, 1997)

DVDs

Dies ist eine hervorragende Zusammenstellung, um mehr über Körpersprache zu lernen.

Kalnajs, Sarah: *The Language of Dogs:Understanding Canine Body Language and Other Communication Signals* (Blue Dog Training & Behavior, LLC., 2007, www.bluedogtraining.com)

Rugaas, Turid: *Calming Signals: What Your Dogs Tell You*
(Dogwise, 2005) (nicht identisch mit der deutschen Version!)

Websites (weitestgehend englischsprachig)

www.dogaware.com: Gesundheit und Fütterung
www.dogwise.com: Hundebücher und DVDs
www.clickertraining.com: Karen Pryors Website
www.iaabc.org: International Association of Behavior Consultants
www.kongcompany.com: Kong Produkte
www.livescience.com/animals/070715_moon_pets.html, full moon study on dog and cat behavior
www.pdte.eu (Pet Dog Trainers of Europe): Hundetrainer finden
www.petfinder.com, Petfinder: Pet adoption resources
www.rawfed.com; www.rawfeddogs.net; www.rawlearning.com;
www.rawmeatybones.com: Informationen zu Rohfütterung
www.trulydogfriendly.com, Truly Dog Friendly: Hundefreundlichen Trainer finden, Infos zu positivem Training

Beruhigende Mittel:

Aromadog Chill Out Spray; www.aromadog.com
Bach Rescue Remedy®; www.rescueremedy.com
Bachblüten für Tiere: http://www.bach-blueten-therapie.de/category/bach-blueten-fuer-tiere/
Adaptil®: http://www.adaptil.com/de

Management-Zubehör:

Premier Products™: Zur Zeit der Drucklegung dieses Buches wurde Premier Pet Products von Radio Systems Corporation (RSC) aufgekauft. RSC ist Hersteller unterschiedlicher Elektroschock-Halsbänder. Ich werde daher keine Premier Produkte kaufen oder meinen Kunden/Lesern empfehlen. Sollte sich die Situation ändern, werde ich Premier Pet Products gern wieder unterstützen. Ich fand es wichtig, die Leser über diese Situation in Kenntnis zu setzen.

Auto-Sicherheitsgeschirr: Ruff Rider Roadie Car Safety Harness; www.ruffrider.com

Publikationen:
Whole Dog Journal: www.wholedogjournal.com
The Bark Magazine: www.thebark.com

Index

D

E

F

G

H

I

J

K

L

M

N

O

Fotoverzeichnis:

Lilian Akin: S. 79, 102, 109

Crystal Collins-Johnson: S. 34, 65, 74, 80, 131, 140, 145

Jennifer Matthews: S. 64, 152, 180

Debby McMullen: 36, 38, 39, 41, 46, 54, 68, 75, 76, 82, 112, 121, 125, 241

Babeth Raible: Cover, 35, 48, 55, 116, 142, 144 u., 146-149, 151

Helen Verte Schwarzmann: 143

Anne Walizer: 19, 144 o.

Aus dem Verlagsprogramm:

Paperback
255 Seiten,
erschienen 2013

Wibke Hagemann/Birgit Laser: Leben will gelernt sein

In diesem Buch geht es um Hunde, die nicht den besten Start ins Leben hatten. Durch einen Mangel an Umweltreizen konnten sie für ihre Entwicklung wichtige Erfahrungen nicht machen oder diese wurden ihnen im Verlauf ihres Lebens vorenthalten.

Das Ergebnis sind Verhaltensauffälligkeiten wie Ängstlichkeit, Nervosität oder Hyperaktivität, mit denen diese Hunde ihre Halter und ihre Umwelt vor mehr oder minder große Herausforderungen stellen. Auch die Hunde selbst leiden oft lebenslang unter den Folgen ihrer schlechten Aufzucht oder Haltung.

Dieses Buch soll dazu beitragen, Hunde mit sogenannten Deprivationsschäden besser zu verstehen. Es soll den Haltern dieser Hunde Mut machen und Anregungen liefern, wie das Leben für alle Beteiligten stressärmer gestaltet werden kann.

Es gibt vielerlei Möglichkeiten, Ihrem Hund zu helfen, mehr Sicherheit und damit mehr Lebensqualität zu gewinnen!

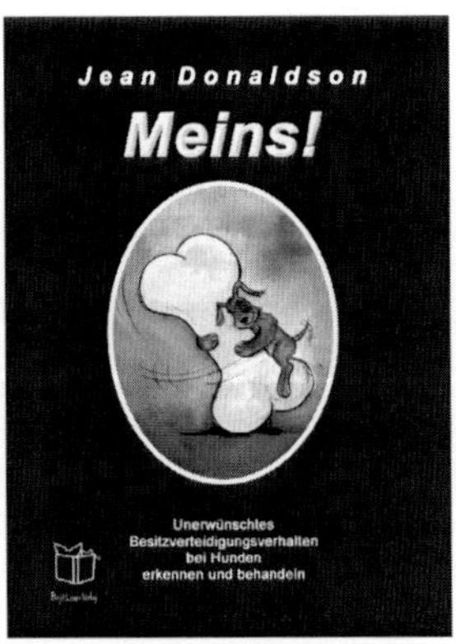

Paperback
147 Seiten

Jean Donaldson: Meins!

In diesem Buch geht es um Hunde, die Menschen gegenüber Ressourcen verteidigen, und darum, wie man dieses Verhalten behandeln kann.

Fachlich kompetent, leicht verständlich, mit zahlreichen Checklisten und Schritt-für-Schritt-Anleitungen

Von der Dog Writers Association of America ausgezeichnet als Best Behavior Book 2002

Aus dem Verlagsprogramm:

Paperback
152 Seiten

Jean Donaldson: Fight!

Fast jeder Hundehalter kennt Hunde, die nicht mit ihren Artgenossen auskommen. Ob Max einfach etwas zu draufgängerisch ist, Rocky bei jeder Begegnung bellt so laut er kann, Jette andere Hundesogar schon verletzt hat, oder ob Luna mit Unsicherheit und Flucht reagiert – die Bandbreite ist riesig.

In diesem Buch vermittelt die bekannte Hunde-Expertin und preisgekrönte Autorin Jean Donaldson Trainern und Haltern solcher Hunde das nötige Hintergrundwissen, um Aggressionsverhalten richtig einzustufen. Zahlreiche Trainingspläne und praktische Tipps erleichtern Auswahl und Umsetzung der passenden Vorgehensweise.

Paperback
168 Seiten
3., überarbeitete
Auflage 2013

Birgit Laser:
Clickertraining – *mehr als* Spaß für Katzen

Katzen trainieren, das geht nicht? Und ob! Clickertraining ist eine tolle Möglichkeit, Abwechslung im Katzenalltag zu schaffen. Ob Ihre Samtpfote ein paar Tricks lernen soll oder ob es Ihnen darum geht, unerwünschtes Verhalten in geeignetere Bahnen zu lenken: Mit dieser modernen und tierfreundlichen Methode gelingt das spielend. Der gemeinsame Weg zum Ziel macht viel Spaß, und ganz nebenbei verbessern Sie Kommunikation und Vertrauen. Lernen Sie Ihre Katze noch besser kennen, und lassen Sie sich von verborgenen Talenten überraschen! Wie es funktioniert, zeigt Ihnen dieses Buch.

Erscheint in Kürze:

Paperback
ca. 100 Seiten

Rosie Lowry:

Die stille Kommunikation der Hunde verstehen

In diesem Buch vermittelt Rosie Lowry dem Leser einen tieferen Einblick in die Kommunikation von Hunden und die Beziehungen zwischen Hunden und Menschen.

Aus dem Inhalt:

- *Stimmliche Kommunikation*
- *Die Basis gegenseitiger Beziehungen*
- *Mobbing*
- *Die Notwendigkeit von Körpersprache*
- *Einfache Veränderungen, große Wirkung*
- *Kommunikationssignale der Hunde*
- *Ist mein Hund beunruhigt?*
- *Stress*
- *Warnsignale*
- *Freie Wahl oder Kontrolle?*